鹿高效繁殖技术

EFFICIENT BREEDING TECHNIQUES FOR DEER

李 宁 赵 刚 主编

北方联合出版传媒（集团）股份有限公司

辽宁科学技术出版社

图书在版编目（CIP）数据

鹿高效繁殖技术 / 李宁，赵刚主编 . —沈阳：辽宁科学技术出版社，2024.1

ISBN 978-7-5591-3384-7

Ⅰ.①鹿…　Ⅱ.①李…　②赵…　Ⅲ.①鹿—繁殖　Ⅳ.① Q959.842

中国国家版本馆 CIP 数据核字（2024）第 022522 号

出版发行：辽宁科学技术出版社
　　　　　（地址：沈阳市和平区十一纬路 25 号　邮编：110003）
印　刷　者：辽宁鼎籍数码科技有限公司
经　销　者：各地新华书店
幅面尺寸：170mm × 240mm
印　　张：16.75
字　　数：280 千字
出版时间：2024 年 1 月第 1 版
印刷时间：2024 年 1 月第 1 次印刷
责任编辑：陈广鹏
封面设计：周　洁
责任校对：栗　勇

书　　号：ISBN 978-7-5591-3384-7
定　　价：88.00 元

联系电话：024-23280036
邮购热线：024-23284502
http://www.lnkj.com.cn

本书编委会

主　　编：李　宁　赵　刚

副 主 编：韩欢胜　王春强　商　业

参编人员：（以姓氏笔画为序）

王　格　王玲玲　邓福金　江馗语　杜学海

李　波　杨　健　张文军　张华文　周成利

郑广宇　黄承俊　阎雪松　韩　星　韩　硕

前　言

在我国，鹿肉成为宴席上食材的历史可以追溯至周朝时期。鹿肉性味甘温，具有补五脏、益气血的功效。明代著名医药学家李时珍在《本草纲目》中记载："鹿之一身皆益人，或煮，或蒸，或脯，同酒食之良。大抵鹿乃仙兽，纯阳多寿之物，能通督脉，又食良草，故其肉、角有益无损。"现代营养学研究发现，鹿肉具有高蛋白、低脂肪、低胆固醇的特点，对人体的血液循环系统、神经系统有良好的调节作用。

在美丽的东北，白山黑水之间也流传着这样一句谚语："东北有三宝，人参貂皮鹿茸角"。鹿茸可以补肾阳、强筋骨，鹿肉可益气养血。鹿的养殖在我国东北地区具有悠久的历史，东北的鹿更是山珍中的上品。

2020年5月，以梅花鹿为代表的16种特种畜禽纳入《国家畜禽遗传资源目录》，至此，人工养殖400多年的梅花鹿以"特种畜禽"的名义正式纳入国家农业领域，从此鹿业养殖走向家畜化管理，即将成为农业产业化调整、区域经济发展、农民增收致富的主要产业。

然而，梅花鹿、马鹿此前一直作为野生动物按照《中华人民共和国野生动物保护法》予以保护，所以在品种扩繁、生产推广等方面工作无法大力开展。随着一些国营鹿场的转制改革，全国养鹿业的格局发生了很大的变化，由之前国营鹿场为主转变为个体农户养鹿为主，导致档案管理不规范、繁殖育种资料不完善、养鹿场户技术力量不足、饲养管理粗放、防疫意识不强等问题屡见不鲜。

如今，随着人们对鹿肉产品认可度逐渐提升，市场上对鹿肉的需求量也在逐渐扩大，鹿的高效繁殖技术逐步成为影响市场规模的决定性因素，受到行业内人士的高度关注。因此，本书的出版具有重要的现实意义和科学价值。

全书共分9章共34节，对鹿的高效繁殖技术进行了深入研究，全方位地剖析了鹿的分类与品种、鹿生殖器官解剖与生殖生理特点、鹿卵巢卵泡发育动力学及生殖激素的应用、鹿的同期发情与人工授精、鹿的发情鉴定与妊娠诊断、鹿体外胚胎生产与移植、鹿的育种、提高鹿养殖繁育水平的主要措施、鹿常见繁殖疾病及其防治等方面内容，可为读者详细了解鹿的繁殖提供重要参考。

通过系统准确的文字介绍、严谨翔实的数据整理，本书力求打造成为鹿养殖领域的重要专业图书，欢迎各位读者阅读借鉴、批评指正。

最后，愿本书能够为广大鹿养殖业从业者和关注鹿繁殖领域的读者带来启发和帮助，也祝愿中国鹿养殖产业发展一路腾飞！

目 录

第一章 鹿的分类与品种 001
第一节 鹿的分类 001
第二节 野生鹿的分类与分布现状 002
一、梅花鹿 002
二、马鹿 006
三、白唇鹿 009
四、水鹿 012
五、坡鹿 014
六、麋鹿 017
第三节 中国鹿的地方品种 020
一、吉林梅花鹿 020
二、东北马鹿 022
三、敖鲁古雅驯鹿 024
第四节 中国鹿的培育品种 026
一、四平梅花鹿 026
二、敖东梅花鹿 027
三、东丰梅花鹿 028
四、兴凯湖梅花鹿 029
五、双阳梅花鹿 030
六、西丰梅花鹿 031
七、东大梅花鹿 033
八、清原马鹿 034
九、塔河马鹿 035

十、伊河马鹿 …………………………………………………………… 036

第二章 鹿生殖器官解剖与生殖生理特点 …………………………… 038

第一节 生殖器官解剖 ………………………………………………… 038

一、母鹿的生殖器官 ………………………………………………… 038

二、公鹿的生殖器官 ………………………………………………… 040

第二节 生殖生理特点 ………………………………………………… 042

一、母鹿的生殖生理特点 …………………………………………… 042

二、公鹿的生殖生理特点 …………………………………………… 044

第三章 鹿卵巢卵泡发育动力学及生殖激素的应用 ………………… 046

第一节 鹿卵泡的发育 ………………………………………………… 046

一、梅花鹿卵泡的发育 ……………………………………………… 047

二、马鹿卵泡的发育 ………………………………………………… 050

第二节 鹿体内生殖激素的变化 ……………………………………… 058

一、梅花鹿生殖激素的变化 ………………………………………… 058

二、马鹿生殖激素的变化 …………………………………………… 072

第三节 鹿繁殖生产中常用的几种生殖激素 ………………………… 082

一、促性腺激素释放激素 …………………………………………… 082

二、垂体促性腺激素 ………………………………………………… 083

三、胎盘促性腺激素 ………………………………………………… 084

四、性腺激素 ………………………………………………………… 086

五、前列腺素（PG、PGs） ………………………………………… 088

六、催产素（OT、OXT或缩宫素） ……………………………… 089

第四章 鹿的同期发情与人工授精 …………………………………… 090

第一节 同期发情技术 ………………………………………………… 090

一、同期发情的意义 ………………………………………………… 091

二、同期发情的原理 ………………………………………………… 091

三、同期发情的药物 ………………………………………………… 092

四、同期发情的方法 …………………… 094

五、同期发情的程序 …………………… 095

第二节　人工授精技术 …………………… 096

一、人工授精的概念 …………………… 096

二、人工授精的意义 …………………… 096

三、人工授精技术的发展和现状 ……… 097

四、人工授精技术的基本程序 ………… 098

第三节　采　精 …………………………… 099

一、采精前的准备 ……………………… 099

二、采精技术 …………………………… 100

三、采精频率 …………………………… 102

第四节　精液品质检查 …………………… 103

一、外观检查 …………………………… 103

二、采精量测定 ………………………… 104

三、精子活力评定 ……………………… 104

四、精子畸形率检查 …………………… 106

五、精子密度测定 ……………………… 106

第五节　精液的稀释 ……………………… 109

一、精液稀释的目的 …………………… 109

二、稀释液的配制 ……………………… 109

三、稀释倍数与稀释液量 ……………… 110

四、稀释方法 …………………………… 113

第六节　精液的标记、分装与降温、平衡 … 114

一、细管冷冻精液标记方法 …………… 114

二、精液的分装 ………………………… 114

三、精液的降温与平衡 ………………… 115

第七节　精液冷冻技术 …………………… 116

一、种公鹿的要求 …………………………………… 116

二、精液冷冻的机制 ………………………………… 117

三、精液冷冻温度曲线 ……………………………… 117

四、精液冷冻的操作流程 …………………………… 119

五、冻精解冻及活力检查 …………………………… 121

第八节　冻精的包装与储存 ………………………… 122

一、冻精包装 ………………………………………… 122

二、冻精储存 ………………………………………… 122

第九节　输　精 ……………………………………… 124

一、母鹿的发情鉴定 ………………………………… 124

二、输精前的准备 …………………………………… 126

三、输精的基本要求 ………………………………… 127

四、输精方法 ………………………………………… 128

五、输精容易发生的问题及应采取的措施 ………… 132

第五章　鹿的发情鉴定与妊娠诊断 ………………… 133

第一节　鹿的发情与鉴定 …………………………… 133

一、初情期与繁殖年龄 ……………………………… 133

二、母鹿的发情周期 ………………………………… 133

三、发情持续时间 …………………………………… 134

四、梅花鹿的发情表现 ……………………………… 134

五、母鹿的发情鉴定 ………………………………… 134

六、母鹿发情时的阴道细胞变化 …………………… 137

七、影响梅花鹿发情的因素 ………………………… 140

第二节　鹿妊娠诊断 ………………………………… 140

一、外部观察法 ……………………………………… 141

二、直肠触摸检查法 ………………………………… 141

三、B超检查法 ……………………………………… 142

四、激素水平测试 …………………………………………… 142

第六章　鹿体外胚胎生产与移植 ………………………………… 145

第一节　鹿体外受精胚胎的生产 ……………………………… 145

一、卵母细胞的获取 …………………………………… 147

二、体外受精胚胎的生产 ……………………………… 153

三、鹿体外受精胚胎生产技术的发展现状 …………… 163

第二节　鹿体外孤雌激活胚胎的生产 ………………………… 163

一、孤雌激活的常用方法 ……………………………… 163

二、鹿卵母细胞的孤雌激活 …………………………… 164

第三节　鹿克隆胚胎的生产 …………………………………… 167

一、梅花鹿成体耳部成纤维细胞系和胎儿成纤维细胞系的建立 167

二、受体卵母细胞的去核 ……………………………… 169

三、移核 ………………………………………………… 169

四、重构胚的融合与激活 ……………………………… 169

五、移植 ………………………………………………… 170

第四节　鹿胚胎移植 …………………………………………… 170

一、移植的基本原则 …………………………………… 171

二、技术程序 …………………………………………… 172

三、胚胎的检查与鉴定 ………………………………… 173

四、胚胎的保存 ………………………………………… 174

第七章　鹿的育种 ………………………………………………… 177

第一节　鹿的选育目标 ………………………………………… 177

一、符合市场需求 ……………………………………… 177

二、适应当地条件 ……………………………………… 177

三、保持遗传多样性 …………………………………… 178

四、经济效益 …………………………………………… 178

第二节　鹿的选种 ……………………………………………… 178

一、根据表型选种 …………………………………… 178

二、根据群体资料选种 ……………………………… 179

三、基因组选种 ……………………………………… 180

第三节 鹿的选配 …………………………………… 181

一、个体选配 ………………………………………… 181

二、群体选配 ………………………………………… 183

三、选配计划的制订 ………………………………… 185

第四节 鹿的育种工作措施 ………………………… 186

一、建立育种记录档案 ……………………………… 186

二、整顿鹿群和分级 ………………………………… 187

三、育种计划的编制 ………………………………… 191

第八章 提高鹿养殖繁育水平的主要措施……………… 192

第一节 繁殖母鹿饲养管理要点 …………………… 192

一、配种与妊娠初期饲养管理要点 ………………… 192

二、妊娠中、后期饲养管理要点 …………………… 194

三、产仔泌乳期饲养管理要点 ……………………… 195

四、提高母鹿配种能力要点 ………………………… 197

五、哺乳仔鹿的饲养管理 …………………………… 199

第二节 种用公鹿饲养管理要点 …………………… 201

一、配种期营养供给要点 …………………………… 202

二、配种期饲养要点 ………………………………… 203

三、配种期管理要点 ………………………………… 204

四、提高公鹿配种能力要点 ………………………… 204

第三节 鹿饲养场主要传染病的免疫规程 ………… 207

一、术语和定义 ……………………………………… 207

二、鹿结核病免疫规程 ……………………………… 208

三、布鲁氏杆菌病免疫规程 ………………………… 209

四、口蹄疫免疫教程 ·· 209

五、肠毒血症 ·· 210

六、炭疽病 ·· 211

七、黏膜病 ·· 212

八、小反刍兽疫 ·· 212

第九章　鹿常见繁殖疾病及其防治 ······························· 214

第一节　常见的繁殖系统疾病 ··································· 214

一、子宫内膜炎 ·· 214

二、卵巢囊肿 ·· 215

三、子宫脱 ·· 217

第二节　引起鹿繁殖疾病的传染病和寄生虫病 ············ 218

一、布鲁氏菌病 ·· 218

二、口蹄疫 ·· 219

三、结核病 ·· 219

四、炭疽 ··· 220

五、巴氏杆菌病 ·· 222

六、疯鹿病 ·· 224

七、耶尔森氏病 ·· 225

八、流行热 ·· 226

九、蓝舌病 ·· 227

十、传染性脓疱 ·· 229

十一、弯曲杆菌性腹泻 ··· 230

十二、小反刍兽疫 ··· 231

十三、副结核病 ·· 232

十四、旋毛虫病 ·· 233

第三节　引起鹿繁殖疾病的其他普通病 ····················· 234

一、难产和助产 ·· 234

二、硒缺乏症 …………………………………………… 235

三、仔鹿脐带炎 ………………………………………… 236

四、新生仔鹿假死／窒息 ……………………………… 237

五、仔鹿肺炎 …………………………………………… 237

六、佝偻病 ……………………………………………… 238

七、公鹿尿道结石 ……………………………………… 239

八、风湿症 ……………………………………………… 240

九、鹿瘤胃乳酸中毒 …………………………………… 241

十、梅花鹿肠套叠 ……………………………………… 244

十一、阿维菌素类药物中毒 …………………………… 245

十二、黄曲霉毒素中毒 ………………………………… 245

十三、其他中毒 ………………………………………… 247

参考文献 …………………………………………………… 248

第一章
鹿的分类与品种

　　我国是鹿类动物起源、驯养地之一。鹿类动物种类繁多，资源丰富，经济价值较高，我国已将大部分鹿类动物列为一、二级保护动物，这对于进一步认识鹿类在分类学上的地位、种类和分布，更好地保护、开发、利用十分必要。

第一节　鹿的分类

　　鹿在动物分类学上属于脊索动物门、脊椎动物亚门、哺乳纲、兽亚纲、真兽亚纲、偶蹄目、反刍亚目、鹿科动物。鹿的共同特征是，眼眶前有眶下腺，足有蹄腺，肝脏无胆囊。世界上共有40多种鹿，中国有20种鹿。多数分析类学家认为眼眶前有眶下腺，足有蹄腺，肝脏无胆囊为鹿。据此，王玉玺（1983）对我国鹿科动物进行分类校订，分为9属15种。分别是：

鹿亚科Cervinae

　　斑鹿属*Axis*

　　　　斑鹿（豚鹿）*Axis porcinus Zimmermann*，1780

　　鹿属*Cervus*

　　　　梅花鹿　*Cervus nippon*，1838

　　　　水鹿　*Cervus unicolor*，1792

　　　　坡鹿（泽鹿）*Cervus eldii*，1842

　　　　白唇鹿　*Cervus albirostris*，1838

　　　　马鹿（赤鹿、白臀鹿）*Cervus elaphus*，1758

　　麋鹿属　*Elaphurus*

　　　　麋鹿（四不像）*Elaphurus davidianus*，1866

　白尾鹿亚科

　　狍属　*Capreolus*

　　　　狍（西方狍）*Capreolus capreolus*，1758

　　驼鹿属　*Alces*

　　　　驼鹿（犴）*Alces alces*，1758

　　驯鹿属　*Rangifer*

　　　　驯鹿　*Rangifer tarandus*，1758

　麂亚科　Muntiacinae

　　麂属　*Muntiacus*

　　　　黑麂　*Muntiacus crinifrons*，1875

　　　　赤麂　*Muntiacus muntjak*，1780

　　　　小麂　*Muntiacus reevesi*，1839

　　毛冠鹿属　*Elaphodus*

　　　　毛冠鹿　*Elaphodus cephalophus*，1871

　獐亚科　Cervinae

　　獐属　*Hydropotes*

　　　　獐（河麂）*Hydropotes inermis*，1871

第二节　野生鹿的分类与分布现状

一、梅花鹿

　　中国梅花鹿有6个亚种：华北亚种（*C. nippon mandarinus* Milne-Edwards，1871，围场梅花鹿）、山西亚种（*C. nippon grassianus* Heude，1885，山西梅花鹿）、华南亚种［*C. nippon pseudaxis*（=*kopschi*），Eydoux&soulcyct or Gervais，1841，华南梅花鹿］、四川亚种（*C. nippon sichuanicus* Guo，Chen&Wang，1978，若尔盖梅花鹿）、东北亚种（*C. nippon hortulorum* Swinhoe，1864，东北梅花鹿）和台湾亚种（*C. nippon taiouanus* Blyth，1860，

台湾梅花鹿）。华北亚种梅花鹿、山西亚种梅花鹿已经灭绝。台湾亚种梅花鹿在台湾有少量饲养，基本处于保种状态。华南亚种梅花鹿在江西桃红岭尚有少量遗存。四川亚种梅花鹿1987年仅剩400余只（郭延蜀，1988），活动面积减少，生境受到干扰和威胁。据资料介绍，野生东北亚种梅花鹿仅存300只左右，分布在我国吉林省珲春市与俄罗斯交界地区。梅花鹿经济价值高，所有种类的肉可吃，皮可制革，药用价值广，鹿的全身均可入药，鹿茸、鹿胎、鹿鞭、鹿筋等均可用作珍贵的药材。梅花鹿已列入《世界自然保护联盟濒危物种红色名录》（IUCN 2008年ver3.1）——低危（LC）。中国国家一级保护动物，《中国濒危动物红皮书》濒危物种。

（一）形态特征

梅花鹿属中型鹿类，头部偏圆，颜面部较长，耳长且直立，颈部稍长，眼大而圆，眶下腺呈裂缝状，泪窝明显，鼻端裸露，四肢细长，主蹄狭而尖，侧蹄小，尾较短。

毛色随季节而变化，夏季体毛为棕黄色或栗红色，无绒毛，因在背脊两旁和体侧下缘镶嵌着许多排列有序的白色状似梅花的斑点而得名。冬季体毛呈烟褐色，类似枯茅草，白斑不明显。颈部和耳背呈灰棕色，一条黑色的背中线从耳尖贯穿到尾的基部，腹部为白色，臀部有白色斑块，其周围有黑色毛圈。尾背面呈黑色，腹面为白色。

雌鹿无角，雄鹿的头上具有1对雄伟的实角，角上共有4个叉，眉叉和主干成一个钝角，在近基部向前伸出，次叉和眉叉距离较大，位置较高，常被误以为没有次叉，主干在其末端再次分成两个小叉。主干一般向两侧弯曲，略呈半弧形，眉叉向前上方横抱，角尖稍向内弯曲，非常锐利。每年4月，雄鹿的老鹿角就会脱落，新鹿角就会开始生长。新生的鹿角表面，由一层棕黄色的天鹅绒状的皮包裹着，皮里密布着血管。进入9月时，鹿角开始逐渐骨化，表皮彻底脱落，硬而光滑的鹿角完全露出。

（二）遗传特性

1. 血液蛋白质多态性

张才俊等（1998）、王蕴玲等（1996）对血清碱性磷酸酶同工酶（ALP）、血清淀粉酶同工酶（AMY）、血清乳酸脱氢酶（LDH）、红细胞超氧化物歧化酶（SOD）的多态性研究发现，梅花鹿的ALP为OO型，梅花鹿的AMY1座位中AMY1F表型频率81.82%、AMY1S表型频率31.03%、AMY2座位中AMY2AB表型频率90.91%、AMY2BB表型频率9.09%。梅花鹿的LDH存在3种同工酶，其LDH1、LDH2、LDH3的相对含量分别为48.2%、26.24%和25.56%，与马鹿有较高的相似性。梅花鹿在SOD座位存在3种同工酶，其酶谱与白唇鹿和马鹿相同。

2. 染色体特征

梅花鹿正常染色体数$2n=66$，总臂数70（王宗仁等，1982）。雄性有32对常染色体和1对异配型染色体XY，雌性有32对常染色体和1对同配型性染色体XX。东北梅花鹿比东北马鹿的核型组成中多1对M而少2对T。常染色体中最大的1对T的臂端都有随体，但梅花鹿随体对Giemsa浅染，而马鹿表现浓染。

俞秀璋（1986）对马鹿和梅花鹿染色体核型分析，认为G带、C带和银染Ag-NoRs位置有较大的一致性，说明两者同源。

3. 分子遗传标记

MEYER等（1990）对4种鹿的系统进化进行了推断。李明等（1999）用L14724和H5149为引物对4种鹿属动物的线粒体DNA（mtDNA）细胞色素b的基因片段进行了PCR扩增，测定了367bp序列。认为水鹿与坡鹿、马鹿及梅花鹿的分化时间在240万～280万年前，而梅花鹿与马鹿的分化时间约在160万年前。吴华等利用16个微卫星位点对我国4个野生梅花鹿种群的遗传多样性进行了分析，并探讨了我国野生梅花鹿的保护和管理对策。

（三）栖息环境

梅花鹿生活于针阔混交林的山地、森林边缘和山地草原地区，这样有利于快速无障碍奔跑。白天和夜间的栖息地有着明显的差异，白天多选择在向阳的山坡，茅草丛较为深密，并与其体色基本相似的地方栖息；夜间则栖息于山坡的中部或中上部，坡向不定，但仍以向阳的山坡为多，栖息的地方茅草则相对低矮稀少，这样可以较早地发现敌害，以便迅速逃离。

（四）生活习性

梅花鹿大部分时间以集群活动为主，群体的大小随季节、天敌和人为因素的影响而变化，通常为3～5只，多时可达20多只。在春季和夏季，群体主要由雌兽和幼仔所组成，雄兽多单独活动。每年8—10月开始发情交配，雌兽发情时发出特有的求偶叫声，大约要持续1个月，而雄兽在求偶时则发出像老绵羊一样的"咩咩"叫声。

梅花鹿晨昏活动，生活区域随着季节的变化而改变，春季多在半阴坡，采食栎、板栗、胡枝子、野山楂、地榆等乔木和灌木的嫩枝叶以及刚刚萌发的草本植物。夏秋季迁到阴坡的林缘地带，主要采食藤本和草本植物，如葛藤、何首乌、明党参、草莓等，冬季则喜欢在温暖的阳坡，采食成熟的果实、种子以及各种苔藓地衣类植物，间或到山下采食油菜、小麦等农作物，还常到盐碱地舔食盐碱。

梅花鹿性情机警，行动敏捷，听觉、嗅觉均很发达，视觉稍弱，胆小易惊。由于四肢细长，蹄窄而尖，故而奔跑迅速，跳跃能力很强，尤其擅长攀登陡坡，连续大跨度的跳跃，速度轻快敏捷，姿态优美，能在灌木丛中穿梭自如，或隐或现。

（五）繁殖方式

梅花鹿繁殖期间雄兽饮食显著减少，性情变得粗暴、凶猛，为了争夺配偶，常常会发生角斗，头上的两只角就成了互相攻击的武器，这种"角斗"在鹿类中是一种非常普遍的现象。一只健壮的雄兽通常可以拥有10多只雌兽，在一个繁殖季节，雌兽可以多次发情，其发情周期为5d，一旦受孕后便不再发情。妊娠期为230d左右，一般每胎仅产1仔，也有少数为2仔。产下的幼仔体毛呈黄褐色，也有白色的斑点，几个小时就能站立起来，第二天可随雌兽跑动。雌兽觅食时先到林外四处探望，确信没有危险后，才把幼仔带出来，发现险情会发出惊叫，带着幼仔逃进密林。哺乳期为2~3个月，4个月后幼仔体重便可以达到10kg左右。1.5~3岁性成熟，寿命约为20年。

（六）分布范围

梅花鹿是亚洲东部的特产种类，也分布于俄罗斯东部、日本和朝鲜，曾广布于中国各地，现仅残存于吉林、内蒙古中部、安徽南部、江西北部、浙江西部、四川、广西、海南等有限的几个区域内，台湾分布有一个特有亚种。

（七）种群现状

历史上捕捉猎杀过度，野生梅花鹿数量极少，在中国已是高度濒危动物，总数量不到1000只。华北亚种和山西亚种已经灭绝，华南亚种在安徽、浙江与江西的边界有大约200只，在广西有不到100只。四川亚种在四川北部和甘肃南部有大约500只。东北亚种可能已灭绝。台湾亚种原本已经灭绝，不过后来将驯养的种群野化并释放，现有大约200只。梅花鹿在韩国和越南已经灭绝，朝鲜有可能已灭绝。俄罗斯东部有9000只左右，而日本则有30万只左右。日本梅花鹿曾经濒临灭绝，不过良好的保护和日本狼的灭绝导致了种群的恢复。现在由于没有天敌控制，梅花鹿数量过多而造成森林与农田的破坏。

二、马鹿

马鹿（*Cervus elaphus*），在全世界共分化为22个亚种，中国的马鹿大约有8个亚种，大多是中国的特产亚种，分别是东北亚种（*C.elaphus xanthopygus* Milne-Edwards，1967，东北马鹿）、天山亚种(*C.elaphus songaricus* Severtzov，1873，天山马鹿)、叶尔羌亚种（*C.elaphus kansuensis* Blanford，1892，塔里木马鹿、南疆鹿）、阿尔泰亚种（*C.elaphus sibiricus* Severtzov，1873，阿尔泰马鹿）、甘肃亚种（*C.elaphus kansuensis* Pocock，1912，甘肃马鹿、青鹿）、四川亚种（*C.elaphus macheiui* Lydekker，1909，昌都赤鹿）、西藏亚种（*C.elaphus wallichi* Cuvier，1823，藏南赤鹿）和贺兰山（阿拉善）亚种（*C.elaphus aiashnicus* Bobrinsku&Flerov，1935，贺兰山马鹿）。马鹿广泛分布于我国北方。马鹿与麋鹿脱角后极像马，所以古代出现了"指鹿为马"的成语。秦赵高在朝廷内指的鹿，应是经过驯化的麋鹿或马鹿。马鹿的鹿茸产量很高，是名贵中药材，鹿胎、鹿鞭、鹿尾和鹿筋也是名贵的滋补品。马鹿已列入《世界自然保护联盟濒危物种红色名录》（IUCN 2008年ver 3.1）——低危（LC）。在我国属于国家二级保护动物。

（一）形态特征

马鹿是仅次于驼鹿的大型鹿类，因为体形似骏马而得名，身体呈深褐色，背部及两侧有一些白色斑点。雄性有角，一般分为6叉，最多8个叉，茸角的第二叉紧靠于眉叉。夏毛较短，没有绒毛，一般为赤褐色，背面较深，腹面较浅，故有"赤鹿"之称。体长180cm左右，肩高110～130cm，成年雄性体重约200kg，雌性约150kg。由于产地不同，马鹿的形态也有一些差异。雌兽比雄兽要小一些。头与面部较长，有眶下腺，耳大，呈圆锥形。鼻端裸露，其两侧和唇部为纯褐色。额部和头顶为深褐色，颊部为浅褐色。颈部较长，四肢也长。蹄子很大，尾巴较短。马鹿的角很大，只有雄兽才有，而且体重越大的个体，角也越大。雌兽仅在相应部位有隆起的嵴突。雄性的角一般分为6或8个叉，个别可达9～10叉。在基部即生出眉叉，斜向前伸，与主干几乎成直角；主干较长，向后倾斜，第二叉紧靠眉叉，因为距离极短，称为"对门叉"。并以此区别于梅花鹿和白唇鹿的角。第三叉与第二叉的间距较大，以后主干再分出2～3叉。各分叉的基部较扁，主干表面有密布的小突起和少数浅槽纹。夏毛短，没有绒毛，通体呈赤褐色；背面较深，腹面较浅，故有"赤鹿"之称；冬毛厚密，有绒毛，毛色灰棕。臀斑较大，呈褐色、黄赭色或白色。马鹿川西亚种，背纹黑色，臀部有大面积的黄白色斑，几乎覆盖整个臀部，与马鹿其他亚种不同，故亦称"白臀鹿"。

（二）遗传特性

血液蛋白质多态性。张才俊（1998）、孙东晓（1998）对天山马鹿清原品系碱性磷酸酶（ALP或AKP）座位研究中发现4种表型。张才俊等（1997）对青海马鹿的3种血清同工酶酶谱及其多态性进行了研究，得出酯酶和淀粉酶有3种同工酶，碱性磷酸酶由4种同工酶组成。王蕴玲（1996）对东北马鹿研究发现，LDH有3种同工酶，其相对含量与东北梅花鹿十分相近，而与白唇鹿、麋鹿差异很大。超氧化物歧化酶（SOD）座位有3种表型，与梅花鹿、白唇鹿谱带相同（张才俊，1998）。邢秀梅（2002）对我国新疆3个马鹿品种13个蛋白位点进行了遗传检测，探讨了新疆3个马鹿品种间的亲缘关系。染色体特征马鹿染色体$2n=68$，总臂数70。常染色体为2条中（M）着丝粒、64条近端（A）或端部（T）着丝粒染色体。X染色体为端部（T）着丝粒，Y染色体为近中端（SM）着丝粒染色体。对四川马鹿、东北马鹿、甘肃马鹿的核型分析发现，它们的染色体数目、形态类型、染色体臂数等完全一致，说明它们亲缘较近。

分子遗传标记。邢秀梅（2006）研究了线粒体DNA细胞色素b基因405bp序列，对我国6个家养马鹿种群进行了比较和系统分化研究，6个种群聚合成四大类群，东北马鹿和左家马鹿为一类，天山马鹿和阿尔泰马鹿为一类，塔里木马鹿为一类，甘肃马鹿为一类。

张苏云等利用5个微卫星位点对新疆塔里木马鹿的3个群体进行了遗传多样

性分析，认为塔里木马鹿遗传变异度高，遗传多样性相对丰富，具有较大的遗传潜力。邢秀梅（2006）利用20个微卫星标记对3个梅花鹿、6个马鹿品种和群体进行了多态性测定并进行了分类，结果与中国茸鹿的地理分布基本一致。

（三）生产性能

鹿茸主干长60cm左右，主干围度16cm左右，叉口深12cm左右，平均鲜茸重3.7kg左右，干茸重1.3kg左右，干燥率平均为46%。鹿角主干长118cm左右，主干围度16cm左右，每角平均重3.4kg左右。马鹿体内脂肪少，蛋白质含量高，肉质鲜嫩可口。屠宰率：公母鹿分别为54.89%、51.22%，净肉率分别为39.02%、38.91%，骨肉比分别为1：3.19和1：3.18。

（四）繁殖方式

马鹿集中在每年9—10月发情交配，此时雄兽很少采食，常用蹄子扒土，频繁排尿，用角顶撞树干，将树皮撞破或者折断小树，并且发出吼叫声，初期时叫声不高，多半在夜间，高潮时则日夜大声吼叫。发情期间雄兽之间的争偶格斗也很激烈，几乎日夜争斗不休，但在格斗中，通常弱者在招架不住时并不坚持到底，而是败退了事，强者也不追赶，只有双方势均力敌时，才会使一方或双方的角被折断，甚至造成严重致命的创伤。取胜的雄兽可以占有多只雌兽，发情期一般持续2～3d，性周期为7～12d。雌兽的妊娠期为225～262d，在灌丛、高草地等隐蔽处生产，每胎通常产1仔。初生的幼仔体毛呈黄褐色，有白色斑点，体重为10～12kg，头2～3d内软弱无力，只能躺卧，很少行动。5～7d后开始跟随雌兽活动。哺乳期为3个月，1月龄时出现反刍现象。12～14月龄时开始长出不分叉的角，到第三年分成2～3个枝叉。3～4岁时性成熟，寿命为16～18年。

（五）生活习性

马鹿属于北方森林草原型动物，但由于分布范围较大，栖息环境也极为多样。东北马鹿栖息于海拔不高、范围较大的针阔混交林、林间草地或溪谷沿岸林地；四川白臀鹿则主要栖息于海拔3500～5000m的高山灌丛草甸及冷杉林边缘；而在新疆，塔里木马鹿则栖息于罗布泊地区西部有水源的干旱灌丛、胡杨林与疏林草地等环境中。

马鹿生活于高山森林或草原地区，喜欢群居，夏季多在夜间和清晨活动，冬季多在白天活动，善于奔跑和游泳。以草为食，夏秋采食禾本科植物嫩枝、芽，冬春采食各种灌木枝条、叶片。适应性强，各地均可驯化饲养，–40℃亦可正常生活。喜欢舔食盐碱。随着不同季节和地理条件的不同而经常变换生活环境，但一般不做远距离的水平迁徙，选择生境的各种要素中，隐蔽条件、水源和食物的丰富度是最重要的指标。它特别喜欢灌丛、草地等环境，不仅有利于隐蔽，而且食物条件和隐蔽条件都比较好。但如果食物比较贫乏，也能在荒漠、芦苇草地及农田等生境活动。马鹿在白天活动，特别是黎明前后的活动更为频繁，以乔木、灌木和草本植物为食，种类多达数百种，也常饮矿泉水，在多盐的低湿地上舔食，甚至还吃其中的烂泥，夏天有时也到沼泽和浅水中进行水浴。

平时常单独或成小群活动，群体成员包括雌兽和幼仔，成年雄兽则离群独居，或几只一起结伴活动。马鹿在自然界里的天敌有熊、豹、豺、狼、猞猁等猛兽，但由于性情机警，奔跑迅速，听觉和嗅觉灵敏，而且体大力强，又有巨角作为武器，所以也能与捕食者进行搏斗。

（六）种群现状

马鹿在世界上分布很广，分布于亚洲、欧洲、北美洲和北非。在中国分布于黑龙江、辽宁、内蒙古呼和浩特、宁夏贺兰山、北京、山西忻州、甘肃临潭、西藏、四川、青海、新疆等地。马鹿在中国尚有一定数量，在黑龙江和吉林可能有近10万只，但由于过量猎捕幼仔和栖息地的丧失，也逐渐产生危机，尤其是在新疆，塔里木的野生种群已经由15000只下降到4000～5000只；阿尔泰马鹿由20世纪70年代的10万只下降到4万只左右；野生天山马鹿则正以每年3000只左右的速度锐减。如果这样下去，野生马鹿很快会有绝迹于伊犁河谷的危险。

三、白唇鹿

白唇鹿（*Cervus albirostris*）是中国的珍贵特产动物，在产地被视为"神鹿"。白唇鹿属为单型属动物，属下种白唇鹿*Przewalskium albirostris*（Przewalski，1883），无亚种分化。它也是一种古老的物种，早在更新世晚期的地层中，就已经发现了它的化石。它曾经广泛地分布于喜马拉雅山的中部一带，由于古地理的影响，第三纪后期、第四纪初期的喜马拉雅造山运动使得以中国青藏高原为中心的地面剧烈上升，高原隆起，森林消失，所以白唇鹿的分布范围也向东退缩。已将白唇鹿列入《世界自然保护联盟濒危物种红色名录》（IUCN 2012年ver3.1）——濒危（EN）。列入《华盛顿公约》（CITES）附录Ⅰ。列入中国《国家重点保护野生动物名录》*China Key List*——Ⅰ级，加以保护。

（一）形态特征

白唇鹿是大型鹿类，与马鹿的体形相似，但比马鹿略小，体长为100～210cm，肩高120～130cm，尾巴是大型鹿类中最短的，仅有10～15cm，体重130～200kg。体被毛十分厚密，毛粗硬且无绒毛，毛色在冬夏有差别。冬季的体毛为暗褐色，带有淡栗色的小斑点，所以又有"红鹿"之称；夏季体毛颜色较深，呈黄褐色，腹部为浅黄色，所以也被叫作"黄鹿"。体毛较长而粗硬，具有中空的髓心，保暖性能好，能够抵抗风雪。雄兽肩部和前背部的硬毛还常逆生，形成"皱领"的模样。雄兽的蹄子大而宽，较为短圆；雌兽的蹄子则较尖而窄。

它的颈部也很长，头部略呈等腰三角形，额部宽平，耳朵长而尖，眶下腺大而深，十分显著，可能与相互间的通信有关。最为主要的特征是，通鼻端两侧，有一个纯白色的下唇，因白色延续到喉上部和吻的两侧，所以得名，而且还有白鼻鹿、白吻鹿等俗称。在臀部尾巴周围有黄色斑块，因此当地人也称它为"黄臀鹿"。雄性白唇鹿具角，角的主干扁平，故也称其为"扁角鹿"。除了唇部为白色，眶下腺较大外，还有角的形状很特别，白唇鹿的角的眉叉和次叉相距较远，而且次叉特别长，位置较高，而马鹿角的眉叉与次叉相距很近。

只有雄兽头上长有淡黄色的角，角干的下基部呈圆形外，其余均呈扁圆状，特别是在角的分叉处更显得宽而扁，所以又有扁角鹿之称。眉叉与主干成直角，起点近于主干的基部。主干略微向后弯曲，第二叉与眉叉的距离大，第三叉最长，主干在第三叉上分成2个小枝，从角基至角尖最长可达130～140cm，两角之间的距离最宽的超过100cm，分叉有8～9个，各枝几乎排列在同一个平面上，呈车轴状。

（二）栖息环境

白唇鹿是一种生活于高寒地区的山地动物，分布海拔较高，活动于

3500～5000m的森林灌丛、灌丛草甸及高山草甸草原地带，尤以林缘一带为其最适合活动的生境。有垂直迁移现象，由于食物和水源关系或者由于被追猎，它们还可做长达100～200km的水平迁移。不过在一般情况下，它们比较固定地徘徊于一座水草灌木丰盛的大山周围，是栖息海拔最高的鹿类，那里气候通常十分寒冷，从11月至翌年4月都有较深的积雪。它们的食物主要是禾本科和莎草科植物。以集群方式活动，群体的规模因季节和栖息环境的差异而不同。

（三）生活习性

白唇鹿喜欢在林间空地和林缘活动，嗅觉和听觉都非常灵敏。由于蹄子比其他鹿类宽大，适于爬山，有时甚至可以攀登裸岩峭壁，奔跑的时候足关节还发出"咔嚓、咔嚓"的响声，这也可能是相互联系的一种信号。它还善于游泳，能渡过水流湍急的宽阔水面。

群体通常仅为3～5只，有时也有数十只，甚至100～200只的大群。群体可以分为由雌兽和幼仔组成的雌性群、雄兽组成的雄性群以及雄兽和雌兽组成的混合群等3个类型，雄性群中的个体比雌性群少，最大的群体也不超过8只；混合群不分年龄、性别，主要出现在繁殖期。白唇鹿夏季基本在高山草原上度过，冬季要避开积雪多的高山草原而向灌木林移动。但是由于青藏高原草场的近80%是牦牛、绵羊、山羊的放牧地，所以，为了避开与这些家畜和牧民的接触，白唇鹿出现了季节性的移动，来到家畜到不了的海拔5000m以上甚至更高的地域，以及湖中的岛屿、被湿地包围着的地域以及悬崖上的草地等地方。

冬季则迁移到海拔较低的草地。它的食物主要是草本植物，特别是草熟禾、苔草、珠芽蓼、黄芪等，也吃山柳、高山栎等树木的嫩芽、叶、嫩枝和树皮，食物种类多达80种以上。主要在早晨和黄昏时觅食，也有舔食盐分的习惯，尤其是春季和夏季。它在野外的天敌有豺、狼和雪豹等。

（四）分布范围

白唇鹿现在主要分布在青藏高原及其边缘地带的高山草原地区，分布于青海、甘肃及四川西部、西藏东部。四川分布自南坪向南至汶川，向西经宝兴、九龙至木里一线的川西北青藏高原延伸部分，约计28个县；甘肃分布于西部肃南、肃北及祁连山东部甘南玛曲县；青海分布于祁连县以西的祁连山地区到昆仑山与唐古拉山之间的玉树州；在西藏可可西里仅分布于东南部沱沱河沿到乌兰乌拉山东端之间，保护区外围通天河岸、扎日尕那等地有分布。为了保护野生的白唇鹿，中国在青海、甘肃、四川等地已经有很多饲养场进行白唇鹿的驯养，其中青海玉树藏族自治州养鹿场饲养最多，达到数百只。此外，还有很多分散的饲养者。现在，很多地方已经能够实现放牧，不仅可以减少饲养费用，而且还能提高繁殖率。

（五）繁殖方式

每年10—11月是白唇鹿的发情期。此时雄兽常高声嘶鸣，发出"哞枣哞"的咆哮声，由4~5个音节构成1个连续声，粗壮而低沉，昼夜不停，并且用蹄子或角刨动地面，在地面上打滚，往身上沾泥土。发情的雄兽没有固定的栖息地点，四处奔走，寻找发情的雌兽。一般一只雄兽可以占有数只雌兽。雄兽之间的格斗也很激烈，常常使角折断。雄兽在发情期间，食欲不振，几乎不食不饮，颈部肿胀而变粗，性情凶猛，完全处于兴奋状态，所以在交配期前后变得十分瘦削。

雌兽的怀孕期为8个月，到翌年的5—7月产仔，每胎产1仔，偶尔产2仔。刚出生的幼仔全身具有斑点，1个月以后斑点逐渐消失，3岁后达到性成熟。寿命约20年。雌鹿3岁即可参与繁殖，而雄鹿一般要到5岁才能参与交配。每年长茸、脱角1次。鹿茸产量较高，是名贵中药材。

（六）种群现状

白唇鹿是中国特产的鹿，迄今为止，这一珍贵物种在国外仅有20世纪70年代初由中国赠送给斯里兰卡的1对（现在尚有1只生存）和80年代初赠送给尼泊尔的1对。出没于祁连山以西经昆仑山、唐古拉山至横断山脉，活动范围大，每座山仅有几个大的鹿群，以川、青、藏3省区较多。四川石渠县有1500~2000只，德格有200只，白玉有3000只。西藏地区江达有134只，林芝推测有300只。据估计有7000只，目前白唇鹿的分布区和种群在急剧减少。现有白唇鹿的保护区有四川新陆海保护区、甘肃盐池湾保护区。2003年，四川省甘孜藏族自治州发现白唇鹿世界最大野生种群，总数逾5000只。

四、水鹿

水鹿（*Cervus unicolor*）体形粗壮接近马鹿。喜水，常活动于水边，栖息于阔叶林、混交林、稀树的草场和高草地带，清晨、黄昏觅食。雨后特别活跃。平时单独活动，有一定的行动路线。目前有16个亚种，分布于中国、斯里兰卡、印度、尼泊尔、中南半岛以及东南亚等地区。该鹿种已列入《世界自然保护联盟濒危物种红色名录》（IUCN 2013年ver3.1）——濒危（EN），列入《华盛顿公约》（CITES）附录Ⅰ，列入中国《国家重点保护野生动物名录》*China Key List*——Ⅱ级。

（一）外形特征

水鹿是热带、亚热带地区体形最大的鹿类，身长140~260cm，尾长20~30cm，肩高120~140cm，体重100~200kg，最大的可达300kg。成年雄鹿体高130cm左右，体长130~140cm，体重200~250kg。雌鹿较矮小。水鹿泪窝较大，鼻镜黑色，颈毛较长，尾端部密生蓬松的黑色长毛。被毛黑褐色，冬毛深灰色。有黑棕色背线，臀周围呈锈棕色，无臀斑。茸角为单门桩，眉枝。雄鹿长着粗长的三叉角，最长者可达1m。毛色呈浅棕色或黑褐色，雌鹿略带红色。颈上有深褐色鬃毛。体毛一般为暗栗棕色，臀部无白色斑，颌下、腹部、四肢内侧、尾巴底下为黄白色。与其他鹿种相区别的重要特征是：角小、分叉少，门齿活动，颈腹部有手掌大的一块倒生逆行毛，毛呈偏圆波浪形弯曲。

水鹿的四肢细长而有力，主蹄大，侧蹄特别小。尾巴的两侧密生着蓬松的长毛，看上去好似一把扇子，尾巴的后半段呈黑色，腹面颜色雪白。只有雄兽头上长角，角从额部的后外侧生出，稍向外倾斜，相对的角叉形成"U"字形。角形简单，呈三尖形。角的前端部分较为光滑，其余部分粗糙，基部有一圈骨质的瘤突，称为"角座"，俗称"磨盘"。水鹿的角在鹿类中是比较长的，一般为70~80cm，最长的可达125cm。

（二）生活习性

栖息地海拔高度为2000~3700m。生活于热带和亚热带林区、草原、阔叶林、季雨林、稀树草原、高山溪谷以及高原地区等环境。喜在日落后活动，无固定的巢穴，有沿山坡做垂直迁移的习性。其活动范围大，很少到远离水的地方去。

在早晨、傍晚和夜晚活动，白天休息。感觉灵敏，性机警，善奔跑。喜群居。喜欢在水边觅食，以草、果实、树叶和嫩芽为食。夏天好在山溪中沐浴，故名水鹿。主要天敌是老虎和鳄鱼，俗有"虎蹲草山鹿沐溪"之说，因为它们也喜欢水。

（三）分布范围

分布于孟加拉国、不丹、文莱、柬埔寨、中国（广西、贵州、海南、湖南、江西、四川、云南、台湾）、印度（苏门答腊岛）、老挝、马来西亚、缅甸、尼泊尔、斯里兰卡、泰国和越南。澳大利亚、新西兰、圣文森特和格林纳丁斯、南非、美国（加利福尼亚州、佛罗里达州、得克萨斯州）都有对水鹿的引进。

（四）繁殖方式

繁殖期不十分固定，在每个月都能交配，大多在每年的夏末秋初进行。雌兽的怀孕期为6~8个月，翌年春季生产，发情周期平均20d，妊娠期为8~9个月，每胎产1~2仔，哺乳期12~24个月，其繁殖力相对较低。幼仔身上有白斑。2~3岁时即发育成熟，寿命为14~16年。

（五）种群现状

水鹿被列为易危物种。在不同地区危险的严重程度也不同，在东南亚大陆（越南、老挝、泰国、柬埔寨、缅甸、马来西亚）、南亚次大陆的孟加拉国、东南亚群岛的加里曼丹岛和苏门答腊岛婆罗洲和苏门答腊下降程度超过50%。在印度的整体下降幅度一直较小，但在印度以外的这些地区的下降幅度则很大，中国、斯里兰卡和尼泊尔下降幅度平均为30%。种群下降的趋势变缓表明，在东南亚和中国的野生肉类和鹿茸营销下降。

五、坡鹿

坡鹿（*Cervus eldii*），是印度泽鹿的同属，外形与梅花鹿相似，但体形较小，花斑较少。毛被黄棕色、红棕色或棕褐色，背中线黑褐色。背脊两侧各有1列白色斑点。列入《华盛顿公约》（CITES）附录Ⅰ保护名单，《世界自然保护联盟濒危物种红色名录》（IUCN 2008年ver 3.1）——濒危（EN），中国国家一级保护动物。

（一）外形特征

坡鹿为中型鹿类。外形与梅花鹿相类似，但体形较小，花斑较少，而且颈、躯体和四肢更为细长，显得格外矫健。一般体长160cm左右，肩高104~110cm，体重70~130kg。

体毛一般为赤褐色到黄褐色，背部颜色较深，背中央由颈部至尾巴的基部有1条纵行的黑褐色脊带纹，带纹两侧点缀着白色花形斑点，每个斑点如铜钱般大小，间距为3cm左右，此外在臀部也有少许白色斑点。雄兽的毛色比雌兽的深，特别是在发情交配季节，显得更为浓艳。到了秋末冬初，全身便都换成长而浓密的冬毛，背中线黑褐色，背脊两侧各有1列白色斑点，白色的斑点也都褪去，几乎完全消失，一直到翌年春天，这些斑点才又逐渐显现。体侧及四肢外侧的体色较淡，腹部和四肢内侧则为灰白色。颜面部及耳朵的背面为黄褐色，耳缘带有黑色，耳内为白色。尾巴的背面为栗棕色，腹面为白色或淡褐色。

雄鹿具角，第一眉叉自基部向前侧平伸出，与主干几乎成弯弓形。成年鹿冬毛斑点不明显，体形狭长，颈部和四肢也较为细长，背鬣不明显，主蹄狭窄而尖，侧蹄小。雌兽的头上没有角；雄兽头上角的形状很特殊，有一个较大的眉叉，向前长出，然后稍微向上弯曲，而主干则先向后，然后再弯曲向上，并向前伸展。主干下面不分叉，看来好像没有次叉、三叉，其实是分叉的位置较高，都长到了主干的上端。主干与眉叉连接起来，形成一个大角度的弧形，几乎呈弯弓状，上端生有3~6个长短不一、又尖又细的小尖，这种角形显然与梅花鹿和其他鹿类不同。角的长度约为100cm，粗12~13cm，角尖相距78cm以上，眉叉也很长，可达45cm。

（二）生活习性

栖息在海拔200m以下的低丘、平原地区，喜集聚于小河谷活动。坡鹿性喜群栖，但长着长大鹿角的雄兽却大多单独行动。通常可以看见成双成对或3~5只在一起组成群体，集散于小溪旁或沟谷内的草坡和湿润的田地中，以及火烧迹地等，其中主要为雌兽和幼仔。在发情配偶期间，集群现象更为明显，最多时约有12只。觅食活动多在早晨和傍晚，尤其在大雨过后更是活动频繁。它较为耐旱和耐热，虽然喜欢在有水的草地附近觅食，但尚未发现有进行洗浴或泥浴的现象。据说过去坡鹿数量很多的时候，也常在白昼觅食，甚至接近或混入放牧的家畜群中，后来由于人们活动的影响，才被迫于早晨和夜晚活动。

坡鹿的主要食物是青草和嫩树枝叶等，种类有竹节草、丁癸草、鹊肾树叶等，也吃番薯叶、嫩稻苗、蔗苗等作物，尤其喜欢吃水边或沼泽地里生长的水草。此外，它还经常舔食盐碱土，以补充身体所需的矿物质和盐分等。

坡鹿的视觉和听觉都非常敏锐，奔跑更是十分迅速，特别善于跳跃。在觅食的时候警觉性也很高，每吃两三口便抬起头来四处张望，谛听原野上的动静，匆匆吃食完毕后，即行遁藏。一旦发现敌害，立即疾驰狂奔而去，虽有数米高的乔木、灌丛或数米宽的河沟，皆能一跃而过，因此还有许多关于它会"飞"的传说。因为在坡鹿的产地也大多分布着水鹿，所以还流传着水鹿喜欢咬食坡鹿的茸角的说法，因而这两种鹿从不混居。事实上，水鹿的栖息地主要是海拔较高的山麓地带，而坡鹿的活动区域有所不同。

（三）分布范围

栖息在丘陵草坡地带，分布于东南亚及中国的海南岛。1976年，广东省分别建立了大田、邦溪两个省级自然保护区，分设两个保护站负责保护坡鹿。柬埔寨、老挝、缅甸也分别成立保护区，保护坡鹿；泰国因保护措施较晚，开始尝试人工繁殖；印度则对坡鹿进行圈养，以期恢复坡鹿种群数量。几十年前，在海南岛的东方、昌江、白沙、崖县（现三亚）、乐东、儋县（现儋州）、琼中、屯昌等县市的低丘平原灌丛地带，都有坡鹿分布。由于栖息环境的急剧破坏和人们的强度猎杀，坡鹿由成片分布逐渐缩小到两个点，一是个白沙的邦溪，另一个是东方的大田，总数也就是五六十头。在印度，早在20世纪50年代，坡鹿曾一度被认为已灭绝，但随后发现了坡鹿种群。2003年，坡鹿数量普查表明，共有大约180只野生坡鹿，同样有180只左右的坡鹿被圈养。在柬埔寨，坡鹿的数量较多，但即使是这样，在1998—2008年这段时间里，该物种已减少了90%或更多，在2008年后的10～15年里，物种数量将至少下降50%。同样，老挝、缅甸的坡鹿数量也在逐年减少，而泰国、越南的坡鹿或已灭绝。

（四）生长繁殖

坡鹿是"一夫多妻"制。雌性可以从2岁开始持续繁殖，直到10岁。坡鹿的发情期为每年的冬季和初春，繁殖期为每年的2—5月，妊娠期为225～342d，每年1胎，每胎1～2只小坡鹿。小坡鹿在出生4～6个月后断奶，2岁性成熟。幼鹿主要由雌鹿哺育，雄鹿虽然在群体中生活，但很少参与。

因为坡鹿的发情期已进入雨季，树木抽芽，野草苗壮，食物十分丰盛，使其身体逐渐肥壮。雄兽为了争夺配偶而发生激烈的角斗，常常弄得遍体鳞伤，获胜者便与雌兽交配，并且一直相伴到发情期结束，如此才能留下更为强壮的后代。

在5月下旬，争偶、交配以后，雄兽便陆续离群独居，然后于6—7月脱去毫无光泽的旧枝角，从角座开始长出由像天鹅绒一样的柔软皮肤包裹着的新茸。鹿茸在10月前后最为丰硕，以后皮肤破裂并脱落，茸角逐渐角化，呈现深褐色的光泽，角表面的复杂沟渠是茸角时期血管的痕迹。到了翌年夏季旧角再脱落，如此周而复始地进行。雄性已知最大年龄为14岁，雌性为19岁。

六、麋鹿

麋鹿（*Elaphurus davidianus*）是世界珍稀动物，属于鹿科。因为它头脸像马、角像鹿、蹄像牛、尾像驴，因此得名四不像。距今有二三百万年的历史，动物分类学家将它归类为鹿科，麋鹿属，达氏种。历史上麋鹿共有5个物种，即双叉种、蓝田种、台湾种、晋南种、达氏种，现存者为达氏种。

麋鹿作为野生种群早已绝迹多年，自然因素、麋鹿自身的因素是麋鹿分布区逐渐缩小、数量减少的原因，而人类活动的干扰是麋鹿走向野外灭绝的决定因素。1986年8月14日，在世界野生生物基金会和中国林业部的共同努力下，来自英国7家动物园的39头麋鹿返回故乡——江苏大丰，放养在大丰麋鹿保护区。中国麋鹿主要分布在三大保护区内，即江苏大丰麋鹿国家自然保护区、北京大兴麋鹿苑、湖北石首麋鹿国家级自然保护区。其中，面积达117万亩的江苏大丰麋鹿国家自然保护区，是世界上面积最大的一处麋鹿保护区，拥有世界上最大的麋鹿种群，约占世界麋鹿数量的28%。大丰麋鹿国家自然保护区林茂草丰，人迹罕至，是麋鹿野生放养的天然理想场所。适宜的生境加上保护区工作人员的精心管护，其野生种群数量、繁殖率和存活率均居世界首位。经过繁衍扩大，已达到1000多头。江苏大丰麋鹿国家自然保护区有着世界上最大的野生麋鹿种群，约52头麋鹿在这里被野化放归。在世界上首先建立了完全摆脱对人类依赖、可自我维持的麋鹿野生种群，结束了数百年来麋鹿无野生种群的历史。现已将麋鹿列入《华盛顿公约》（CITES）附录Ⅰ级。列入《世界自然保护联盟濒危物种红色名录》（IUCN 2012年ver 3.1）——野外绝灭（EW）。列入《中国国家重点保护野生动物名录》*China key List*——Ⅰ级。

（一）形态特征

麋鹿是一种大型食草动物，体长170～217cm，尾长60～75cm。雄性肩高122～137cm，雌性肩高70～75cm，体形比雄性略小。一般麋鹿体重120～180kg，成年雄麋鹿体重可达250kg，初生仔12kg左右。角较长，每年12月脱角1次。雌麋鹿没有角，体形也较小。雄性角多叉似鹿、颈长似骆驼、尾端有黑毛，麋鹿角形状特殊，没有眉叉，角干在角基上方分为前后两枝，前枝向上延伸，然后再分为前后两枝，每小枝上再长出一些小叉，后枝平直向后伸展，末端有时也长出一些小叉，最长的角可达80cm；倒置时能够三足鼎立，是在鹿科动物中独一无二的。麋鹿颈和背比较粗壮，四肢粗大。主蹄宽大能分开，多肉，趾间有皮腱膜，有很发达的悬蹄，行走时带有响亮的磕碰声；侧蹄发达，适宜在沼泽地中行走。夏季被毛红棕色，冬季脱毛后为棕黄色；初生幼仔毛色橘红，并有白斑。尾巴长用来驱赶蚊蝇以适应沼泽环境。

雄性小鹿在两岁时长角分叉，6岁叉角才发育完全。头大，吻部狭长，鼻端裸露部分宽大，眼小，眶下腺显著。四肢粗壮，主蹄宽大、多肉，有很发达的悬蹄，行走时带有响亮的磕碰声。尾特别长，有绒毛，呈灰黑色，腹面为黄白色，末端为黑褐色。夏季体毛为赤锈色，颈背上有1条黑色的纵纹，腹部和臀部为棕白色。9月以后体毛被较长而厚的灰色冬毛所取代。

（二）栖息环境和生活习性

从麋鹿宽大的蹄及蹄间有皮腱膜分析，适于在沼泽地活动；长而多毛的尾，利于驱赶飞扰的昆虫；从饲养麋鹿喜泡水和泥浴的习性判断，它们过去生活于温暖潮湿的沼泽地。喜平原、沼泽和水域，长江三角洲平原湿地显然是它栖息的理想生境。

麋鹿是鹿类动物中较温顺的一种。据人工多年的饲养、观察，麋鹿的奔跑速度不及梅花鹿和狍，发情期的公鹿也不像梅花鹿、马鹿、白唇鹿那样攻击人，而且占群公鹿见到人接近即逃跑。在哺乳期，人给幼仔打耳号、测量时，幼仔的叫声只能吸引母鹿在远处观望，而不像其他鹿那样，母鹿为了保护幼仔而攻击人。雄性麋鹿之间为争夺配偶的角斗也相对温和，没有激烈的冲撞和大范围的移动，角斗的时间一般不超过10分钟，失败者只是掉头走开，胜利者不再追斗，很少发生鹿之间的伤残现象。公鹿占群后，其他公鹿窥视母鹿时，占群公鹿仅用吼叫和追逐等方式赶走对方。以上这些特点决定了它们逃避敌害的能力差，较易被天敌和人类捕杀。

麋鹿性好合群，善游泳，主要以禾本科、苔类及其他多种嫩草和树叶为食。人工饲养其饲料种类由三部分组成："细粮"包括小麦麸、大麦、玉米、豆饼，大豆秸秆纤维化程度较高是"粗粮"。将"细粮""粗粮"分别粉碎，并按照一定的比例混合加水搅拌、发酵，与此同时，还用鲜嫩、可口的胡萝卜、麦青等"水果蔬菜"来补充维生素。

（三）分布范围

麋鹿是一种出现于第四纪中后期的动物，原产于中国长江中下游沼泽地带，曾经广布于东亚地区。从已知的190多个麋鹿化石出土地点确认，历史上麋鹿的分布区西至山西的汾河流域，北至辽宁的康平，南到浙江的余姚，东到沿海平原及岛屿。到了晚更新世，麋鹿种群迅速发展，到全更新世中期达到鼎盛，但商周以后麋鹿迅速衰落。元朝时，为了以供游猎，残余的麋鹿被捕捉运到皇家猎苑内饲养。到19世纪时，只剩下在北京南海子皇家猎苑内一群，200～300只。1866年，被法国传教士大卫神父发现并命名拉丁种名，各国公使用贿赂、偷盗等手段，为自己国家动物园搞到几只。1894年永定河泛滥，冲毁皇家猎苑围墙，残存的麋鹿逃出，被饥民和后来的八国联军猎杀抢劫，从此在中国消失。野生的麋鹿虽然绝灭了，但是通过放养，最终在中国重新建立了麋鹿的自然种群。1986年8月从英国乌邦寺迎归了20只年轻的麋鹿，放养在清代曾豢养麋鹿的南海子，并建立了一个麋鹿生态研究中心及麋鹿苑；1987年8月，英国伦敦动物园又无偿提供了39只麋鹿，放养在大丰麋鹿国家自然保护区至今，这两处的麋鹿都生长良好，并且繁殖了后代。

（四）繁殖方式

在每年5月下旬这个时候，雌鹿身上散发出一种神秘的气味，在没有风的日子里，这种气味相对稳定地在离地面约5m的空气中，沿水平方向在灌木和草丛间弥漫，成年麋鹿开始进入发情期。雄鹿陶醉在这种浓烈的气味中，它跟在母鹿的身后，猛吸一口，然后屏住呼吸，一动不动地歪侧着头，良久，再舒缓地呼出，神态如醉如痴。之后，成年雄鹿开始装扮自己，它们往身上涂泥浆，用角挑戳青草作为装饰，在麋鹿的眼里，这是威武的象征。雄鹿希望以此来博得雌鹿的青睐。在麋鹿的王国里，有着严格的等级秩序。在麋鹿的发情期里，尽管许多雄鹿徘徊在雌鹿身边虎视眈眈，但是，它们却不敢轻举妄动。因为在所有的雄鹿中，只有鹿王才拥有唯一的交配权。其他雄鹿稍越雷池半步，就会遭到无情的驱赶，甚至猛烈的攻击。因此，绝大多数雄鹿极有可能一生都无法留下一儿半女。求偶发情于5月底至8月。交配期间，雄兽之间发生对峙或角斗的现象，性情突然变得暴躁，发出阵阵叫声，以角挑地，眶下腺分泌液体，涂抹于树干之上。雌兽的怀孕期为270d左右，是鹿类中怀孕期最长的，一般于翌年4—5月产仔。裹着灰白色胎衣的小鹿刚落地就能抬起头，母性极强的大鹿迅速转身为孩子舔舐并吃掉胎衣。初生的幼仔体重大约为12kg，毛色橘红并有白斑，6～8周后白斑消失，出生3个月后，体重可达到70kg。2岁时性成熟，雄性小鹿2岁长角分叉，6岁叉角发育完全，理论上寿命为25岁。

第三节　中国鹿的地方品种

一、吉林梅花鹿

（一）品种来源与分布

吉林梅花鹿（Jilin Sika deer）属于茸用为主的梅花鹿地方品种。吉林梅花鹿的形成主要有3个因素：一是来源于东北梅花鹿家养后裔，二是对鹿茸和繁殖等生产性状经过了长期的人工选育干预，三是产区的地理、气候和饲料条件为吉林梅花鹿的培育和发展提供了良好的条件。几十年来，吉林梅花鹿选育工作受到各方面的重视。普遍实行单公群母配种和试情配种，并注意引种、选种选配和淘汰低产鹿。随着精液冷冻保存、同期发情和人工授精技术的应用，人工输精母鹿数量逐年增加。吉林梅花鹿2006年列入《国家畜禽遗传资源保护名录》。吉林梅花鹿中心产区为吉林省的长春、吉林、辽源、四平、白山等市（区）及所属市、县，与吉林省相邻的辽宁省也有分布。

（二）外貌特征

吉林梅花鹿被毛颜色随季节变化而稍有变化。夏季被毛稀短无绒，呈棕红色或棕黄色，体躯两侧分布白色斑块，形似梅花。伊通型梅花鹿白斑小而密，排列整齐；双阳型、东丰型梅花鹿白斑大而稀疏，排列不规则。大多数吉林梅花鹿背部中间有2～4cm宽的棕色或黑色背线，有的由颈部至尾部，色深而明显（如伊通型、抚松型），有的仅到腰部（如龙潭山型），有的则不明显（如双阳型）。腹部、四肢内侧毛呈浅灰黄色。臀斑大而有黑色毛圈。尾毛背部为黑棕色、腹缘为白色，受惊时尾毛开呈白色扇形。伊通型梅花鹿喉斑大而白。冬毛厚密，呈棕褐色，白斑色暗，不及夏季明显。公鹿有鬣毛。

吉林梅花鹿属于中等体形鹿。体态紧凑俊秀，白斑明显。头较小、轮廓清晰，额宽。眶下腺发达，呈裂隙状。眼大明亮，鼻梁平直。耳大，内侧有柔软白毛，外部被毛稀疏。背腰平直，胸宽，体质结实。四肢匀称，主蹄狭尖，跗蹄细小。公鹿角柄粗圆、端正，公鹿生后第二年生出锥形初角茸，第三年茸角分叉。有的主干中部向内弯曲，左右对称，俗称元宝形（如东丰型）；有的主干向外伸展，呈三角形（如双阳型、伊通型）。眉枝分生位置高低不等。第二分枝与眉枝距离较远，具有种的特征。茸皮呈红褐色、黄褐色，少有黑褐色，茸毛纤细。母鹿乳房发育良好，乳头距离匀称、大小适中。公鹿睾丸发育良好，有弹性。

（三）生产性能

吉林梅花鹿产茸能力强，一般200～300日龄萌生初角茸，头锯（2周岁）公鹿生产二杠茸鲜重0.75～1.0kg，饲养水平高的二锯（3周岁）公鹿生产三叉茸鲜重5.0kg以上。成年公鹿最高产三叉茸（畸形）鲜重15.3kg，三叉茸鲜干比2.8。吉林梅花鹿母鹿16～18月龄性成熟并可初配。公鹿28月龄性成熟，40月龄初配。母鹿妊娠期235d，双胎率3%，繁殖成活率75%～85%。初生重公仔鹿（5.9±0.8）kg，母仔鹿（5.6±0.7）kg。

（四）生活习性

吉林梅花鹿食性广，可采食400多种植物，也能大量采食其他家畜不喜采食的含单宁的栎树枝叶和其他树的枝叶。适应性强，能够适应多种气候条件和饲料条件，尤其适应北方气候和饲料条件。引种到广东、广西、海南等地也能正常繁殖和生长发育。仔鹿比成年鹿有更好的适应性和可塑性。仍然保持其野生鹿的集群特性，一动皆动，一旦与群体脱离或单独饲养时会表现胆怯不安，适合大圈群养或群牧式饲养。抗病能力强，只要饲养管理得当，不易发生疾病，疾病轻微时不表现症状。具有防卫性，突遇异声、异物会乱跑、乱撞，俗称"炸群"。产仔期间母鹿不愿让人接近，属护仔行为，严重时甚至扒咬仔鹿。配种期间公鹿攻击人是一种保护性反应。公鹿在8—9月配种前期体重最大，比生茸期增重20%，毛色变黑，脖颈增粗。11月上旬至12月上旬体重最低，翌年5—7月达到标准体重。

（五）产区自然生态条件

吉林梅花鹿的中心产区地处吉林省东部低山丘陵区，在大黑山以东，张广才岭和龙岗山以西，包括吉林市、辽源市、通化市和四平市。地貌以低山丘陵为主，山间谷地宽阔，海拔100～300m。长白山两侧的山地丘陵区为湿润的森林气候地带，湿润、冷凉，秋温高于春温为本气候地带的基本气候特征。吉林、桦甸、辉南、柳河、海龙、东丰以东地区，年平均气温3.4～5.2℃，无霜期130～145d，年降水量600～700mm，旱情少。积雪期长，积雪深度40～60cm，大风及风沙天气很少出现。暴雨和冷害对本地农业生产影响大。双阳、伊通、公主岭、梨树、四平和辽源等地为半湿润的森林草原气候地带，夏季温暖，冬季严寒，春季多大风。年平均气温3～6℃，无霜期130～150d，年降水量500～700mm。大风、风沙日数较多。

中心产区的土壤具有明显的垂直分布特点，由低到高分布有草甸土、沼泽土、白浆土、暗棕壤或白浆化暗棕壤，以及棕色针叶林土。谷地比较宽阔，无霜期较长，适于农业生产。山坡上部多以次生林为主。农作物一年一熟，主要有玉米，其次是水稻、大豆等。近年来，高油、高赖氨酸、高蛋白、高淀粉、高糖等优质专用玉米和高油大豆等新品种的种植面积扩大较快。玉米和豆粕是吉林梅花鹿的重要精饲料，玉米秸秆、树枝叶是吉林梅花鹿的主要粗饲料来源。

二、东北马鹿

（一）品种来源与分布

东北马鹿（Dongbei wapiti）又称黄臀赤鹿、八叉鹿，为大型茸用型马鹿地方品种。东北马鹿属马鹿东北亚种，起源于亚洲，由原始的梅花鹿演化而来。马鹿祖先沿丝绸之路的天山南麓西行向欧洲扩散，大约在更新世中期，又折返回来，沿天山北麓东行至西伯利亚渡白令海峡分布到美洲。东行过程中，体重增大，角的分枝增多，分布的出发点是塔里木盆地（大泰司纪之，1985）。野生种源主要分布在长白山脉、完达山麓及大、小兴安岭地区，以内蒙古自治区和黑龙江省分布较多。现在野生东北马鹿数量较少。家养东北马鹿的中心产区基本是野生马鹿的原产地区，主要分布于辽宁省的桓仁、宽甸、凤城，吉林省的白山、通化、延吉，黑龙江省的鸡西、牡丹江、七台河及松花江地区和内蒙古赤峰等地区。东北地区山地丘陵列东西两侧，中部为宽广的松辽平原。东部有张广才岭、长白山地区和千山山地。山地石质土和棕色森林土适合农牧业利用。西部有大兴安岭和努鲁儿虎山，野生动植物资源丰富。

（二）外貌特征

东北马鹿属于大型马鹿，产于小兴安岭地区的较产于长白山地区的体形略小。成年公鹿体高130～140cm，体长125～135cm，体重230～320kg。母鹿体高115～130cm，体长118～132cm，体重160～200kg。成角呈5～6个叉，角第一分枝与第二分枝距离近，具有种的特征，第三分枝（中枝）与第二分枝距离大。茸毛呈灰褐色、较密，茸皮为棕褐色或暗褐色，茸表面油脂较多。茸主干和眉枝较短。夏季被毛呈赤褐色，稀短无绒；冬季被毛呈棕褐色、厚密，少有灰白色或棕黄色的。鬣毛呈棕褐色、粗长。臀斑黄色、面积较大、圆形。尾扁而粗短，尾毛稀短，仅遮住肛门，阴户外露。部分有明显的深色背中线。初生仔鹿白色花斑明显，第一次换毛时白斑消失。躯干平直，颈长占体长的1/3。头呈楔形，眶下腺发达，口角周围及下唇为黑色，下唇两侧有对称的黑色斑块。四肢细长，后肢和蹄较发达，蹄大而圆，有很强的弹踢力。

（三）生产性能

东北马鹿产茸量不高，成年公鹿平均产鲜茸2.5～3.5kg，最高达5kg。东北马鹿母鹿28月龄性成熟，发育好的16月龄性成熟，37月龄初配。公鹿37月龄性成熟，45月龄配种。每年8月中旬至11月上旬为发情配种期，母鹿妊娠期145d，胎产1仔，繁殖成活率65%～70%。

（四）产区自然生态条件

东北地区山地丘陵列东西两侧，中部为宽广的松辽平原。东部有张广才岭、长白山地区和千山山地。山地石质土和棕色森林土适合农牧业利用。西部有大兴安岭和努鲁儿虎山，野生动植物资源丰富。

为季风气候区，冬季盛行偏北风，夏季盛行偏南风。季节变化明显，冬季寒冷而漫长，夏季温和而湿润。年平均气温，南部8～12℃，中部0～8℃，北部-6～0℃。无霜期短，南部120～180d，中部100～120d，北部60～120d。年降水量600～1200mm，主要集中在夏季，由东南向西北递减。年平均日照时数2200～2800h，日照时间长。农作物产量高，牧草品质好，为马鹿的发展提供了良好的气候条件和食物来源。

三、敖鲁古雅驯鹿

（一）品种来源与分布

敖鲁古雅驯鹿（Aoluguya reindeer）俗称"四不像"，是我国唯一的耐寒力极强的环北极型鹿类，也是分布在高纬度地区的唯一驯鹿群。鄂温克族是我国唯一饲养驯鹿的民族，驯鹿与鄂温克族紧密相连。鄂温克族古代生活在贝加尔湖到勒拿河上游，过着渔猎生活，驯鹿是他们主要的狩猎对象之一。随着狩猎工具的进步，猎获动物数量增多，于是将驯鹿幼兽留下来，待幼兽长大进行繁殖。大约在汉代，驯鹿就成为鄂温克族的家畜。唐代《梁书》对北方驯养驯鹿的部落就有"养鹿如养牛""鹿车"等记载。

17世纪中后期，由于沙皇俄国对贝加尔湖、列拿河的侵略，鄂温克族迁移到额尔古纳河右岸的原始森林，并世代生活于此，对驯养的驯鹿进行了选育，吃弱留壮、吃老留少，逐渐形成敖鲁古雅驯鹿。在大兴安岭的鄂伦春族也饲养过驯鹿。驯鹿皮是高级皮革原料。

驯鹿广泛分布于北纬48°以北的冻原地带与森林地带。敖鲁古雅驯鹿分布范围较小，仅限于大兴安岭西北坡，为鄂温克猎民所饲养，呈半野生状态，游牧于满归、敖鲁古雅、乌其洛夫、金河、根河和阿龙山一带。

（二）外貌特征

敖鲁古雅驯鹿为中型鹿，体躯大，额宽，颈短粗。被毛厚密，有灰褐色、灰黑色、白色和花色4种颜色。夏季颜色明显，冬季变浅。上唇全部覆盖被毛，鼻镜不裸露。四肢细长，蹄圆，侧蹄阔大，蹄周围生有很多刚毛，刚毛细，但其弹性、硬度、韧性较强，形成毛刷，增加了蹄的着地面积，使其在雪地、冰上、沼泽地行走自如。驯鹿公、母皆有角，是鹿科动物中唯一的。角呈掌状，有3～5个分叉，最多达8个分叉，母鹿角较小。仔鹿生后7d开始长角，细小、不分叉。角第一侧枝扁平状，可在雪地里挖出食物，俗称"铲雪器"。

敖鲁古雅驯鹿公鹿体重100～170kg，体高94～122cm，体长102～133cm；母鹿体重100～150kg，体高85～114cm，体长96～114cm。

（三）生产性能

每年5—7月是收茸季节。公鹿产干茸2.3～3kg，母鹿产干茸0.5kg，阉鹿茸产量高于母鹿。细嫩、鲜美。当年出生幼鹿10月体重可达50～60kg，平均产肉20～30kg。成年鹿体重125kg，产肉60kg。驯鹿奶是鄂温克族的重要食品，浓度高、香甜。母鹿泌乳期6～7个月，每天挤奶1次，出奶300～500g。

母驯鹿18月龄性成熟，30月龄初配。每年9—10月发情交配，发情周期12d，发情持续期12～16h，4—5月集中产仔，胎产1仔。敖鲁古雅驯鹿耐寒而畏热，喜湿润而怕干燥，喜群居，小群十几只，大群数百只。抗寒力强，行动敏捷。喜食苔藓、地衣、石蕊等植物，也吃桦树、椴树的枝叶和种子植物的茎、叶、花、果。温驯。对结核病敏感，对狼、熊等天敌避害能力弱。仔鹿、弱鹿自然损失大，这是驯鹿数量增加缓慢的原因。

（四）产区自然生态条件

敖鲁古雅驯鹿中心产区地处大兴安岭北段西坡，为高寒冷地区。海拔高度多在700～1300m，平均海拔1000m。属寒温带湿润型森林气候，并具有大陆季风性气候的某些特征，特点是寒冷湿润、冬长夏短、春秋相连。年平均气温-5.3℃，极端最低气温-49℃，年温差47.4℃，日温差20℃；无霜期70d。冰冻期210d以上，境内遍布永冻层，个别地段30cm以下即为永冻层。1970年以前，敖鲁古雅驯鹿活动范围东到卡玛兰河口和呼玛河上游，南到根河（额尔古纳左旗），西至额尔古纳河岸，北近恩和哈达永安山和西林吉，活动总面积约800万km²。1980年后，随着鄂温克族猎民的定居和森林的大面积采伐，敖鲁古雅驯鹿的活动范围缩小，面积缩小至300万km²。至1990年敖鲁古雅驯鹿活动范围进一步缩小，活动面积仅剩约70万km²，经常活动的范围不到50万km²。

第四节　中国鹿的培育品种

一、四平梅花鹿

（一）品种培育与分布

四平梅花鹿（Siping Sika deer）来自梅花鹿长白山亚种，由原四平市种鹿场崔尚勤、中国农业科学院特产研究所高秀华等培育。四平市种鹿场1971年建场，由吉林省的长春地区、四平地区、辽源市及辽宁省铁岭地区引入种鹿。在同质选配的原则下，进行闭锁繁育，严格选种选配，及时发现优秀个体补充到核心群，试情配种，通过精选扩繁，科学饲养管理，经过30年的不懈努力，于2001年培育成功。四平梅花鹿是在严格选种选配的条件下形成的，鹿群整体生产水平较高，遗传性能稳定。特别是鲜茸重性状和茸型的典型特征遗传稳定，鹿茸主干短粗、嘴头粗壮上冲，多呈元宝形，其后裔多稳定承传此优良特征。引种到外地的种鹿不仅适应性好，且后裔生产水平较高，有很高的种用和经济价值。2001年通过国家家畜禽遗传资源管理委员会审定为国家新品种。

主产区为吉林省四平市，主要分布于吉林省松辽平原及辽宁省铁岭地区，吉林省其他地区及黑龙江省也有少量分布。从养殖区域来看，主要位于长白山及其余脉内，没有远离野生梅花鹿长白山亚种自然地理分布区，尽管在驯化饲养过程中用玉米秸秆、青贮改变了其粗饲料来源，但这个适应的历史也已逾百年，而且仍保留了柞树叶等梅花鹿喜食的天然饲料，并且在养殖方式上基本符合野生梅花鹿的生活习性。

（二）外貌特征

四平梅花鹿体躯中等，体质紧凑、结实。公鹿头部轮廓清晰，额宽，面部中等长；眼大明亮，鼻梁平直，耳大。夏毛多为赤红色，少数橘黄色，大白花，花斑明显整洁，背线清晰。头颈与躯干衔接良好，鬐甲宽平，背长短适中、平直。四肢粗壮端正，肌肉充实，关节结实，蹄呈灰黑色、端正坚实。尾长适中，尾毛背侧呈黑色。角柄粗圆、端正。鹿茸主干粗短，多向侧上方伸展，嘴头粗壮上冲、呈元宝形。茸皮呈红黄色，色泽光艳。

（三）生产性能

四平梅花鹿幼鹿240日龄开始生长初角茸。上锯公鹿平均成品茸重

1.215kg，畸形率8.2%，鲜干比2.85。四平梅花鹿母鹿16～17月龄性成熟，26～28月龄配种；公鹿28月龄性成熟，40月龄配种。母鹿发情周期7～12d，妊娠期235d。仔鹿初生重5～7.5kg，断奶重14.75～15.25kg，哺乳期日增重157.8～158.2g，繁殖成活率88.5%。

二、敖东梅花鹿

（一）品种培育与分布

敖东梅花鹿（Aodong Sika deer）为茸用型培育品种。1957年吉林敖东药业集团有限公司（原吉林省国营敦化鹿场）从吉林省东丰县等地引入种鹿，经过精心饲养和管理，鹿群质量得到提高。敖东梅花鹿由吉林省敖东药业集团有限公司李玉伟、中国农业科学院特产研究所李忠宽等于1971年开始选育培育。主要选择鹿茸重量性状这一表型值高的个体作为种鹿，通过个体选择，单公群母配种，采用本品种选育和适当引入外血。培育过程大体分为"组建核心群、引入外血、自繁定型、扩繁提高"4个阶段，不断地选优淘劣，使鹿的整体水平得到显著提高。2001年通过国家家畜禽遗传资源管理委员会审定。

中心产区为吉林省敦化市的江南、大石头、沙河沿、江源等乡镇，分布于敦化市的大蒲柴河、翰章、秋梨沟、黄泥河、官地、额穆、青沟子等乡镇，以及安图县与和龙市。产区地处寒温带，海拔756m，经度127°28′～129°17′，纬度42°42′～44°30′，年平均温度为2.9℃，年平均降水量632mm，年最高温度为22℃，年最低温度为-10.6℃，年平均湿度为52%。

（二）外貌特征

敖东梅花鹿夏季被毛多呈浅赤褐色，颈、腹和四肢内侧的毛色较浅。体形中等，体质结实、体格健壮，无肩峰。头方正，额宽平，耳适中，眼大，目光温和，喉斑不明显。公鹿颈短粗，胸宽深，腹围较大，背腰平直，臀丰满，背线不明显。四肢粗壮、较短，蹄坚实，尾长中等。

角柄距较宽，角柄围中等，角柄低而向外侧斜。鹿茸主干圆，稍有弯曲（个别为"趟子茸"），上下匀称，嘴头较肥大，眉枝短而较粗，弯曲较小，细毛红地。

（三）生产性能

敖东梅花鹿平均产鲜茸3.34kg，成品茸1.21kg，鲜干比2.76，畸形率12.52%。敖东梅花鹿产仔率94.6%，仔鹿成活率88.68%，繁殖成活率82.55%。

三、东丰梅花鹿

（一）品种培育与分布

东丰梅花鹿（Dongfeng Sika deer）为茸用型培育品种。东丰县（旧称大肚川）盛产梅花鹿。清朝建立不久，在吉林的辉南、海龙、梅河口、东丰、东辽及辽宁省西丰县建起了盛京围场，供皇家猎鹿和贡鹿。后来，由于"流民"进围场垦荒者增多，猎鹿减少，为了完成贡鹿任务，猎民捉鹿圈养。1953年建立了国营东丰第一（小四平）鹿场，后来相继建立5个国营养鹿场。1972年开始在东丰当地梅花鹿种群基础上，通过本品种继代选育，采用表型选择公鹿、单公群母配种、大群闭锁繁育方法进行培育。培育过程分为组建种鹿群、闭锁繁育、群体世代选育3个阶段。同时，加强幼鹿培育，规范饲养管理，由吉林省东丰药业股份有限公司刘恒良、刘宪彬等于2003年培育成功。于2003年通过国家家畜禽遗传资源管理委员会审定。

东丰梅花鹿的中心产区是吉林省东丰县的横道河、大阳、小四平等乡镇，约占总存栏数的90%。周边地区的梅河口市、辽源市、通化市、海龙县等地也有分布。近年来外省区也有少量引种。

（二）外貌特征

东丰梅花鹿体躯中等，结构匀称，体质结实，腰背平直。公鹿头方正，额宽，喉斑白色且明显，角对称、呈元宝形。母鹿头清秀，喉斑不明显，耳立且较大。公、母鹿夏季被毛多为棕黄色，少数橘黄色，大白花，花斑明显、整洁，背线不明显。头颈部与躯干衔接良好，肩胛宽平，背长短适中、平直。臀斑白色明显，周边黑毛圈不完整。四肢粗壮、端正，肌肉充实，关节结实。蹄呈灰黑色，端正、坚实。尾短，尾毛背侧呈黑色。

鹿茸主干粗短，"根圆、挺圆、嘴头圆"，呈元宝形，嘴头粗壮上冲。茸皮呈红黄色，色泽光艳，细毛红地。

（三）生产性能

东丰梅花鹿200～250日龄开始生茸。成品茸平均重1.22kg，畸形率9.6%。东丰梅花鹿母鹿16～17月龄性成熟，26～28月龄适宜配种。公鹿28月龄性成熟，40月龄初配。繁殖成活率86.5%。

四、兴凯湖梅花鹿

（一）品种培育与分布

兴凯湖梅花鹿（Xingkaihu Sika deer）属湿地放牧型茸用培育品种。兴凯湖农场先后于1958—1962年由北京动物园引进梅花鹿种鹿115只。这群梅花鹿是在20世纪50年代初刘少奇主席访苏时斯大林赠送的。到1975年末存栏达760只，其中可繁殖母鹿268只，具备了闭锁繁育的基础条件。之后采取选择茸重这一表型值高和茸型主干短粗、元宝嘴的个体公鹿为种鹿。对母鹿选择采取独立淘汰法。单公群母配种。群体继代、闭锁繁育，建立科学的放牧饲养管理制度及实行放牧饲养综合配套技术，对幼鹿进行科学培育，经28年的不懈努力，由黑龙江省农垦总局兴凯湖农场鹿场王忠武、马生良等于2003年培育成功。2003年通过国家家畜禽遗传资源管理委员会审定。

中心产区为黑龙江省密山市兴凯湖国家自然保护区内的兴凯湖农场。兴凯湖梅花鹿分布地域较窄，主要分布在中心产区内。少量引种到黑龙江省和吉林省。

（二）外貌特征

兴凯湖梅花鹿体形较大，结实、健壮，体躯、四肢较长，蹄坚实。公鹿头较短，额宽、清秀，胸深宽，腰背平直，尾短。夏季被毛棕红色，体侧花斑较大而清晰。靠背线两侧的花斑排列整齐，沿腹缘的3～4行花斑排列不整齐。腹部被毛浅灰黄色，背线黄色及灰黑色。臀斑明显，两侧有黑色毛圈，内有白毛。尾背毛色黑褐色，尾尖黄色。喉斑灰白色，距毛黄褐色。角柄距窄，角柄圆粗、端正。茸主干短粗，嘴头呈元宝形，眉二间距近，眉枝短。

（三）生产性能

兴凯湖梅花鹿生茸能力强，且早熟。公鹿180～300日龄开始萌发初角茸，鲜茸重0.75kg。1998—2002年累计2248只上锯公鹿平均产鲜茸2.644kg，折成品茸0.943kg，畸形率2.9%，鲜干比2.81。优质率三叉茸88.5%，二杠茸91.5%。

兴凯湖梅花鹿公鹿16月龄性成熟，39～40月龄初配，繁殖利用年限3～13年。母鹿16～17月龄性成熟，27～28月龄初配，最佳配种年龄3～8岁。发情周期12～14d，发情持续期24～36h，妊娠期235d。1998—2002年统计，1601只母鹿产仔率85.82%、仔鹿成活率89.74%、繁殖成活率77.01%。兴凯湖梅花鹿实行季节性放牧饲养。公鹿在8—11月的配种期停牧，母鹿在产仔期、配种期内停牧。每天出牧2次，每次2～3h。

五、双阳梅花鹿

（一）品种培育与分布

双阳梅花鹿（Shuangyang Sika deer）属茸用鹿培育品种。吉林省双阳县（现长春市双阳区）在清朝道光年间（1831）于盘古屯（今鹿乡镇）就有人伐木建栅，内放饲料，诱鹿进入，关封后任其繁殖，这是与圈养不同的原始养鹿的方法。清末（1910）双阳建县时，除盘古屯外，在今鹿乡镇的王家村、崔家庙子，石溪乡的尖山子，长岭乡的陈家屯、张家崴子，佟家乡拉腰子屯等也开始养鹿，到1931年发展到709只，日本侵华时期遭到破坏。新中国成立时有鹿500余只。1949年在陈家屯建立了双阳县第一鹿场，在此基础上1953年建立了双阳国营第一鹿场。之后，又相继建立了国营第二鹿场、第三鹿场、第四鹿场、第五鹿场、良种场鹿场和种畜场鹿场7个国营鹿场。这些鹿场为双阳梅花鹿的培育提供了种质资源。先后采用了表型选择种鹿、单公群母配种和闭锁繁育。培育过程大体分为组建基础群（1962—1965）、粗选扩繁（1965—1977）和精选提高（1978—1985）3个阶段。同时，改善饲养管理，加强幼鹿的培育。由原吉林省双阳县国营第三鹿场韩坤、陈瑞忠等于1986年培育成功。于1986年通过农牧渔业部组织的专家委员会审定。

中心产区是吉林省长春市双阳区（原双阳县）。双阳梅花鹿从1986年完成鉴定后开始向省内外推广，重点分布于吉林、黑龙江、辽宁、山东、山西、陕西、湖南、湖北、浙江、江苏、安徽、内蒙古、四川、云南、北京、河南等20多个省、自治区、直辖市。

（二）外貌特征

双阳梅花鹿体形中等，躯体呈长方形，四肢略短，腹围较大，腰部平直，臀圆尾短，全身结构紧凑、结实。公鹿头呈楔形，额宽平，鼻梁平直，眼大，目光温和，耳大小适中、耳壳被毛稀短；母鹿头清秀，额面部狭长，耳较大、直立、灵活，鼻梁平直，眼大。颈长与体长相称，公鹿颈比母鹿颈粗壮，配种季节公鹿颈部明显变粗。稍有肩峰，肌肉发达坚实，背长宽、平直。四肢强健直立，关节灵活，与躯干连接紧密，管围粗。蹄形规正，角质坚韧、光滑、无裂纹。

公、母鹿夏季被毛稀短，呈棕红色或棕黄色，梅花斑点洁白、大而稀疏，背线不明显。臀斑边缘生有黑色毛圈，内有洁白长毛，略呈方形。喉斑较小，距毛呈黄褐色，腹下和四肢内侧被毛较长，呈浅灰黄色。冬毛呈灰褐色，密而长，质脆。角柄距窄，鹿茸主干向外伸展，中部略向内弯曲，茸皮呈红褐色，主干粗，眉二间距较近，根细上冲，眉枝粗长。

母鹿生殖器官发育良好，乳头发育正常，泌乳量高。公鹿阴囊、睾丸发育正常，左右对称，季节性变化明显，配种季节明显增大。

（三）生产性能

双阳梅花鹿初角茸270～300日龄开始萌生，集中生茸时间是3月。上锯公鹿平均成品茸干重1.30kg，畸形率12.2%，鲜干比2.9（三叉茸）。产茸高峰期7～12岁，产茸公鹿利用年限平均12年。母鹿18月龄性成熟，29～30月龄适宜配种。公鹿18月龄性成熟，40月龄配种。公鹿种用最佳年限5年，母鹿繁殖最佳年限8年。发情季节9月下旬至11月中旬，发情周期12d。妊娠期235d，胎产1仔，双胎率3%，繁殖成活率83%。

六、西丰梅花鹿

（一）品种培育与分布

西丰梅花鹿（Xifeng Sika deer）属茸用型培育品种。辽宁省西丰县自古盛产梅花鹿，清朝的"盛京围场"就包括西丰县。清末在振兴镇枫林村有人开始圈养梅花鹿，1947年存栏梅花鹿75只。1950年建立了国营西丰振兴鹿场。之后，相继建立了和隆、育才、谦益、凉泉等国营鹿场，养鹿规模逐渐扩大，饲养水平逐渐提高。1974年开始有计划地对西丰梅花鹿进行培育。主要通过闭锁繁育、个体表型选择、单公群母配种选育。经过建立系祖鹿和选育群，系祖选育群互交和多系间杂交选育扩繁，不断改善选育群品质。同时，加强对选育群和幼鹿的科学饲养管理。培育过程大体经过建立系祖鹿和选育群（1974—1980），选育群自繁、互交、精选扩繁（1981—1987）和扩大品种群数量、提高品质（1988—1995）3个阶段。西丰梅花鹿是1995年由辽宁省西丰县农垦局李景隆等选育成功的我国第二个梅花鹿品种，于1994年通过辽宁省科学技术委员会组织的专家科研成果审定，主要技术指标居国际领先水平，被中国农学会特产学会授予"中国梅花鹿最佳品种奖"。2010年通过国家家畜禽遗传资源委员会审定，列入《中国畜禽遗传资源志》，成为国家永久性保护的梅花鹿品种。2012年获批国家地理标志商标。西丰县被国家商务部、海关总署批准为鹿产品进口加工贸易保税试点区，被省政府确定为"一县一业"鹿业示范县。西丰梅花鹿具有高产优质、早熟和遗传性状稳定、育种表型参数和遗传参数较高的特点，具有很高的种用价值。

主要分布在辽宁省的西丰县，被引种到国内14个省、市、自治区达5000余只。2010年通过国家家畜禽遗传资源委员会审定。

（二）外貌特征

西丰梅花鹿体躯中等，体质结实，有肩峰，裆宽、腹部略下垂，背宽平、臀圆、尾较长。四肢短而健壮。头方、额宽、眼大、嘴巴短。母鹿黑眼圈明显，公鹿角柄距宽。夏毛浅橘黄色，无背线，花斑大而鲜艳，极少部分被毛浅橘红色。四肢内侧、腹下被毛呈浅灰黄色，公鹿冬毛灰褐色，有鬣毛。

（三）生产性能

西丰梅花鹿幼鹿生茸时间为每年的5月20日前后，即330日龄左右。上锯公鹿平均产鲜茸3.21kg，成品茸1.26kg。二杠茸生长天数54d，三叉茸生长天数72d。三叉茸鲜干比2.75，畸形率7.6%。西丰梅花鹿公、母均13月龄性成熟。母鹿28月龄配种，但生产者从经济角度出发多在18月龄配种，公鹿40月龄配种。公鹿的繁殖年限6年，母鹿的繁殖年限8年。母鹿发情周期12～13d，妊娠期235d，繁殖成活率85%。

七、东大梅花鹿

（一）品种培育与分布

东大梅花鹿（Dongda Sika Deer）为茸用型培育品种。长春市东大鹿业有限公司于1988年成立，由原东升大队鹿场（20世纪70年代建场）的吉林梅花鹿135只（其中公鹿52只、母鹿83只），及由吉林省双阳、蛟河、吉林农业大学等地鹿场引进的吉林梅花鹿302只（其中公鹿40只、母鹿262只）为育种素材，由长春市东大鹿业有限公司段景玲、姜涛，中国农业科学院特产研究所王桂武、刘宗岳，吉林农业大学郜玉钢等，历经26年高强度选育，于2018年培育成功。2018年通过国家畜禽遗传资源委员会审定。

东大梅花鹿主产区为吉林省长春市净月经济开发区，主要分布于吉林省长春市辖区，吉林省其他地区亦有少量分布。

（二）外貌特征

东大梅花鹿体形中等偏小，体质紧凑、结实。公鹿额宽平，头稍短，颈短粗，高鼻梁，目光温和，胸宽深，腹围大，背腰平直。公鹿角柄端正，鹿茸上冲，肥嫩，角基小，茸主干长、圆，眉枝短粗，弯曲较小，茸皮多为杏黄色。母鹿额宽，胸深，腹围大，臀宽。夏季被毛多呈无背线的棕红色，斑点分布较匀称，臀斑明显，喉斑呈灰白色；冬季被毛灰褐色。

初生仔公鹿体重（5.4±0.3）kg，体高（51.9±1.9）cm，体长（37.6±2.1）cm；初生仔母鹿体重（5.0±0.3）kg，体高（50.5±1.9）cm，体长（36.5±1.4）cm。成年公鹿体重（113.2±7.6）kg，体高（100.8±4.5）cm，体长（107.1±7.6）cm；成年母鹿体重（74.4±4.1）kg，体高（78.9±5.1）cm，体长（86.8±4.3）cm。

（三）生产性能

东大梅花鹿二杠鲜茸平均单产2.75kg，三叉鲜茸平均单产4.0kg；七、八锯三叉鲜茸平均单产4.65kg；成品（干）茸三叉单重1.33kg；鲜干比为3.0∶1。三叉鲜茸主干长为（53.3±4.8）cm，主干围为（15.4±3.2）cm，眉枝长为（24.4±1.6）cm，嘴头长为（14.6±2.2）cm，嘴头围为（20.3±1.7）cm。生产利用年限13.2年。

东大梅花鹿公鹿17~18月龄达到性成熟，参加配种比例占种鹿的15%，28

月龄配种比例占种鹿的23%，种用年限9年。母鹿性成熟为16~18月龄，受胎率为95%；仔鹿成活率为94%，繁殖成活率为86.6%，双胎率为2%~3%，发情周期14~20d，妊娠期为（234±6）d，生产利用年限为10.2年。仔公鹿初生重（5.4±0.3）kg，仔母鹿初生重（5.0±0.3）kg。

八、清原马鹿

（一）品种培育与分布

清原马鹿（Qingyuan wapiti）为茸用型培育品种。清原马鹿是1972年辽宁省清原县参茸场由新疆引入天山马鹿种鹿，开始进行自群繁育和品种培育的。是在闭锁繁育条件下，采用个体表型选择的方法，建立选育群，严格选择系祖鹿，实行品系繁育，并进行科学的饲养管理和幼鹿培育，经过30年的选育提高形成。培育过程：经过风土驯化（1973—1978），系间合成、选育、扩繁（1979—1987），品系选育、扩繁、提高（1988—1994）和中试应用、提高、扩繁、品种形成4个阶段（1994—2002）。由中国农业科学院特产研究所郑兴涛与辽宁省清原参茸场王忠仁等培育成功。于2002年通过国家家畜禽遗传资源管理委员会审定。

清原马鹿的中心产区是辽宁省清原县。除清原县外，在清原县的周边县及吉林、内蒙古、山西、河北等省、自治区也有少量饲养。

（二）外貌特征

清原马鹿体躯较大、粗圆、较长，体质结实。头较长，额宽平，鼻梁多平直，眼大明亮，眶下腺发达，耳下宽上尖。口角两侧有对称的黑毛斑。颈长，胸宽深，腹围大，背平直，肩峰明显。四肢粗壮、端正，蹄结实。夏毛棕灰色，头、颈、四肢被毛为浅灰色，耳轮周围被毛为乳黄色，鼻镜深黑色。背线黑色或浅黑色，臀斑白黄色，臀斑周围呈黑褐色。公鹿冬季鬃毛发达，灰黑色。角柄粗圆、端正。鹿茸主干较长，粗圆上冲，嘴头肥大。清原马鹿体重和体长：公鹿273.00~295.00kg，135.84~154.32cm；母鹿200.38~221.04kg，120.19~130.19cm。

（三）生产性能

幼鹿300日龄开始生茸。成年鹿2月脱盘生茸，三叉茸生长73d。上锯公鹿平均产鲜茸8.6kg，成品茸3.1kg，鲜干比2.77。

母鹿16月龄性成熟，28～29月龄配种。公鹿18月龄性成熟，36月龄配种。母鹿发情集中在8月下旬至11月，发情周期18～21d，妊娠期236～247d，繁殖成活率68%。

九、塔河马鹿

（一）品种培育与分布

塔河马鹿（Talimu wapiti）属茸用型鹿，由新疆生产建设兵团农二师的33团、库尔勒万通鹿业科技有限责任公司等单位驯养培育而成。20世纪50年代中后期，新疆生产建设兵团及牧民捕捉野生塔里木马鹿，经过捕捉驯养阶段、捕捉与繁育结合阶段和繁殖扩群阶段3个阶段。由于驯养技术的提高，鹿群数量2006年达到5万只，鹿茸产量鲜重平均达到6kg。经过长期的自然选择和人工驯养选育，塔河马鹿仍然保留着耐干旱、耐荒漠，能在严酷的条件下生存和发展的优良特性。塔河马鹿属国家二级保护动物，是我国也是世界少有的、能在塔里木盆地那样极端高温、干燥条件下生存的马鹿品种，耐盐碱、耐粗饲，可以利用其他鹿不采食的棉子壳、干芦苇，并具有饲料转化率高、茸料比高的特性。塔河马鹿在世界马鹿品种中单位体重产茸量较高。国家和自治区实施生态资源平衡和马鹿良种培育、生产技术攻关的基础上，进行马鹿种质资源保护利用和种质资源库建设。

塔河马鹿中心产区是新疆塔里木盆地的塔里木河、孔雀河流域等水草丰富地域。集中分布在新疆巴音郭楞蒙古自治州，在尉犁、焉耆、库车及库尔勒等县、市饲养较多。塔河马鹿已被引种到新疆天山以北地区及甘肃、内蒙古、东北等地。引种到外地的成年鹿成活率不高。

（二）外貌特征

塔河马鹿体形紧凑，头宽，额平，角柄间距大，眼轮周围有灰黄色毛圈，口轮周围有稀疏的触须，下唇白色，口角下缘有对称的黑斑。颈短粗，鬣毛短。夏季被毛深灰色，间有沙毛。冬季被毛浅灰色，背线黑色。背两侧毛色较深，颈、腹下、四肢内侧被毛为浅白色。臀斑黄白色，向下延伸到股内侧。臀斑外围有由背线延伸下来的黑色毛圈。尾背被毛黄白色。

驻立时昂头，耳灵活，视觉迟钝。肩峰明显，腰平直，四肢强健。斜尻，尾扁平，短粗。公鹿包皮前有一绺长毛。母鹿外阴裸露1/3。鹿茸短粗，有单、双门桩两种，茸毛灰色，成角5～6尖。塔河马鹿公鹿体重120～130kg，体长128～140cm；母鹿体重107～130kg，体长120～135cm。

（三）生产性能

仔公鹿240日龄萌生初角茸。1周岁产鲜茸2.5kg，最高达4.1kg。2～11岁公鹿收三叉锯茸，平均鲜茸重6.08kg，最高达14.7kg。产茸高峰期9～12岁，平均产三叉鲜茸9.3kg，最高可达19.2kg。母鹿性成熟早，16月龄即发情配种，配种期在每年的9—11月，翌年5—7月产仔，妊娠期145d，胎产1仔，双胎率1%。初产母鹿繁殖成活率60%，成年母鹿繁殖成活率80%～90%。

十、伊河马鹿

（一）品种来源与分布

伊河马鹿（Yihe wapiti）属茸用型鹿。伊犁河谷是伊河马鹿的原产地，家养马鹿主要是捕获当地野生马鹿驯化培育而成。200多年前，锡伯族就已驯养马鹿。20世纪50年代，在巩留县建立了第一个国营养鹿场，后来，农垦团场、国营农牧场、人民公社作为副业生产，每年捕获野生仔鹿饲养，先后建起鹿场40余处，存栏数达5000余只。1980年养鹿得到恢复和发展，1998年存栏数达到2.3万余只。由于鹿产品市场波动较大，2009年仅存栏1万余只。现伊河马鹿已被引种到新疆南疆、内蒙古、青海、甘肃及东北等地，对改良其他马鹿作出了贡献。

伊河马鹿中心产区是新疆维吾尔自治区察布查尔锡伯自治县、伊宁市。此外，照苏、特克斯、巩留等县也有分布。现已被引种到新疆南疆、内蒙古、青海、甘肃及东北等地，对改良其他马鹿作出了贡献。

（二）外貌特征

伊河马鹿体躯大、体质结实，公鹿头大，额宽，稍凹，母鹿头中等。眼圆、黄而明亮，耳薄、短小、灵活，耳背被毛色深、稀疏，耳内被毛灰白、柔密。鼻直，鼻镜宽而黑。颈略长。伊河马鹿公鹿体重157～280kg，体长124.9～133.4cm；母鹿体重166～220kg，体长113.0～117.4cm。

（三）产区自然生态

伊犁河谷位于祖国西部边陲，北、东、南三面环山，向西呈喇叭口敞开，来自地中海、里海的暖气流从喇叭口贯入伊犁河谷，降水量高、气候温和湿润，植被茂盛，被誉为"塞外江南"，形成伊犁河谷多姿多彩的自然景观。从西到东年平均气温2.9～9.3℃，无霜期110～172d，年降水量213～501mm，年平均日照时数2600～3000h，宜农、宜林、宜牧。伊犁河谷地区总面积5.7万km²，有维吾尔族、哈萨克族、汉族、回族、蒙古族等25个民族，自然条件好，农牧业生产环境优越，农业生产和牧业生产具有较高的水平。伊河马鹿主要是圈养，也有少量系养的。粗饲料主要是玉米秸秆、大豆荚皮、各种秧蔓及山野杂草、树的枝叶，少部分喂给苜蓿。精饲料以玉米、豆饼为主。

（四）生产性能

一般饲养条件下成年公鹿平均产三叉茸鲜重6kg以上，高饲养管理水平下平均产三叉茸鲜重12～17kg，最高个体产三叉茸鲜重24kg，引种到东北的个体产四叉茸35.1kg。伊河马鹿公鹿3岁性成熟。母鹿1.5岁性成熟，2.5岁初配，发情持续期20～36h，繁殖成活率65%。

第二章
鹿生殖器官解剖与生殖生理特点

第一节　生殖器官解剖

一、母鹿的生殖器官

母鹿的生殖器官由卵巢、输卵管、子宫、阴道、尿生殖前庭和阴门组成（图2-1）。

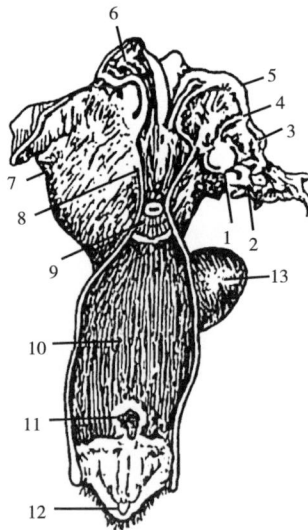

图2-1　母鹿的生殖器官

1.卵巢　2.输卵管伞　3.输卵管　4.卵巢固有韧带　5.子宫角　6.侧子宫角的子宫阜　7.子宫阔韧带　8.子宫体　9.子宫颈　10.阴道　11.尿道前口　12.阴蒂　13.膀胱

（一）卵巢

鹿的卵巢呈菜豆形，色淡，表面光滑位于骨盆腔前口处。成年雌性梅花鹿的卵巢为扁平的椭圆形，青年鹿的卵巢呈鸽卵形，老年鹿的卵巢皱缩变薄。从秋季到春季对东北马鹿的雌性生殖系统进行观察和测量表明，马鹿的卵巢呈扁椭圆形，平均长为15～21cm，宽为0.75～1.1cm，高为1.0～1.5cm。以卵巢系膜悬于荐骨翼下方，后端以卵巢固有韧带连于子宫角，前端连于输卵管系膜。

（二）输卵管

鹿的输卵管是位于卵巢与子宫之间的弯曲管道，前端扩大呈漏斗状，称输卵管伞。输卵管伞一侧边缘固着在卵巢前端，末端连于子宫角。母马鹿的输卵管长为18cm左右，母梅花鹿的输卵管长为15cm左右，有许多弯曲。前半粗称为壶腹，是卵子受精的地方。输卵管的前端接近卵巢扩大呈漏斗状，称力斗部。漏斗部的边缘上有许多褶皱和突出，称为伞部。输卵管的后端与子宫角连接。

（三）子宫

鹿的子宫为双角子宫，伪子宫体明显，属于子宫角内妊娠动物连接。右子宫角弯曲呈螺旋形，比左角长且较粗。由于子宫角中右角大于左角，因此在右角内妊娠机会较多。子宫角呈典型的绵角状，角管连接处有一明显的"乙"状弯曲，子宫角中有子宫阜4～6个不等，位于宫角中央的较大，两端的较小，怀孕时子宫阜发育为母体胎盘，子宫角内壁被一条长4～6cm的纵隔对分为二，角间沟明显；子宫体质地柔软，长为（2.0±0.53）cm，子宫体短小；梅花鹿的子宫颈有4～6个横向褶皱彼此契合，使管腔闭锁很紧，子颈长为（6.01±1.17）cm，在不发情时封闭很紧，发情时也只能稍微开放。子宫颈壁黏膜向管腔内突出形成环状褶皱，梅花鹿有5～6个，马鹿4～5个。褶皱环较厚，输精器不易通过，给人工输精带来困难。

马鹿子宫角的中隔长度为（8.99±1.88）cm，子宫角长度为（17.0±3.2）cm，弯曲度大于牛、羊的子宫角；子宫颈长为（5.5±0.7）cm，粗为3～4cm，壁厚，质坚硬如棒状，子宫颈突出于阴道，形如菜花。子宫体短，子宫颈壁很厚，黏膜层形成螺旋状褶皱，子宫颈管很窄小，其阴道部明显突入阴道内腔。子宫位于骨盆腔前部。

（四）阴道

鹿的阴道位于盆腔内，壁厚，前部阴道黏膜纵行的褶皱较高，表面被覆浆膜，后部表面为结缔组织外膜。梅花鹿阴道长为（15.11±1.36）cm，阴道为母鹿交媾和怀孕后胎产出的器官，也是尿液的排出管道。阴道背侧为直肠，腹侧为膀胱和尿道。邻近于子宫颈阴道部的阴道腔称为阴道穹隆。

（五）尿生殖前庭

鹿的尿生殖前庭位于直肠腹侧，前方以阴瓣与阴道为界，黏膜形成许多纵行的褶皱，侧壁上有一排前庭腺的开口，后方开口于阴门，在阴道口的下方有尿道开口。

（六）阴门

鹿的阴门位于肛门下方，由阴唇和阴蒂组成，阴唇位于两侧，阴蒂位于阴门裂内。阴门和肛门之间为会阴部。

二、公鹿的生殖器官

公鹿的生殖器目包括睾丸、附睾、输精管、尿生殖道、精索、副性腺、阴茎、包皮和阴囊（图2-2）。

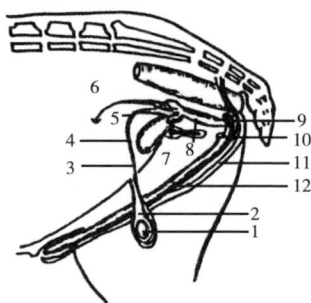

图2-2 公鹿的生殖器官

1. 睾丸 2. 附睾 3. 输精管 4. 膀胱 5. 输精管壶腹部 6. 前列腺体部 7. 精囊腺 8. 骨盆部尿生殖道 9. 尿道球腺 10. 左阴茎脚 11. 阴茎缩肌 12. 阴茎体

（一）睾丸

公鹿的睾丸位于公鹿两后腿之间，下垂悬挂于体外，为长椭圆形，位于阴囊内，睾丸头向上与附睾头相邻，睾丸尾向下，由附睾韧带与附睾尾相连。睾丸的温度比腹腔低3~4℃。睾丸为略扁的椭圆形，左、右侧睾丸常不一般大。

睾丸位于阴囊中，阴囊没有明显的阴囊颈。睾丸长轴垂直位于阴囊中，质坚而不硬，梅花鹿公鹿的睾宽厚为6.5cm×4.5cm×3.5cm，重量约为10g，在生精期丸体积明显增大0.5~1倍；马鹿公鹿的睾丸重约为200g，是梅花鹿的1.8~2倍。

（二）附睾

附睾体位于睾丸后缘，分为头部、体部、尾部等3个部分。梅花鹿输精管由睾管延伸而来，是一条壁厚的管道，输精管末端逐渐粗形成膨大部，即为输精管壶腹，输精管的末端开口于尿生殖道的精阜。

（三）输精管

输精管为附睾尾到尿生殖道的肌质管道。输精管是输出精子的管道，由附尾部至骨盆部尿生殖道前端的两条输出管道，末端与同侧精囊腺共同开口于精阜上。梅花鹿的输精管长70cm、粗1.9cm。在睾丸系膜内侧的输精管褶中，与血管、淋巴管、神经、提睾内肌等包于睾丸系膜内而组成精索，在生殖褶中沿精囊腺内侧向后延伸变粗，形成输精管壶腹。

（四）精索

精索位于阴囊和腹股沟管内，呈上窄下宽的扁圆形体，内有动脉、静脉、神经、输精管通过。

（五）阴囊

公鹿的阴囊位于两股之间，腹壁向外凸出的部分，阴囊颈不明显。

（六）副性腺

公鹿的副性腺有精囊腺、前列腺和尿道球腺。精囊腺成对，位于输精管的末端外侧。对于鹿类尿道球腺和前列腺是否存在，目前存在争议。有的人认为其尿道球腺是退化了的、很不发达的腺体，在非繁殖期不易发现；有的人认为根本无尿道球腺。

（七）阴茎和包皮

公鹿的阴茎呈两侧稍扁的圆柱形体，表面被有白膜，内部由纤维组织和海绵体构成，阴茎头呈钝圆锥形。阴茎由勃起组织及尿生殖道阴茎部分组成，在阴囊之后折成一个S形弯曲，鹿的龟头较钝圆，位于包皮腔内。阴茎尖呈钝圆锥形比较尖，其余部分粗细一致，阴茎长约为34.6cm，粗为2.3cm。包皮位于脐孔后方约10cm处，周围有稀疏的长毛。

（八）尿生殖道

公鹿的尿生殖道与膀胱颈相连向后延伸，分为骨盆部和阴茎部。末端开口于阴茎头尿道突。鹿的尿道球腺不发达，在发情期有半个大米粒大小，位于阴茎海绵体肌前端的凹窝内。生茸期不易看到。在国外，对于鹿是否有尿道球腺的认识尚不一致。

第二节　生殖生理特点

一、母鹿的生殖生理特点

母鹿的生殖器官主要有卵巢、输卵管、子宫、子宫颈、阴道等。卵巢主要由表面的生殖上皮细胞和内部结缔组织构成的基架，以及基架内大小不等发育不同程度的卵泡所构成。它的主要功能是生成卵子和分泌雌激素和孕激素。

（一）卵巢的生卵作用

卵子成熟并排出卵巢是母鹿性成熟的重要标志。卵细胞起源于卵巢的生殖上皮，它的生成分为增殖、生长和成熟3个阶段。在增殖期内，卵巢上的生殖上皮产生的原始卵泡发育成初级卵母细胞，其中卵细胞周围的卵泡细胞由单层增殖为多层。初级卵母细胞继续发育，在数层的卵泡细胞中出现裂隙。此时，初级卵母细胞发育成的次级卵母细胞继续发育，裂隙逐渐结合成一个大的空腔——卵泡腔，腔内充满卵泡液，此时卵母细胞被挤向一侧，位于卵丘内。整个卵泡体积增大，紧贴卵泡腔的上皮细胞形成颗粒膜分泌卵泡素。

卵泡在继续发育过程中，卵丘与颗粒膜联系越来越小，卵泡壁的一部分凸出卵巢表面，触摸时有波动感和弹性感，即为成熟卵泡。腔内的卵泡液继续增多，压力加大，再加上卵泡液中的蛋白质分解酶作用于卵泡壁使之变薄，卵泡破裂，卵子随同卵泡液被卵巢排出。

排卵后，破裂的卵泡壁收缩、下陷，充满血液形成红体，以后变成黄体。黄体存在的时间看是否受精而定。如卵子已受精，黄体就继续生长，这时叫妊娠黄体，直到妊娠末期才萎缩；如未受精，则黄体不久就萎缩退化。哺乳动物卵巢的模式图解见图2-3。

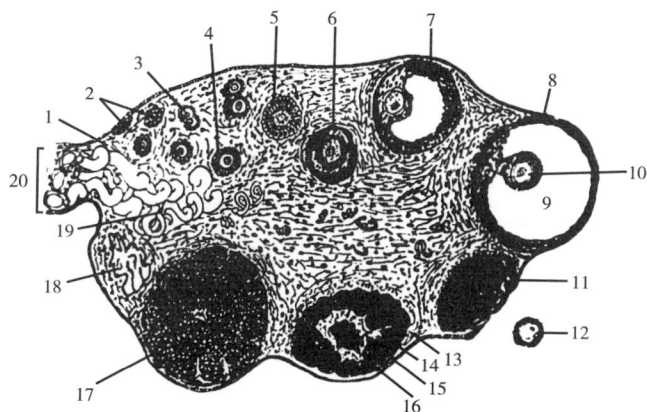

图2-3　哺乳动物卵巢的模式图解

1. 生殖上皮　2. 卵巢管　3. 卵子窝　4. 初级卵泡　5. 双层卵泡　6. 开始形成有腔的卵泡　7. 将成熟的卵泡　8. 成熟卵泡　9. 充满泡液的卵泡腔　10. 卵子（卵母细胞）　11. 红体　12. 排出的卵子　13～16. 新生的黄体　13. 黄体周围的结缔组织　14. 黄体细胞　15. 纤维素　16. 凝血块　17. 完全成熟的黄体　18. 白体　19. 血管　20. 卵巢系膜

（二）卵巢的内分泌作用

卵巢能分泌雌激素、孕激素和少量雄激素。

1. 雌激素

主要由卵巢中的卵泡囊内层和黄体分泌，主要有雌二醇、雌酮、雌三醇等。雌二醇是由卵巢直接分泌的，活力最强，其他两种均是代谢产物。

雌二醇的主要作用是，促进母鹿的性器官发育和副性征出现，使子宫黏膜内腺体及血管增生，子宫变厚，并提高子宫平滑肌对催产素的敏感性，这对分娩有一定意义；增加输卵管和子宫平滑肌的收缩力和收缩频率，对精子和卵子运输有利；促进阴道上皮增生、角化及糖原含量增加，提高其抵抗力；促进乳腺导管的生长发育；促进水、钠、钙、氮和磷的潴留及发情行为和表现，能抑制鹿茸生长。

2. 孕激素

由黄体和胎盘分泌，以黄体分泌的孕酮作用最强。孕激素的主要作用是，在雌激素作用的基础上，进一步使子宫内膜增生，为受精卵着床做准备；降低子宫平滑肌对催产素的敏感性，减少子宫收缩、助孕和维持妊娠；大量孕激素能抑制黄体生成素的分泌，抑制在妊娠期排卵、受孕；促进乳腺发育成熟，与雌激素一起对母鹿性行为起作用。

二、公鹿的生殖生理特点

公鹿的主要生殖器官有睾丸、输精管、精囊腺、前列腺尿道球腺、阴茎等。鹿睾丸是一对垂在阴囊内的腺体，具有产生精子和分泌雄性激素功能。

（一）睾丸的生精作用

公鹿性成熟后，睾丸开始产生成熟精子。因鹿是季节性发情动物，所以精子生成也是季节性的，在非繁殖季节睾丸活动减弱。

精子是在睾丸曲细精管内生成。首先曲细精管管壁的多层上皮（生精）细胞增殖成精原细胞，由精原细胞分裂成初级精母细胞，初级精母细胞分裂成次级精母细胞，每个次级精母细胞再分裂成两个精细胞，最后形成成熟精子。成熟精子进入附睾内进一步发育和贮存，直到射精时才释放出来。精子在附睾内停留时间过长会降低精子活力，甚至死亡。所以长期未交配的公鹿第一次采精，精液中会出现衰老、解体和畸形的精子。

（二）睾丸的内分泌作用

睾丸的间质细胞能分泌雄激素和少量雌激素，作用最强的是睾丸酮，简称睾酮。目前认为睾酮进入细胞后，需在胞浆内酶的作用下还原成双氢睾丸酮（dihydrotestosterone），然后与特异的受体蛋白结合，进入核内引起一系列反应，促进RNA和酶蛋白的生成而显示其作用。

雄激素的主要作用是，促进副性器官（副性腺、输精管）生长发育并维持性成熟状态；刺激公鹿副性征出现——萌发角柄和生茸；维持正常性欲和性行为；促进蛋白质合成，增加氮、磷、钾在体内贮留，使肌肉发育和骨骼生长。

（三）睾丸活动的调节作用

睾丸活动是通过神经体液调节的。外界环境条件因素的刺激，尤其是光照刺激最重要。它是通过大脑皮质，使丘脑下部释放相应的释放激素（FRH和LRH），作用于垂体，分泌促性腺激素（FSH、LH），促进曲细精管增生和精子的成熟及刺激间质细胞分泌雄激素。当血液中雄激素过多时，又可抑制腺垂体促性腺激素的分泌，从而调节睾丸的正常活动。如将鹿长期饲养在黑暗条件下，则睾丸萎缩。睾丸活动调节模式见图2-4。

```
                    ┌──────────────────────┐
                    │        丘脑下部        │◄─────────────┐
                    └──────────────────────┘              │
                      │                  │                │
          FRH（促卵泡  │       LRH（促黄体素释放激素）       │
          素释放激素） │                  │                │
                      ▼                  ▼                │
                    ┌──────────────────────┐              │
                    │        腺垂体          │              │
                    └──────────────────────┘              │
                      │                  │                │
                 FSH  │             LH   │          抑制    │
                      │                  │          作用    │
                      ▼                  ▼                │
          ┌────────────┐      ┌────────────┐              │
          │   曲细精管   │      │   间质细胞   │              │
          └────────────┘      └────────────┘              │
               │                     │                   │
               │                     ▼                   │
               │          ┌────────────────────┐  过多部分  │
               │          │       睾丸酮         │──────────┘
               │          └────────────────────┘
               │              │            │
               ▼              ▼            ▼
         ┌──────────┐   ┌──────────┐  ┌──────────┐
         │  精子生成  │   │  雄性器官  │  │  副性征   │
         └──────────┘   └──────────┘  └──────────┘
```

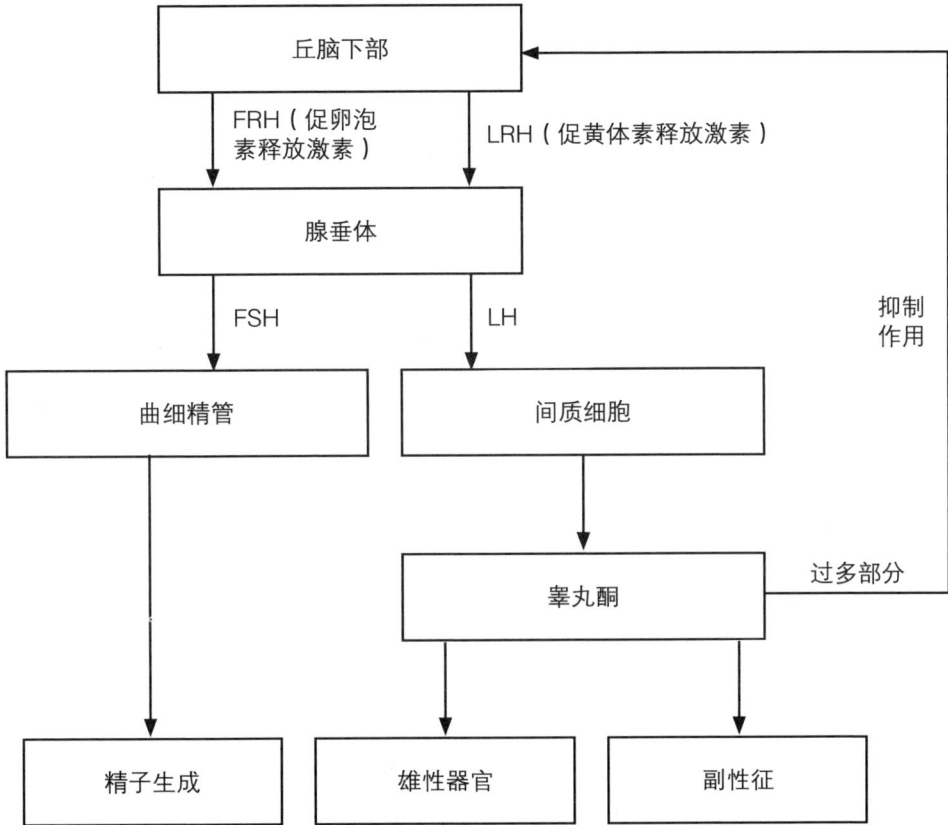

图2-4　睾丸活动调节模式

第三章
鹿卵巢卵泡发育动力学及生殖激素的应用

第一节　鹿卵泡的发育

　　哺乳动物在出生前卵巢中就已经含有大量的原始卵泡，出生后随着年龄的增长而减少，大多数卵泡在发育过程中会退化或闭锁。只有极少数的卵泡能够发育成熟并排卵，这一过程贯穿于母畜繁殖年限的始终。卵泡波发育是指一群小卵泡开始同步生长的过程。在开始的时候一起生长，在某一时刻，其中一个卵泡开始变大并发育，而其他卵泡退化。哺乳动物卵泡的发育多为卵泡波发育，其中每波出现的最大卵泡又叫优势卵泡，具功能性，在小卵泡的消失过程中起着积极作用。当优势卵泡没有了抑制小卵泡生长能力的时候，就会出现新的卵泡波。通过对母鹿卵泡发育动力学的研究，可让我们更好了解母鹿的生殖生理，进而达到指导生产的目的。

　　鹿卵泡发育动力学的研究与其他家畜一样，主要采用B超系统进行监测。梅花鹿的具体操作可参考如下：每隔1~2d对母鹿进行麻醉处理，使其侧卧于操作台上。先清除直肠粪便，以保证检查区域环境清洁。然后将涂有耦合剂的6.5MHz线Ⅰ型探头插入直肠至盆骨口前下方，隔着直肠壁轻贴在一侧（左侧或右侧）卵巢游离缘上进行探查。观察B超实时图像，当出现卵巢卵泡典型特征的图像时，对画面冻结，记录卵泡数量；通过B超内置电子标尺对每个监测到的卵泡直径进行测量，在卵巢图上记录所有直径≥3~4mm卵泡的相对位置情况。用同样方法观察另一侧卵巢上的卵泡。B超观察时，为了减小观测误差，均由同一人操作B超机。马鹿的卵泡发育监测，可采用安静法处理或用专门的控制装置进行固定，使其呈站立姿态进行定期检测。其余操作均与梅花鹿的相同。

一、梅花鹿卵泡的发育

（一）发情期梅花鹿卵泡的发育

据陈秀敏（2011）报道，发情期梅花鹿卵泡的发育呈波状，平均发情周期（16.3±3.1）d，一个发情周期有1~3个卵泡波的发育。其中1波模型数占比约37.5%，2波模型数占比约37.5%，3波模型数占比约25%。

1波模型卵泡发育周期的长度为（5.3±0.6）d，2波模型卵泡发育周期的长度为（12.3±4.0）d，3波模型卵泡发育周期的长度为（25.5±2.1）d。其中2波模型的第1波持续时间比第2波持续时间长。3波模型的第1波持续时间比第2波持续时间短，但比3波持续时间长，见表3-1。

表3-1　1、2、3波模型中各波持续的天数和周期长度（陈秀敏，2011）

项目	1波模型	2波模型		3波模型		
		第1波	第2波	第1波	第2波	第3波
持续天数（d）	5.3±0.6	7.7±2.5	4.7±1.5	9.0±1.4	10±5.7	6.5±2.1
周期长度（d）	5.3±0.6	12.3±4.0		25.5±2.1		

1波模型的优势卵泡平均直径约（5.4±0.5）mm。2波模型的第一个优势卵泡平均直径约（5.1±0.6）mm，第二个优势卵泡平均直径约（4.8±0.5）mm。3波模型的第一个优势卵泡平均直径约（5.6±0.3）mm，第二个优势卵泡平均直径约（5.2±0.4）mm，第三个优势卵泡平均直径约（5.7±1.1）mm。1波模型的优势卵泡大于2波模型的所有优势卵泡和3波模型的第二个有个卵泡（$P>0.05$），但小于3波模型的其余优势卵泡（$P>0.05$）。2波模型的优势卵泡与3波模型的优势卵泡间差异均显著（$P>0.05$）。

2波模型的卵泡发育间隔时间为（6.0±1.4）d。3波模型的第一个卵泡发育间隔时间为（9.8±1.5）d，第二个卵泡发育间隔时间为（9.0±1.4）d。2波模型的卵泡发育间隔时间显著低于3波模型的（$P>0.05$），见表3-2。

1波模型优势卵泡发育生长期是（4.5±0.7）d。2波模型优势卵泡发育生长期分别为（4.7±1.5）d和（4.0±1.7）d。3波模型优势卵泡发育生长期分别为（4.5±2.1）d、（6.5±2.1）d和（2.5±0.7）d。2波模型各波优势卵泡的生长速率基本相同，而3波模型优势卵泡的生长速率则随波数递增。

表3-2　发情周期中各波模型的卵泡波特征（陈秀敏，2011）

项目	1波模型	2波模型	3波模型
个数n	3	3	2
第1波到第2波间隔（d）	—	6.0±1.4	9.8±1.5
第2波到第3波间隔（d）	—	—	9.0±1.4
非排卵最大卵泡直径（mm）	—	5.1±0.6	5.6±0.3
排卵卵泡直径（mm）	5.4±0.5	4.8±0.5	5.7±1.1

2波模型的第1波优势卵泡退化期为（4.0±1.0）d。3波模型的第1波优势卵泡退化期为（3.5±0.7）d，第2波优势卵泡退化期为（5.5±3.5）d。2波模型的第1波优势卵泡退化期长于3波模型的第1波优势卵泡退化期，但短于3波模型的第2波优势卵泡退化期（$P>0.05$）。而在退化速率上，2波模型的第1波优势卵泡退化速率则均比3波模型的小（$P>0.05$），见表3-3和图3-1～图3-3。

表3-3　1、2、3波模型中各波最大卵泡生长、退化情况（陈秀敏，2011）

项目	1波模型	2波模型		3波模型		
		第1波	第2波	第1波	第2波	第3波
最大卵泡直径（mm）	5.2±0.4	5.2±0.3	4.9±0.3	5.7±0.3	5.2±0.6	5.8±1.0
生长持续期（d）	4.5±0.7	4.7±1.5	4.0±1.7	4.5±2.1	6.5±2.1	2.5±0.7
生长速率（mm/d）	0.7±0.1	0.5±0.3	0.5±0.2	0.5±0.1	0.6±0.4	0.9±0.4
退化持续期（d）		4.0±1.0		3.5±0.7	5.5±3.5	
退化速率（mm/d）		0.6±0.1		0.4±0.2	0.4±0.3	

（二）非发情期梅花鹿卵泡的发育

据陈秀敏等（2012）报道，非发情期梅花鹿卵巢上卵泡的数量和直径都是动态变化的，卵泡数的每个波都与一个优势卵泡的发育有关。优势卵泡

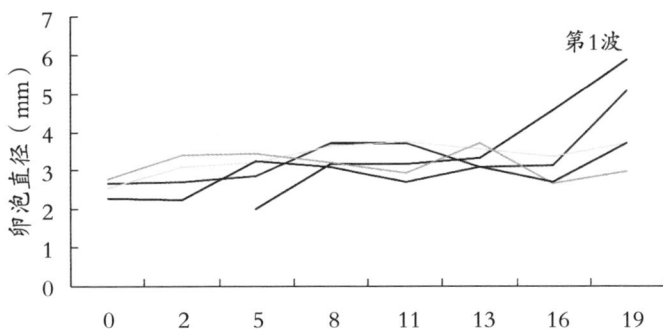

图3-1　排卵季节梅花鹿1波卵泡发育模型卵巢卵泡动力学（陈秀敏，2011）

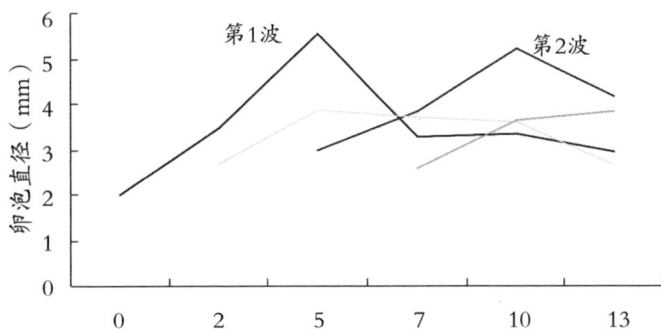

图3-2　排卵季节梅花鹿2波卵泡发育模型卵巢卵泡动力学（陈秀敏，2011）

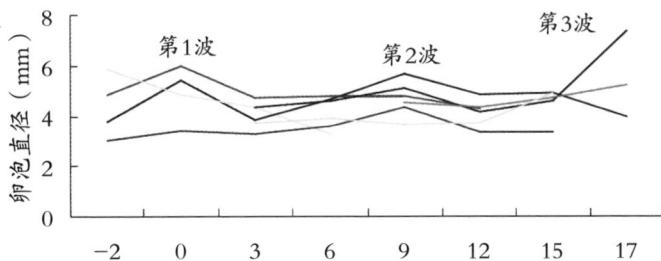

图3-3　排卵季节梅花鹿3波卵泡发育模型卵巢卵泡动力学（陈秀敏，2011）

的平均直径是（6.9±0.3）mm，生长速率是（0.8±0.4）mm/d。退化速率是（0.9±0.3）mm/d。连续大卵泡出现的间隔是（6.2±1.1）d。非繁殖期吉林梅花鹿卵泡发育是以卵泡波的形式发育的，卵泡数波峰和波谷的平均间隔分别是（4.7±1.3）d和（4.8±1.9）d。左右卵巢上卵泡数量显著相关（$P<0.05$，$r=0.87$），但差异不显著。

二、马鹿卵泡的发育

（一）非发情期到发情期马鹿卵泡的发育

据Robert McCorkell等（2007）监测，约85%（17/20）的雌北美马鹿，第一次排卵时的排卵周期非常的短，除1只外，其余（16/17）雌鹿的第一次排卵周期均只有1个卵泡发育波，平均排卵周期为（9.1±0.3）d。这些短排卵周期中，第二次及之后的排卵，其卵泡发育开始跟发情期的一致，每个发情周期由2～4个卵泡发育波组成。

第一次排卵的优势卵泡直径（11.3±0.4）mm与第二次排卵的优势卵泡直径（11.3±0.2）mm间无差异。第一次排卵时仅排出1个卵子的优势卵泡直径（11.1±0.3）mm，要显著大于第一次排卵时排出2个卵子的优势卵泡直径（9.9±0.3）mm（$P<0.05$），见表3-4。

表3-4　繁殖季节马鹿卵巢卵泡在第一个排卵周期的发育动力学
（Robert McCorkell等，2007）

波数	排卵周期 （d）	卵泡波	卵泡波发生 的时间（d， D0=排卵）	内波间隔时间 （d）	优势卵泡 最大直径 （mm）
1（n=16）	9.1±0.3a	第1波	0.3±0.2	9.1±0.3	11.3±0.2a
2（n=3）	16.3±2.3b	第1波	0.7±0.3	9.0±0.6	12.0±1.0a
		第2波	9.0±0.6	7.3±2.0	9.7±0.7b
3（n=1）	23	第1波	0	8	13
		第2波	8	8	12
		第3波	16	7	12

注：列中带有不同字母间表示差异显著（$P<0.05$）。

赤鹿的第一个排卵周期也由1～3个卵泡发育波组成。在其短排卵周期（25%）中，于D4～5d（D0：卵泡波开始发育时间）会出现一次卵泡的大量募集现象，在D5.3d左右，优势卵泡的平均直径达到最大，约8.8mm。优势卵泡平均存在时间约为8.5d。

第一次排卵时排卵周期较短的北美马鹿，其卵泡数（≥4mm）与优势卵泡直径呈负相关关联，$r=-0.4$，$P<0.05$，如图3-4所示。

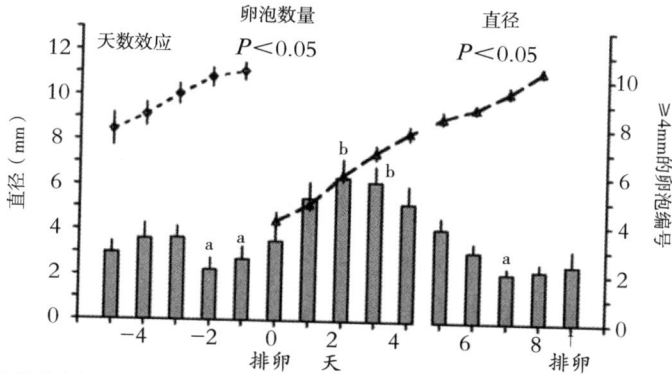

图3-4 第一个排卵周期（仅一个卵泡发育波）中北美马鹿的卵泡发育动力学。ab间表示差异显著，$P<0.05$。卵泡最大直径：——；卵泡数量：条状图（Robert McCorkell等，2007）

（二）发情期马鹿卵泡的发育

发情期北美马鹿卵泡的数量与优势卵泡的直径呈波型发育。一个发情周期有2～4个卵泡波的发育，2波模型约占46%，3波模型约占38.5%，4波模型约占15.5%。总体平均排卵周期（IOI）为（21.3 ± 0.1）d。其中2波模型的排卵周期最短，与3波模型的第一个卵泡波持续时间相似，但明显长于3波模型的其余卵泡波持续时间和4波模型的所有卵泡波持续时间。2波模型的各波优势卵泡最大直径相似，但3波模型和4波模型的第1波优势卵泡最大直径要明显大于随后几波优势卵泡的（$P<0.05$）。2波模型下的第一个优势卵泡直径发育情况与3波模型下的第一个优势卵泡发育情况前10天差异并不显著（$P<0.05$），到第10天后3波模型下的第一个优势卵泡直径开始减小。3波模型下的第二个优势卵泡发育轮廓明显比2波模型和3波模型下的第一个优势卵泡发育轮廓小（$P<0.05$）。3波模型和4波模型的排卵波，从出现到排卵的时间间隔要显著短于2波模型的（$P<0.05$）。但2波模型所排优势卵泡的直径，要显著大于3波模型和4波模型的（$P<0.05$），见图3-5～图3-8和表3-5。

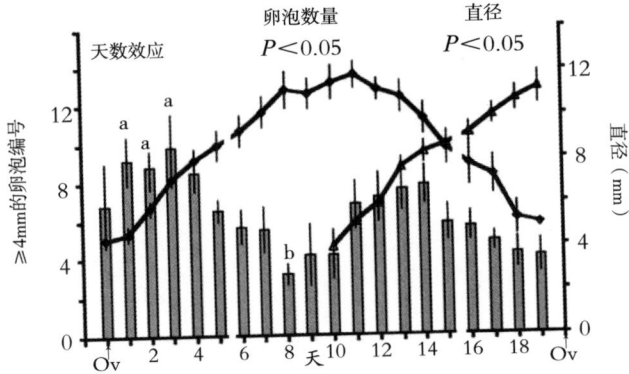

图3-5 排卵季节北美马鹿2波卵泡发育模型卵巢卵泡动力学。ab间表示差异显著，$P<0.05$。卵泡最大直径：——；卵泡数量：条状图（Robert McCorkell等，2006）

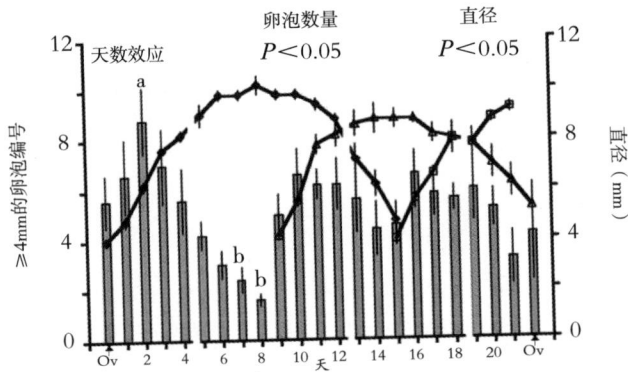

图3-6 排卵季节北美马鹿3波卵泡发育模型卵巢卵泡动力学。ab间表示差异显著，$P<0.05$。卵泡最大直径：——；卵泡数量：条状图（Robert McCorkell等，2006）

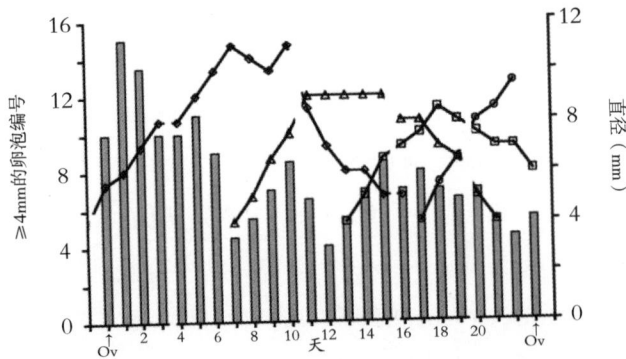

图3-7 排卵季节北美马鹿4波卵泡发育模型卵巢卵泡动力学。卵泡最大直径：——；卵泡数量：条状图（Robert McCorkell等，2006）

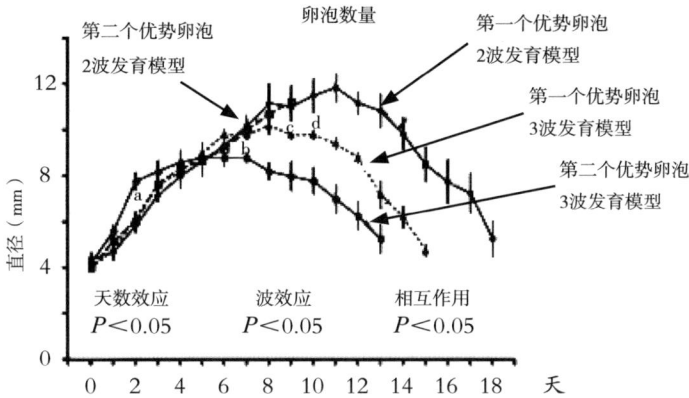

图3-8 发情期北美马鹿2波和3波卵泡发育模型中前2波优势卵泡直径分布的比较。a表示在3波发育模型中，第二个优势卵泡大于其他卵泡（$P<0.05$）。b表示在3波发育模型中，第二个优势卵泡小于其他卵泡（$P<0.05$）。c表示3波发育模型的第一个优势卵泡小于2波发育模型的第二个优势卵泡（$P<0.05$）。d表示3波发育模型的第一个优势卵泡小于2波发育模型的第一个优势卵泡（$P<0.05$）。（Robert McCorkell等，2006）

表3-5 发情期北美马鹿不同卵泡波发育模型的卵泡动力学比较
（Robert McCorkell等，2006）

波数	排卵周期（d）	卵泡波	卵泡波发生的时间（d，D0=排卵）	内波间隔时间（d）	优势卵泡最大直径（mm）
2（n=6）	20.0 ± 0.2a	第1波	0.0 ± 0.4	10 ± 0.1a	12.5 ± 0.3a
		第2波	10.2 ± 0.3	10 ± 0.2a	11.7 ± 0.2a
3（n=5）	22.2 ± 0.3b	第1波	0.2 ± 0.4	9.2 ± 0.2a	10.4 ± 0.1a
		第2波	9.2 ± 0.7	6.2 ± 0.2b	9.4 ± 0.1b
		第3波	15.6 ± 0.8	6.6 ± 0.3b	9.2 ± 0.1b
4（n=2）	23.0 ± 0.7b	第1波	−1.0 ± 0.0	7.0 ± 0.0b	11.5 ± 0.2a
		第2波	6.0 ± 0.0	6.5 ± 0.4b	9.5 ± 0.4b
		第3波	12.5 ± 0.5	4.0 ± 0.7b	8.5 ± 0.4b
		第4波	16.5 ± 0.5	6.5 ± 0.4b	9.5 ± 0.4b

注：列中带有不同字母间表示差异显著（$P<0.05$）.

此外，北美马鹿优势卵泡的出现，要早于第一大附属卵泡平均（0.4±0.1）d，早于第二大附属卵泡平均（0.8±0.1）d。在FSH峰当天（D0，包括排卵峰和非排卵峰）的最大卵泡，其发育成优势卵泡的比例约为34%（12/35波）；D1的比例约为51%（18/35波）；D2的比例约为77%（27/35波）；D3的比例约为94%（33/35波）。当优势卵泡直径发育到4mm时，平均仅1天的时间其体积发育就可显著大于第一附属的卵泡（$P<0.05$），见图3-9。

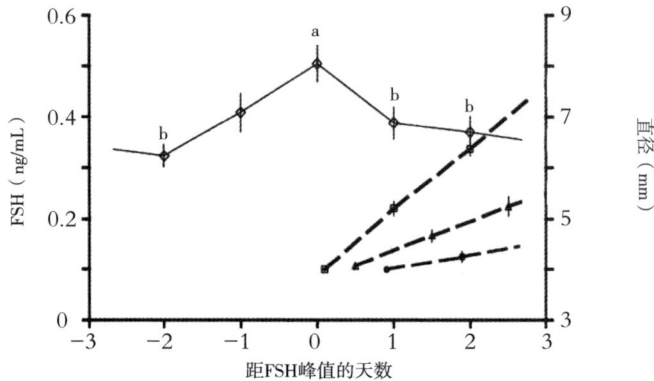

图3-9　FSH排卵前峰值与3个最大卵泡发育间的关系（≥4mm）。0为排卵日附近FSH峰。ab间表示差异性显著（$P<0.05$）（Robert McCorkell等，2006）

而发情期赤鹿卵泡的发育仍由1~3个卵泡波组成。其中1波模型约占11%，2波模型约占33%，3波模型约占56%。排卵周期为17~19d。

（三）发情期到非发情期马鹿卵泡的发育

北美马鹿雌鹿最后一次排卵的排卵周期约（21.2±0.6）d，由2~3个卵泡发育波组成。最后一次排卵的优势卵泡直径约10.0±0.3mm，显著小于第一次和第二次排卵的优势卵泡直径（$P<0.05$）。其卵泡数（≥4mm）与优势卵泡直径呈负相关关联，$r=-0.2$，$P<0.05$。整个过渡期间无多排现象发生，所有雌鹿仅检测到1个CL形成，见表3-6和图3-10。

（四）非发情期马鹿卵泡的发育

非排卵期北美马鹿卵巢上的卵泡也呈波状发育，每波均有1个优势卵泡的发育，且该优势卵泡自从出现后（3~4mm），也仅需1d的时间便显著大于其他的从属卵泡（$P<0.05$）。最大的从属卵泡直径在优势卵泡出现后的第3天，开始显著大于第二大的从属卵泡直径（$P<0.05$），见表3-7。

表3-6　繁殖季节马鹿卵巢卵泡在最后一个排卵周期的发育动力学
（Robert McCorkell等，2007）

波数	排卵周期（d）	卵泡波	卵泡波发生的时间（d，D0=排卵）	内波间隔时间（d）	优势卵泡最大直径（mm）
2（n=5）	20.4 ± 1.1	第1波	−0.4 ± 0.2	9.5 ± 0.6a	9.6 ± 0.2a
		第2波	8.8 ± 0.9	11.0 ± 0.8a	10.8 ± 0.6a
3（n=6）	21.8 ± 0.3	第1波	0.0 ± 0.3	7.8 ± 0.4b	10.2 ± 0.2a
		第2波	7.8 ± 0.4	6.5 ± 0.6b	9.0 ± 0.4b
		第3波	14.2 ± 0.9	7.5 ± 0.8b	10.0 ± 0.4a

注：列中带有不同字母间表示差异显著（$P<0.05$）。

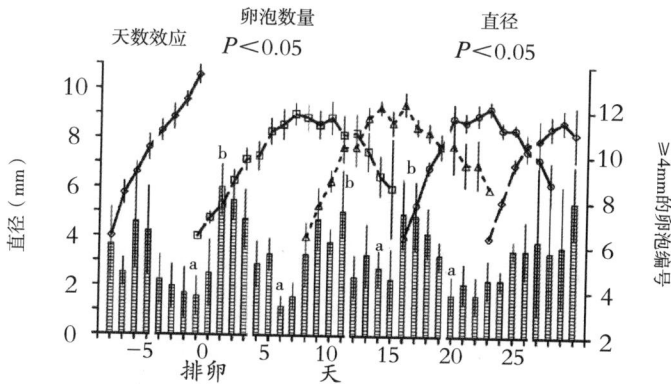

图3-10　排卵季节北美马鹿卵巢卵泡在最后一个CL期的发育动力学。ab间表示差异显著，$P<0.05$。卵泡最大直径：——；卵泡数量：条状图（Robert McCorkell等，2007）

表3-7　非排卵期马鹿1波发育模型中3个最大卵泡动力学的比较（n=12）
（Robert McCorkell等，2004）

项目	优势卵泡	第1附属卵泡	第2附属卵泡
出现日期（d）	0a	0.1 ± 0.2a	0.3 ± 0.2a
出现直径（mm）	3.4 ± 0.1a	3.4 ± 0.1a	3.2 ± 0.1a
最大直径（mm）	9.2 ± 0.3a	5.8 ± 0.2b	5.0 ± 0.2c
存在日期（d）*	15.3 ± 0.6a	6.4 ± 0.5b	4.5 ± 0.3c

注：*表示第一次检测（3～4mm）和最后一次检测（4mm）之间的天数，行中带有不同小写字母的值表示差异显著（$P<0.05$）。

相邻两个卵泡数的波峰（6.8±0.4）d和波谷（6.8±0.4）d，以及相邻两个优势卵泡展现出发育上的优势（7.1±0.5）d，在时间间隔上均无差异，见图3-11。

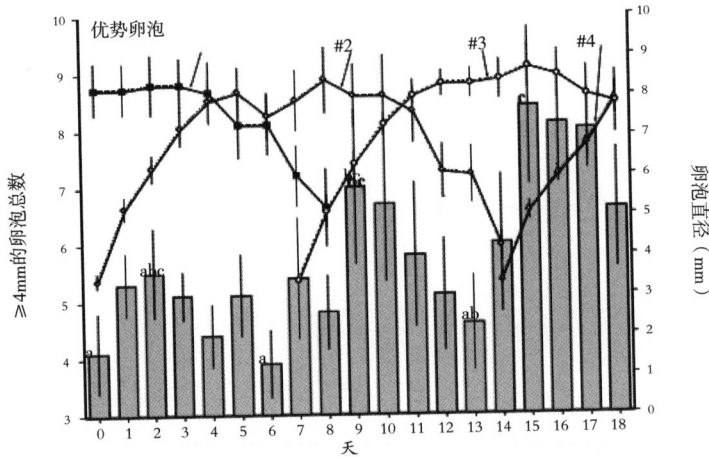

图3-11 连续优势卵泡直径分布图（线）和每天检测到的卵泡（≥4mm）数分布图（条）。没有公共上标的值表示差异显著（P<0.05）（Robert McCorkell等，2004）

约80%的卵泡数波峰出现在优势卵泡展现出发育优势的±2d内，约52%的卵泡数波峰出现在优势卵泡展现出发育优势后的1~2d内。约45%的卵泡数波谷出现在优势卵泡展现出发育优势的前1d。优势卵泡的生长期为（4.9±0.3）d（4mm≤最大直径），直径生长速率为（1.3±0.1）mm/d，生长最大直径为（9.0±0.3）mm。优势卵泡发育到最大直径后，有（6.1±0.5）d的静止期，静止期内优势卵泡的直径不变。优势卵泡的平均回归（退化）持续时间为（4.2±0.2）d，缩减速率为（1.2±0.1）mm直径/d。在优势卵泡生长和静止期间，对卵泡数波峰和波谷进行检测，有超过60%的波谷发生在静止阶段开始后的1~2d，有超过52%的波峰发生在静止期结束前1~2d，见图3-12。

此外，当临近繁殖季节时，优势卵泡的直径、出现及存在的时间以及从属最大卵泡的直径等都有所增加，这可能与临近繁殖时卵泡的征集有关。但该现象并未在牛羊等反刍动物上出现，见表3-8。

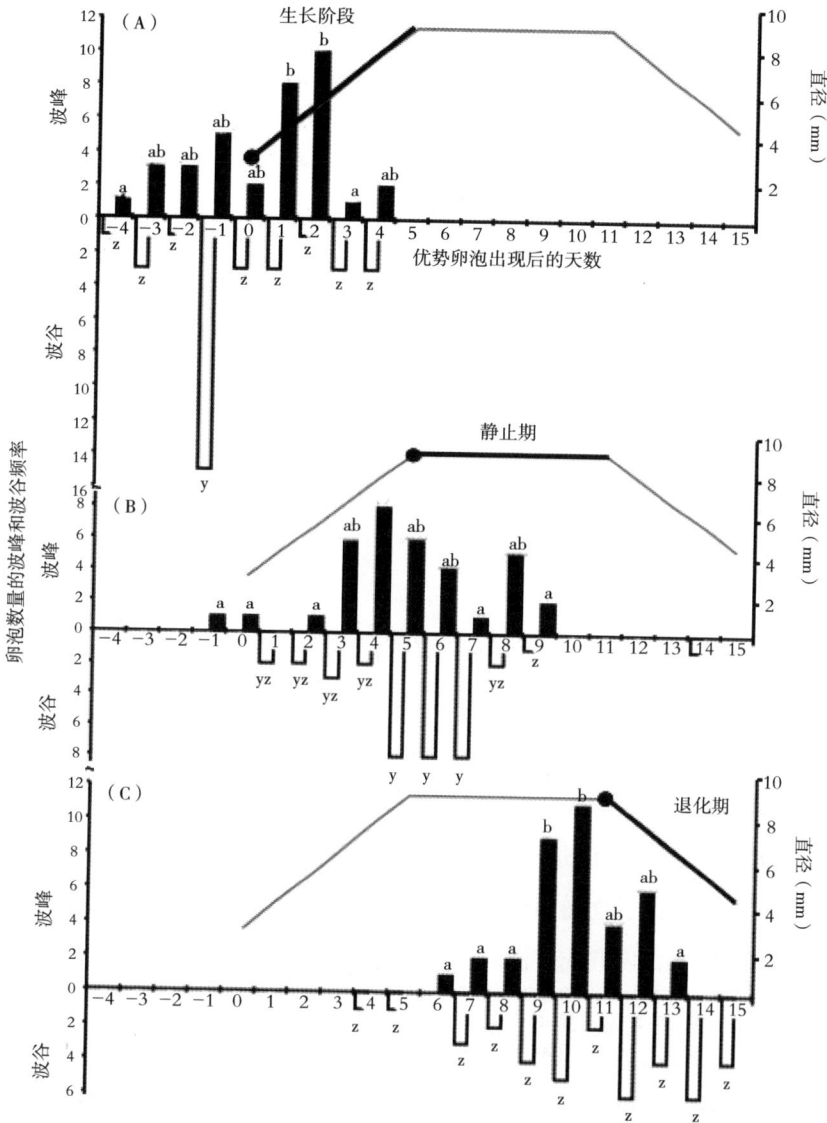

图3-12 优势卵泡直径(线)和卵泡数量（条，波峰■，波谷□）之间的时间关系，记录了非发情季节马鹿优势卵泡和卵泡波发育的动力模型（*n*=12）。优势卵泡的平均直径（*n*=33）最适合简单的线性回归（增长斜率：1.25，*r*=0：97；静止斜率：0.17，*r*=0：62；回归斜率：−1.18，*r*=0：96）。黑色条形表示卵泡数量波峰的出现，白色条形表示卵泡数量波谷的出现。图中A中的第0天为优势卵泡出现日期，图中B中的第5天为优势卵泡生长期的最后一天，图中C的第11天为优势卵泡发育静止期的最后一天。没有公共上标值的条表示差异显著（*P*<0.05）（Robert McCorkell等，2004）

表3-8 马鹿非发情季节不同检测阶段各观测值之间的对比（Robert McCorkell等，2004）

项目	period 1[a]	period 2[b]
优势卵泡的最大直径（mm）	7.4 ± 0.2	10.8 ± 0.2
优势卵泡的存在时间（d）	13.6 ± 0.7	16.7 ± 0.8
优势卵泡出现时的直径（mm）	3.0 ± 0	3.9 ± 0.2
最大随从卵泡的最大直径（mm）	5.1 ± 0.2	6.5 ± 0.3
最大随从卵泡的存在时间（d）	5.2 ± 0.6	6.5 ± 0.3
优势卵泡间出现的时间间隔（d）	5.9 ± 0.5	8.26.5 ± 0.30.7

注：period 1：6月8日—7月8日，n=5；period 2：9月8日—10月15日，n=7；北美马鹿发情季节为10月到第2年的1月。a，b表示数据间的差异显著（$P < 0.05$）。

第二节　鹿体内生殖激素的变化

哺乳动物卵泡的发育是由生殖激素调节的，对生殖激素进行相关研究，可更深次揭示母畜繁殖过程的生殖生理，进而指导人们更好地利用生殖激素。母畜生殖激素的测定主要表现在促卵泡素（FSH）、促黄体素（LH）、雌二醇（E_2）和孕酮（P_4）方面，这些生殖激素的检测目前已很成熟，多数文献均有详细表述。当前，鹿生殖激素的研究基本覆盖了所有鹿类。但在我国，仅有梅花鹿生殖激素动力学方面的报道，且集中在东北梅花鹿的研究上。此外由于受地理环境、样品数量、血统纯度、采血时间、检测体系等的影响，同一方面的研究可能出现不同的结果或走向。因此在参考中应根据实际情况进行取舍。

一、梅花鹿生殖激素的变化

（一）梅花鹿断乳后生殖激素的变化

据田长永（2004）报道，梅花鹿在断乳后的2~44d内，FSH、LH、E_2和P_4含量变化范围分别为1.19~2.73mIU/mL、2.37~5.67mIU/mL、1.04~34.55pg/mL和0.37~0.67ng/mL，分别平均为2.01mIU/mL、4.66mIU/mL、4.47pg/mL和0.48ng/mL。在断乳的这段时间内，试验鹿血清中FSH含量在第8天时，出现明显的峰（2.73±0.14）mIU/mL，明显的高于两个峰底——断乳的第5天［（1.19±0.64）mIU/mL］，$P < 0.01$）和第11天［（1.42±0.71）mIU/mL，$P < 0.01$］，其他各时

间之间，没有明显的峰值变化（$P > 0.05$）。LH含量在第8天显著升高，达（4.92 ± 0.97）mIU/mL；然后呈现一定的不规则波动。E_2含量在第5天时，出现明显的峰（34.55 ± 15.25）pg/mL，明显高于其他各时间（$P < 0.05$）；而其他各时间之间，没有明显的变化（$P > 0.05$）。P_4含量由第二天的（0.67 ± 0.05）ng/mL，在第11天时，明显下降到［（0.45 ± 0.06）ng/mL，$P < 0.05$］，之后各时间之间，没有明显的变化，保持平稳（$P > 0.05$），见表3–9和图3–13～图3–16。

表3–9 试验鹿断乳后FSH、LH、E_2和P_4的含量变化（田长永，2004）

断乳后天数 （d）	FSH含量 （mIU／mL）	LH含量 （mIU／mL）	E_2含量 （pg／mL）	P_4含量 （ng／mL）
2	1.79±0.28	2.37±0.30	4.44±0.73	0.67±0.05
5	1.19±0.64	3.93±1.47	34.55±15.25	0.61±0.07
8	2.73±0.14	4.92±0.97	4.03±0.34	0.51 ± 0.11
11	1.42 ± 0.7	4.48 ± 0.87	3.87 ± 0.49	0.45 ± 0.06
14	1.63 ± 0.23	4.00 ± 0.74	2.08 ± 0.58	0.43 ± 0.07
16	1.88 ± 0.25	5.15 ± 0.96	3.70 ± 1.81	0.45 ± 0.11
18	1.96 ± 0.12	4.41 ± 0.68	1.47 ± 0.58	0.43 ± 0.03
20	1.86 ± 0.22	4.27 ± 0.30	2.22 ± 0.76	0.55 ± 0.07
22	2.34 ± 0.47	5.67 ± 0.44	2.31 ± 0.59	0.54 ± 0.06
24	1.68 ± 0.48	5.15 ± 1.08	1.83 ± 0.17	0.47 ± 0.08
26	1.97 ± 0.30	5.48 ± 0.75	3.30 ± 0.69	0.45 ± 0.07
28	2.24 ± 0.41	4.30 ± 0.41	2.39 ± 0.96	0.49 ± 0.06
30	1.65 ± 0.18	5.18 ± 0.56	2.64 ± 0.78	0.44 ± 0.00
32	2.12 ± 0.26	4.39 ± 0.57	3.99 ± 0.19	0.50 ± 0.05
34	2.25 ± 0.06	5.63 ± 0.78	2.34 ± 0.45	0.45 ± 0.05
36	2.60 ± 0.22	4.65 ± 0.51	3.48 ± 0.64	0.48 ± 0.12
38	2.10 ± 0.28	4.51 ± 0.70	3.55 ± 0.42	0.48 ± 0.05
40	2.18 ± 0.41	4.96 ± 0.79	3.57 ± 0.52	0.37 ± 0.05
42	2.27 ± 0.21	5.19 ± 0.16	2.62 ± 0.51	0.51±0.06
44	2.33±0.17	4.56±0.35	1.04±0.14	0.44±0.10
平均	2.01±0.08	4.66±0.17	4.47±1.11	0.48±0.12

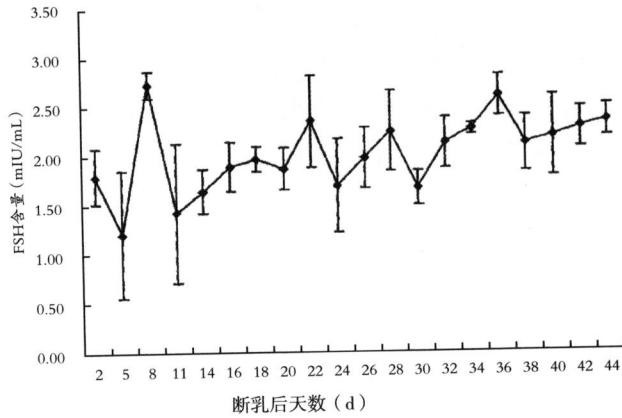

图3-13　梅花鹿在不同断乳时间上FSH含量的变化（田长永，2004）

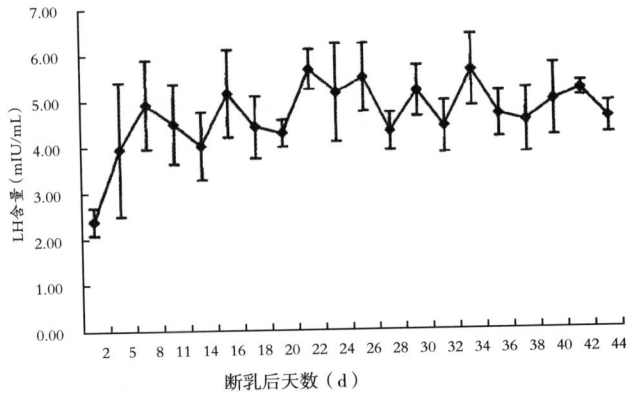

图3-14　梅花鹿在不同断乳时间上LH含量的变化（田长永，2004）

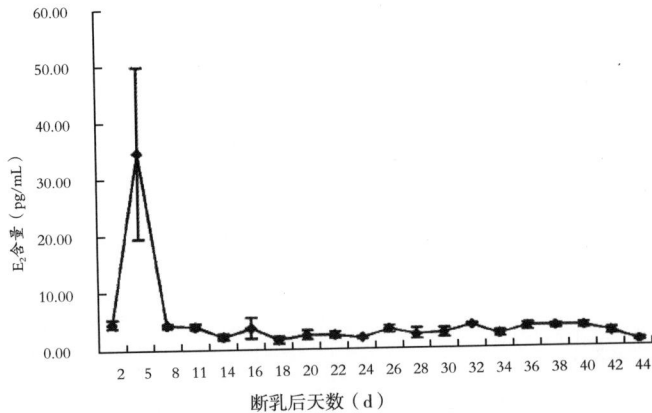

图3-15　梅花鹿在不同断乳时间上E_2含量的变化（田长永，2004）

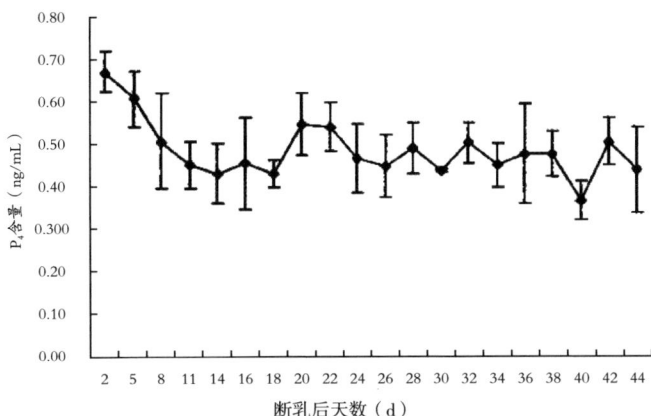

图3-16　梅花鹿在不同断乳时间上P$_4$含量的变化（田长永，2004）

（二）梅花鹿发情前后生殖激素的变化

据田长永（2004）、姜晓东（2004）和马泽芳（2007）报道，梅花鹿在发情前的16d到发情后的6d内（未配种），FSH、LH、E$_2$和P$_4$含量变化范围分别为2.12~2.91mIU/mL、5.28~7.83mIU/mL、2.01~6.14pg/mL和0.43~0.84ng/mL，分别平均为2.62mIU/mL、6.46mIU/mL、3.38pg/mL和0.61ng/mL。在发情前后的这段时间内，试验鹿血清中FSH含量由发情前第16天的（2.20±0.23）mIU/mL，缓慢的升高到发情前第10天的（2.89±0.21）mIU/mL（$P<0.05$），然后FSH处于平稳的状态，在发情时也没有明显的变化（$P>0.05$）。LH含量由发情前的第4天的（5.84±0.57）mIU/mL，开始缓慢上升，到发情时达到峰值［（7.93±1.42）mIU/mL，$P<0.05$］，然后在发情后第2天又明显下降到（5.28±0.37）mIU/mL（$P<0.05$），之后有所上升，但没有明显的变化（$P>0.05$）。E$_2$在发情前第8天出现一峰，峰值为（4.50±0.59）pg/mL，分别显著的高于峰底——发情前第10天［（2.01±0.43）pg/mL，$P<0.05$］和第6天［（2.35±0.46）pg/mL，$P<0.05$］；在发情前第2天，E$_2$出现又一明显的峰（6.14±0.89）pg/mL，显著高于发情前后其他各时间（$P<0.05$）；在发情后第4天（3.75±0.49）pg/mL与第6天（3.75±0.35）pg/mL，E$_2$含量均显著高于第2天［（2.32±0.19）pg/mL，$P<0.05$］，但第4天与第6天间的差异不显著（$P>0.05$）。P$_4$含量由发情前第12d缓慢上升，到发情前第4d达峰值（0.73±0.10）ng/mL；而后，在发情时下降为最低［（0.58±0.80）ng/mL，$P<0.05$］，而在发情后第2d再度升高显

著（$P < 0.05$），达（0.84 ± 0.16）ng/mL。并在发情后的2～6d内保持平稳。试验鹿在发情的24h内，各采样点上FSH、LH、E_2和P_4激素含量没有明显的变化（$P > 0.05$），分别平均为（4.70 ± 0.51）mIU/mL、（6.46 ± 0.23）mIU/mL、（1.12 ± 0.16）pg/mL和（0.53 ± 0.03）ng/mL，见表3-10和图3-17～图3-20。

表3-10　发情前和发情后FSH、LH、E_2和P_4的含量变化（马泽芳等，2006）

发情天数 （d）	FSH含量 （mIU/mL）	LH含量 （mIU/mL）	E_2含量 （pg/mL）	P_4含量 （ng/mL）
−16	2.20 ± 0.23	7.83 ± 1.45	4.04 ± 0.40	0.45 ± 0.01
−14	2.16 ± 0.20	6.10 ± 0.41	2.86 ± 0.35	0.53 ± 0.03
−12	2.12 ± 0.17	5.62 ± 0.76	2.33 ± 0.78	0.43 ± 0.02
−10	2.89 ± 0.21	6.26 ± 0.51	2.01 ± 0.43	0.56 ± 0.09
−8	2.58 ± 0.18	6.25 ± 0.61	4.50 ± 0.59	0.60 ± 0.13
−6	2.78 ± 0.49	5.99 ± 0.61	2.35 ± 0.46	0.67 ± 0.06
−4	2.65 ± 0.22	5.84 ± 0.57	4.25 ± 1.09	0.73 ± 0.10
−2	2.80 ± 0.41	6.61 ± 0.20	6.14 ± 0.89	0.59 ± 0.04
0	2.62 ± 0.18	7.93 ± 1.42	2.91 ± 0.80	0.58 ± 0.09
+2	2.87 ± 0.29	5.28 ± 0.37	2.32 ± 0.29	0.84 ± 0.16
+4	2.84 ± 0.24	6.36 ± 0.34	3.75 ± 0.20	0.65 ± 0.13
+6	2.91 ± 0.10	7.48 ± 0.99	3.13 ± 0.11	0.74 ± 0.04
平均	2.62 ± 0.08	6.46 ± 0.23	3.38 ± 0.24	0.61 ± 0.03

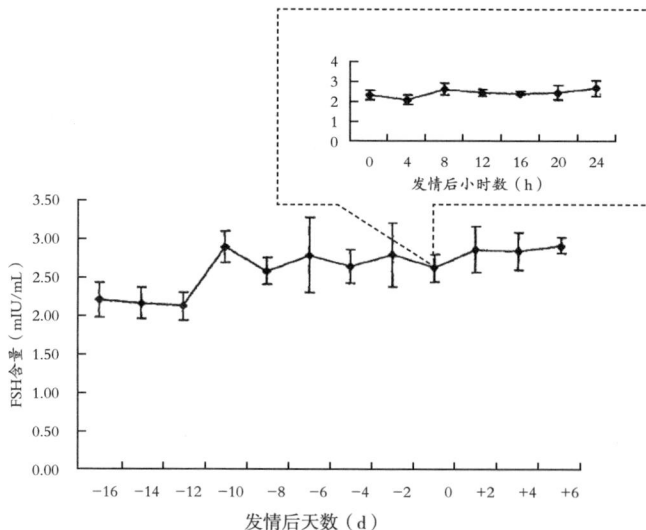

图3-17　发情前后梅花鹿FSH含量的变化（田长永，2004）

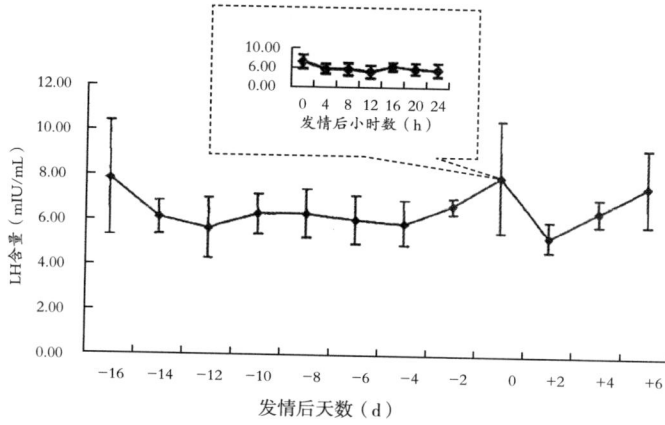

图3-18　发情前后梅花鹿LH含量的变化（田长永，2004）

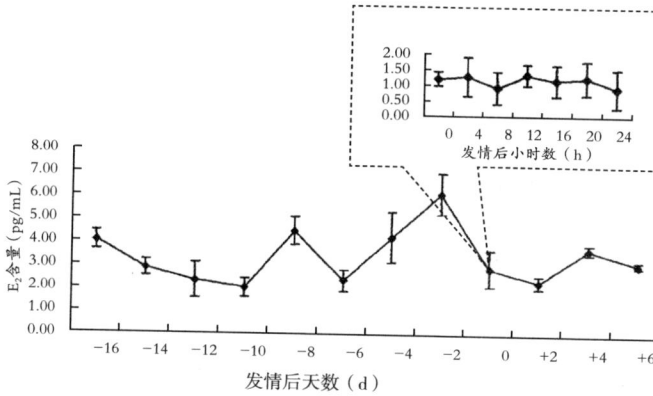

图3-19　发情前后梅花鹿E₂含量的变化（田长永，2004）

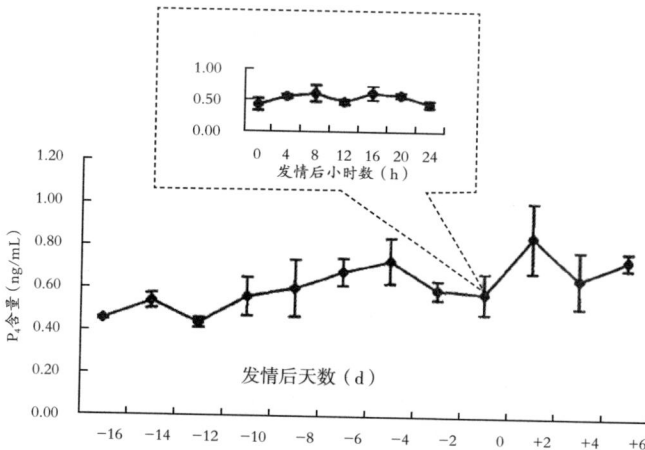

图3-20　发情前后梅花鹿P₄含量的变化（田长永，2004）

（三）梅花鹿配种过程中生殖激素水平的动态变化

1. 妊娠梅花鹿在同期发情人工输精各阶段生殖激素水平

通过监测统计，FSH、E_2、P_4、LH和促乳素（PRL）在妊娠梅花鹿的埋栓、取栓、第一次人工输精和第二次人工输精检测点的变化趋势基本相同，都呈下降—上升—下降—上升的趋势。各激素在各监测点的测定浓度范围与平均值见表3-11。其中FSH和LH的平均测定浓度在4个点间差异不显著。第一次输精时期，E_2的平均测定浓度显著高于取栓时期与第二次人工输精时期的平均测定浓度（$P<0.05$）。P_4在埋栓时期的平均测定浓度显著高于其他3个测定点的浓度，但其他3个测定点间无差异。PRL的平均测定浓度在埋栓时最高，取栓时最低；且第一次输精时期的平均测定浓度要显著高于第二次输精时期的平均测定浓度（$P<0.05$），见表3-11和图3-21～图3-25。

表3-11　妊娠梅花鹿各监测点生殖激素检测结果统计表（$n=13$）（王敏，2022）

监测点	FSH含量 （mIU/mL）	E_2含量 （pg/mL）	P_4含量 （ng/mL）	LH含量 （mIU/mL）	PRL含量 （mIU/L）
埋栓时	2.24 ± 0.15	$14.14 \pm 0.27a$	$7.07 \pm 0.31a$	0.83 ± 0.05	$157.75 \pm 3.22a$
	$1.44 \sim 2.85$	$12.17 \sim 15.80$	$5.08 \sim 9.03$	$0.57 \sim 1.21$	$141.86 \sim 170.58$
取栓时	1.80 ± 0.40	$13.63 \pm 0.27a$	$1.10 \pm 0.13b$	0.79 ± 0.03	$129.59 \pm 3.97b$
	$0.90 \sim 5.34$	$111.92 \sim 14.89$	$0.63 \sim 3.44$	$0.61 \sim 1.15$	$107.31 \sim 140.25$
第一次 输精时	2.49 ± 0.63	$15.17 \pm 0.63ab$	$1.74 \pm 0.22b$	0.96 ± 0.19	$154.74 \pm 13.16ac$
	$1.04 \sim 3.35$	$12.93 \sim 16.75$	$0.51 \sim 2.15$	$0.59 \sim 1.35$	$120.60 \sim 174.95$
第二次 输精时	2.08 ± 0.70	$13.07 \pm 0.36b$	$1.56 \pm 0.27b$	0.79 ± 0.04	$139.17 \pm 7.75bc$
	$1.15 \sim 4.65$	$12.04 \sim 15.43$	$0.76 \sim 3.04$	$0.64 \sim 1.17$	$123.81 \sim 156.64$

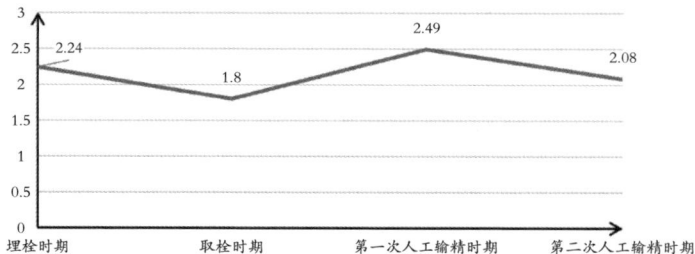

图3-21　各时期妊娠梅花鹿血清中FSH浓度的变化（王敏，2022）

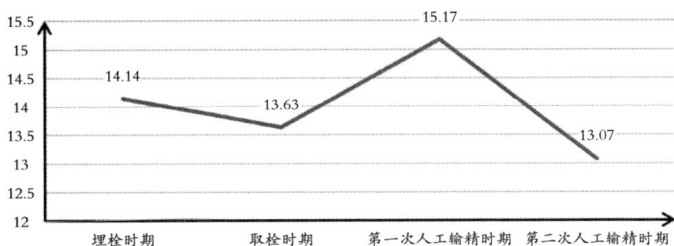

图3-22　各时期妊娠梅花鹿血清中E₂浓度的变化（王敏，2022）

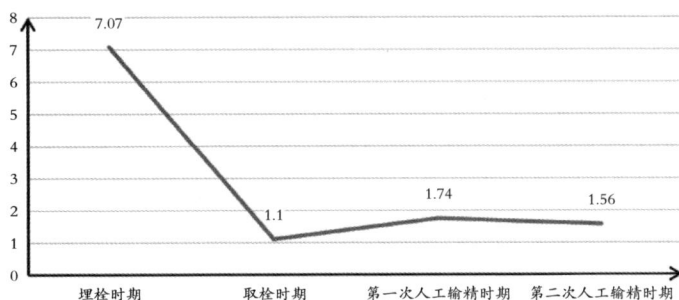

图3-23　各时期妊娠梅花鹿血清中P₄浓度的变化（王敏，2022）

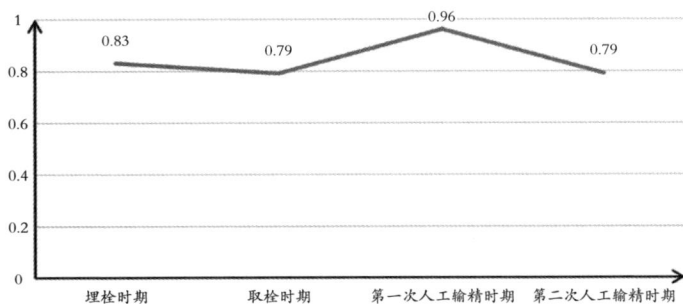

图3-24　各时期妊娠梅花鹿血清中LH浓度的变化（王敏，2022）

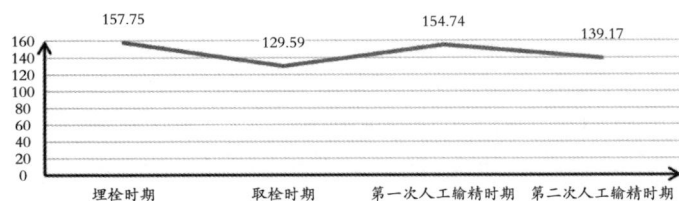

图3-25　各时期妊娠梅花鹿血清中PRL浓度的变化（王敏，2022）

2. 空怀梅花鹿在同期发情人工输精各阶段生殖激素水平

FSH、E_2、P_4、LH和PRL在空怀梅花鹿的埋栓、取栓、第一次人工输精和第二次人工输精检测点的激素水平波动范围如表3-12。通过对空怀和妊娠梅花鹿在取栓、第一次人工输精和第二次人工输精各激素平均测定值的比较发现，第一次和第二次人工输精时期空怀梅花鹿的P_4平均检测值［（0.31±0.07）ng/mL、（0.27±0.07）ng/mL］，均显著低于妊娠梅花鹿的P_4平均检测值［（1.49±0.10）ng/mL、（0.58±0.04）ng/mL）］（$P<0.01$），而其他激素间无差异。故输精时期母鹿血液中P_4水平可能是影响梅花鹿是否受胎的关键因素，或可在输精前通过注射一定的外源P来提高梅花鹿的配种效率，见表3-12、表3-13。

表3-12 空怀梅花鹿各监测点生殖激素检测范围表（$n=13$）（王敏，2022）

监测点	FSH含量（mIU/mL）	E_2含量（pg/mL）	P_4含量（ng/mL）	LH含量（mIU/mL）	PRL含量（mIU/L）
埋栓时	1.44 ~ 2.85	12.17 ~ 15.80	5.08 ~ 9.03	0.51 ~ 1.21	141.86 ~ 170.58
取栓时	1.14 ~ 3.75	12.53 ~ 14.35	0.94 ~ 1.57	0.68 ~ 1.31	102.47 ~ 155.84
第一次输精时	0.99 ~ 3.29	11.52 ~ 15.46	0.83 ~ 2.48	0.68 ~ 1.44	118.59 ~ 151.45
第二次输精时	1.33 ~ 3.61	12.72 ~ 13.76	0.96 ~ 1.05	0.62 ~ 0.77	108.92 ~ 134.25

表3-13 空怀和妊娠梅花鹿在各监测点生殖激素水平的对比（王敏，2022）

项目	取栓时		第一次人工输精时		第二次人工输精时	
	空怀	妊娠	空怀	妊娠	空怀	妊娠
FSH含量（mIU/mL）	2.15 ± 0.48	1.80 ± 0.40	2.49 ± 0.15	2.48 ± 0.08	2.36 ± 0.18	2.39 ± 0.10
E_2含量（pg/mL）	13.51 ± 0.39	13.63 ± 0.27	18.83 ± 1.35	22.72 ± 1.27	16.29 ± 2.29	21.97 ± 1.70
P_4含量（ng/mL）	1.18 ± 0.11	1.10 ± 0.13	0.31 ± 0.07a	1.49 ± 0.10b	0.27 ± 0.07a	0.58 ± 0.04b
LH含量（mIU/mL）	0.88 ± 0.11	0.79 ± 0.03	3.08 ± 0.19	3.89 ± 0.26	3.55 ± 0.28	3.71 ± 0.16
PRL含量（mIU/L）	126.43 ± 8.58	129.59 ± 3.97	117.15 ± 10.23	131.97 ± 8.51	143.17 ± 12.80	134.06 ± 7.64

3. 不同产仔数下梅花鹿生殖激素水平的变化

通过监测统计，王敏（2022）对比分析了单胎与双胎母鹿外周血液中，FSH、E_2、P_4、LH和PRL在第一次人工输精和第二次人工输精时的激素水平，并以此来探索产仔数与生殖激素水平之间的关联，具体情况见表3-14。除第一次人工输精时，单胎母鹿的P_4值显著高于双胎母鹿的外（$P>0.05$），其余的对比中，单胎母鹿与双胎母鹿间均无差异性（$P>0.05$）。从这结果可以看出，第一次人工输精时母鹿的P_4水平或许与梅花鹿的产仔数有关联。但目前无任何文献报道母畜在配种期间的P_4值与产仔数有关联。且据研究表明，多胎性主要由基因/物种所决定，激素的表达也是由基因所调控的。因此P_4是否真能影响母鹿的产仔数，还需对基因等深层次因子做全面的探讨。此外，该研究找到了梅花鹿不同产仔数与生殖激素间的差异性关联，这对全面了解梅花鹿的繁殖生理具有重要参考意义，见表3-14。

表3-14　人工输精时不同产仔数梅花鹿生殖激素的检测值（王敏，2022）

项目	第一次人工输精时			第二次人工输精时		
	空怀	单胎	双胎	空怀	单胎	双胎
FSH含量（mIU/mL）	2.49 ± 0.15	2.49 ± 0.09	2.37 ± 0.16	2.36 ± 0.18	2.37 ± 0.07	2.50 ± 0.56
E_2含量（pg/mL）	18.83 ± 1.35	22.84 ± 1.40	21.97 ± 3.26	16.29 ± 2.29	21.86 ± 1.88	22.57 ± 4.25
P_4含量（ng/mL）	0.31 ± 0.07a	1.56 ± 0.10b	1.06 ± 0.24c	0.27 ± 0.07a	0.57 ± 0.04b	0.63 ± 0.20b
LH含量（mIU/mL）	3.08 ± 0.19	3.86 ± 0.30	4.02 ± 0.45	3.55 ± 0.28	3.72 ± 0.18	3.65 ± 0.38
PRL含量（mIU/L）	117.15 ± 10.23	132.66 ± 9.99	128.87 ± 15.52	143.17 ± 12.80	130.25 ± 8.36	156.94 ± 16.77

（四）梅花鹿妊娠早期生殖激素的变化

据姜晓东（2004）和田长永等（2007）报道，梅花鹿（$n=4$）配种（配种当天记为第1天，且均妊娠）后第2～38天，LH含量缓慢地降低，处于较低的水平，平均为（29.97 ± 32.70）mIU/mL。FSH的含量稳步上升，平均为1.60 ± 0.66mIU/mL。E_2的含量除了一个较大的峰值［（10.20 ± 6.59）pg/mL］外，一直在降低，平均值是（6.47±4.28）pg/mL。P_4的含量平均为（0.05±0.04）ng/mL。hCG的含量呈缓慢下降趋势，平均为（22.71±26.48）mIU/mL。

梅花鹿在配种后2~6d内，其LH、FSH、P_4和人绒毛膜促性腺激素（hCG）的含量与未配种的一样，均无显著性变化（$P>0.05$）。且LH、E_2和hCG的含量在配种后38d内，均无明显变化（$P>0.05$）。

FSH的含量在配种后整体呈波浪式发展，在妊娠后的第14天和第20天有两个较大的峰谷，并均显著低于第30天和第38天FSH的含量（$P<0.05$）。且第20天FSH的含量还显著低于第24天FSH的含量（$P<0.05$）。其余天数间均无明显变化（$P>0.05$）。

从配种开始，随着时间的推移P_4的含量逐渐增加。第14天出现第一个峰值［（0.08±0.01）ng/mL］后开始缓慢降低，至第26天出现一个低峰［（0.01±0.01）ng/mL］，随后又迅速上升，在第34天出现最高峰值［（0.14±0.037）ng/mL］（$P<0.05$）。配种后第34天P_4所出现的最高峰值，可作为梅花鹿早期妊娠诊断的一个观测点，见表3-15和图3-26~图3-30。

表3-15　4头雌梅花鹿配种后外周血中5种生殖激素平均含量
（田长永等，2007；姜晓东，2004）

妊娠时间	LH含量 （mIU/mL）	E_2含量 （pg/mL）	FSH含量 （mIU/mL）	P_4含量 （ng/mL）	hCG含量 （mIU/mL）
第2天	31.94±32.30	7.68±6.06	1.65±0.71	0.01±0.02	26.65±29.29
第4天	40.27±45.76	7.70±4.43	1.31±0.84	0.02±0.02	29.30±35.93
第6天	43.85±55.46	7.23±4.71	1.61±0.81	0.04±0.04	24.63±29.27
第8天	38.82±45.45	10.20±6.59	1.53±0.58	0.04±0.02	29.55±39.47
第10天	32.69±34.78	6.50±2.14	1.65±0.48	0.06±0.02	21.30±25.81
第12天	31.04±36.15	6.15±4.75	1.32±0.55	0.04±0.02	22.25±27.66
第14天	30.38±35.64	5.55±3.26	1.17±0.38	0.08±0.01	18.80±24.63
第16天	28.95±36.04	6.95±4.85	1.53±0.47	0.06±0.03	20.73±27.33
第18天	26.72±31.79	6.35±5.38	1.53±0.47	0.06±0.02	19.00±26.80
第20天	24.33±34.41	6.58±5.35	0.93±0.88	0.06±0.02	21.17±31.67
第22天	23.65±32.32	5.83±4.87	1.52±1.14	0.03±0.01	24.73±33.34
第24天	29.73±39.10	6.90±6.57	1.94±0.53	0.05±0.02	19.35±30.03
第26天	28.73±36.79	6.00±4.18	1.79±0.75	0.01±0.01	39.45±42.36
第30天	23.18±28.18	4.40±2.54	2.14±0.50	0.08±0.04	17.33±28.64
第34天	23.06±26.90	4.63±2.54	1.84±0.52	0.14±0.04	21.37±29.42
第38天	22.27±24.92	4.85±2.70	2.11±0.45	0.06±0.03	15.98±26.07
平均	29.97±32.70	6.47±4.28	1.60±0.66	0.05±0.04	22.71±26.48

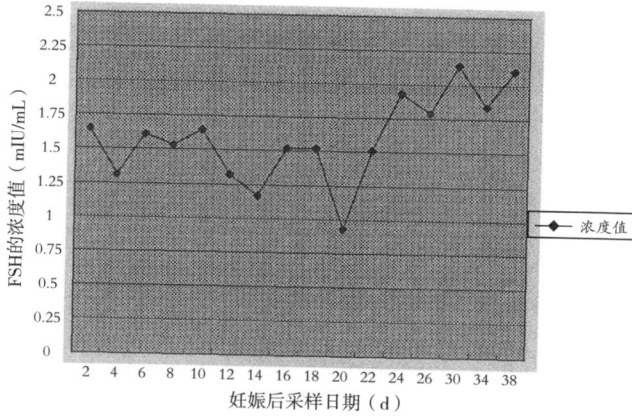

图3-26　FSH含量的变化（姜晓东，2004）

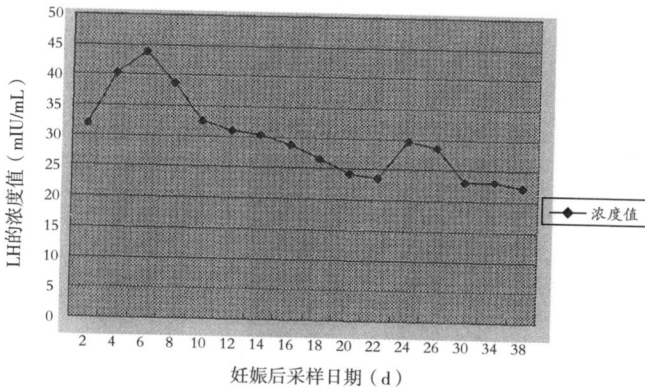

图3-27　LH含量的变化（姜晓东，2004）

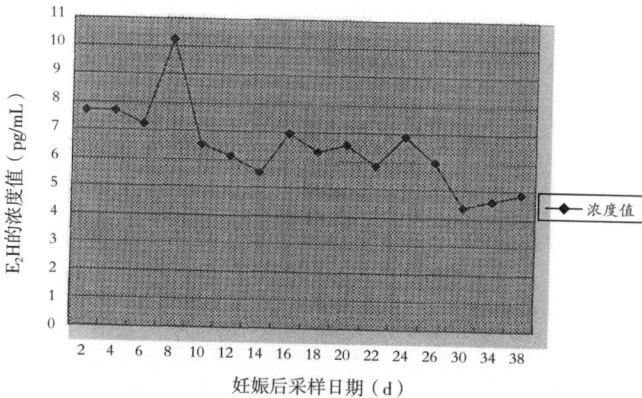

图3-28　E₂含量的变化（姜晓东，2004）

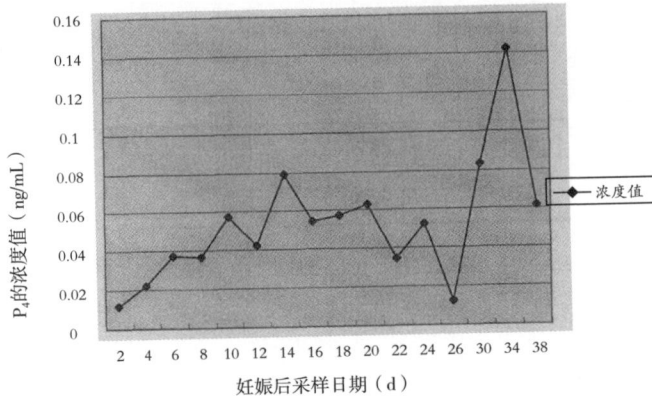

图3-29 P₄含量的变化（姜晓东，2004）

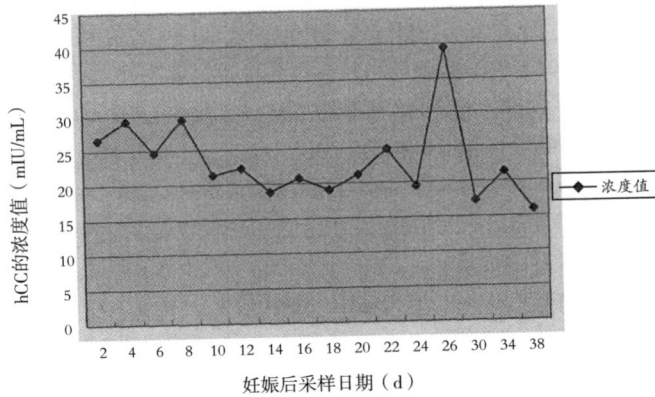

图3-30 hCG含量的变化（姜晓东，2004）

虽然梅花鹿通常只产一个仔，但约80%的妊娠梅花鹿有两个CL存在，一个为妊娠CL（较大），另一个为附属CL（accessory CL，ACL。较小），两个CL均存在于整个妊娠期。梅花鹿的附属CL仅在发情季节第一个排卵周期配种并成功受孕时产生，产生时间为配种（排卵）后的8～20d，由受孕后排卵所形成的。形成附属CL的卵泡并非全是优势卵泡，但以优势卵泡为主。第一个排卵周期配种未受孕的梅花鹿，其卵巢上第一次发情时形成的CL会在第二次发情前消退，第二次配种受孕后，仅生成1个CL，不再有附属CL的形成。据统计，梅花鹿第一次自然交配并受孕的比例也在80%左右，该试验中所有第一次自然交配并受孕的梅花鹿均有2个CL，但是否所有这样的梅花鹿都有2个CL，本文尚未可知。附属CL在激素分泌与组织学上均与妊娠CL一致。据对妊娠时有无附属CL

相应激素的对比，猜测认为，附属CL的功能主要是弥补梅花鹿第一个排卵期妊娠时P$_4$浓度分泌的不足，以维持胎儿的正常发育，而非用于多胎的生产，见图3–31和表3–16。

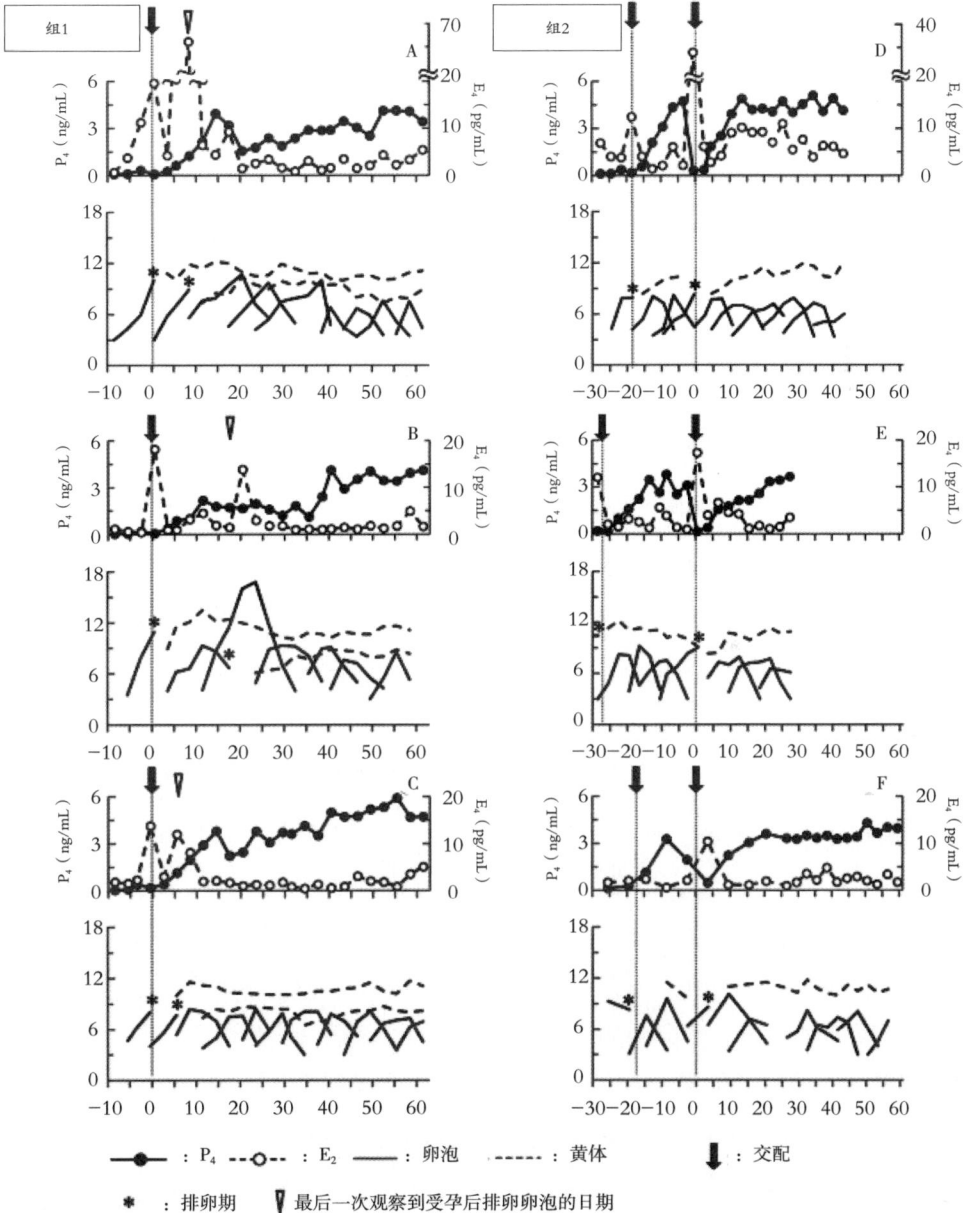

图3–31　繁殖季节第一个（Group 1：A，B and C）和第二个（Group 2：D，E and F）排卵周期中雌性梅花鹿的激素和卵巢动态变化（Yojiro YANAGAWA等，2015）

表3-16　组1（有附属CL）和组2（无附属CL）中雌性梅花鹿在交配后的某几天血液P₄浓度的对比（Yojiro YANAGAWA等，2015）

组1			组2				
鹿号	交配后天数[*]	P₄浓度（ng/mL）	鹿号	交配后天数[**]	P₄浓度（ng/mL）第一次交配后	交配后天数[**]	P₄浓度（ng/mL）第二次交配后
A	8	1.25	D	8	1.58	12	2.14
B	17	1.72	E	6	2.09	7	2.52
C	5	1.15	F	3	1.15	9	2.24
Mean ± SD		1.4 ± 0.3a			1.6 ± 0.5ab		2.3 ± 0.2b

注：[*]：第一个优势卵泡在受孕排卵检测到的最后一天；[**]：第一个优势卵泡达到最大直径的时间。ab间表示差异显著（$P<0.05$）。

二、马鹿生殖激素的变化

（一）非发情期到发情期马鹿生殖激素的变化

据Robert McCorkell等（2007）报道，北美马鹿开始进入发情季节时也具卵母细胞的多排现象（4/20，20%），该多排中有3个发生在第一次排卵中，为双排。有1个发生在第二次排卵中，为三排。第二次排卵之后，雌鹿不再出现多排的现象。

首次排卵生成的黄体（CL），在D0（$n=13$，D0为排卵日）和D1（$n=7$）可首次被检测到。在上述第一次排卵中，发生双排的3只雌鹿中，有一只排卵周期较短（8d），且只有一个卵泡发育波，其CL的最大直径分别为10mm和6mm。另有一只雌鹿排卵周期较短（12d），但有2个卵泡发育波，其CL的最大直径分别为16mm和13mm。剩下的一只排卵周期较长（23d），有3个卵泡发育波，但2个CL融合成了1个较大的CL，最大直径为19mm。在第一次排卵中，排卵周期较短且只有1个卵泡发育波的CL（11.4 ± 0.6）mm，其最大直径要显著小于排卵周期较长且具有2个（15.0 ± 1.6）mm和3个（19mm）卵泡发育波的（$P<0.05$）。相应的，具有1个卵泡发育波的CL超声波可检测天数（8.5 ± 0.4）d，要显著少于具有2个（16.0 ± 2.1）d和3个（22d）卵泡发育波的（$P<0.05$）。血清中P₄的浓度与CL直径呈正相关，$r=0.2$，$P=0.05$，见图3-32。

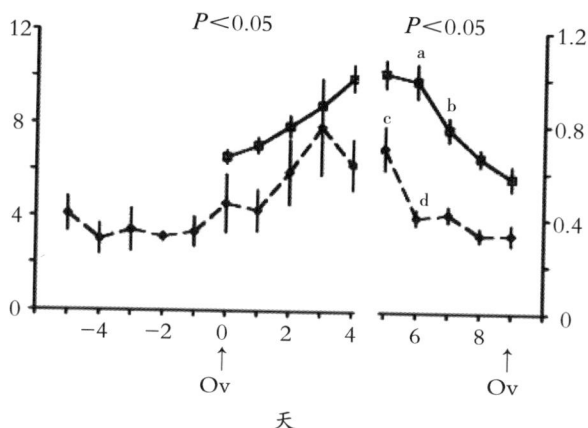

图3-32　第一个排卵周期（仅1个卵泡发育波）中北美马鹿的CL动力学。CL：——；P_4浓度：—。ab间表示差异显著（$P<0.05$）（Robert McCorkell等，2007）

此外，马鹿也有附属CL的现象。据Douglas MJW（1966）对野生马鹿（苏格兰马鹿）繁殖生理的调查发现，有37%（27对卵巢/72对卵巢）的野生妊娠马鹿存在附属CL现象，且每只仅有1个附属CL。41%（11/27）的附属CL与妊娠CL在同一卵巢内。这些附属CL在怀孕第90天后，要显著小于妊娠CL。在北美马鹿上，据Halazon and Buechner（1956）和Morrison（1959）报道，附属CL发生率在60%以上。由于马鹿的双胎现象十分罕见，基本难以观察到，因此马鹿的附属CL功能也不是用于双胎的生产。结合Robert McCorkell等（2007）的报道，马鹿的附属CL应该与梅花鹿的一样，也仅发生在第一个排卵周期中，其功能应该也是用于弥补P_4浓度的不足，以维持早期妊娠。其余有关马鹿附属CL的信息还有待进一步研究，见图3-33。

进入发情季节后，北美马鹿雌鹿的第一个排卵周期中（仅1个卵泡波发育），其FSH浓度的变化呈周期性波动。在D-3.2 ± 0.4有个波谷，在D0.3 ± 0.4有个波峰，然后在D3.2 ± 0.4再次出现个波谷。FSH峰值在卵泡数最低点附近（图3-33和图3-34），同时也是第一次检测到优势卵泡（4mm）（卵泡波发生）的时候。而血清中E_2浓度仅有周期性上升和下降的趋势（$P=0.07$）。在第一次和第二次排卵前1~2d，E_2浓度表现出明显上升的现象，见图3-34。

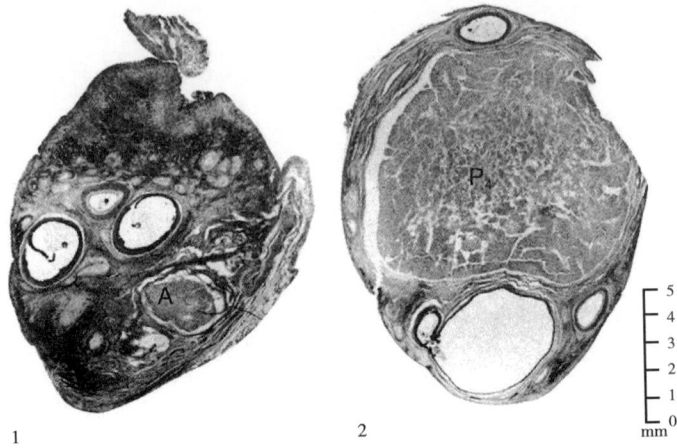

图3-33 妊娠第90天同一马鹿附属CL与妊娠CL的切片图。两个CL分别位于两个卵巢上。1中A：附属CL；2中P_4：妊娠CL（Douglas MJW，1966）

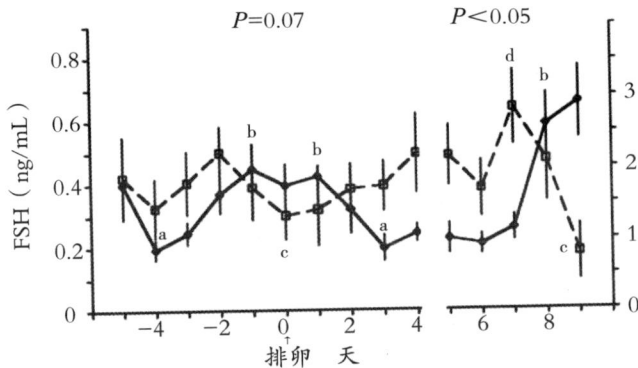

图3-34 第一个排卵周期（仅一个卵泡发育波）中北美马鹿血清中FSH和E_2浓度变化情况。E_2：——；FSH：—。abc间表示差异显著（$P<0.05$）（Robert McCorkell等，2007）

（二）发情期马鹿生殖激素的变化

据RobertMcCorkell等（2006）报道，2波和3波卵泡发育波模型的北美雌马鹿，其血液中FSH的浓度在发情季节也具周期性波动。FSH的波峰常出现在卵泡数的波谷及附近处，而波谷常出现在卵泡数的波峰及附近处。FSH的浓度与2波和3波模型的卵泡数均呈负相关，r值分别为–0.36和–0.21（$P<0.05$）。由于4波模型仅收集到了1只母鹿数据，无法进行统计分析，但从单只数据的走势来看，其与2波和3波模型的基本一致，见图3-35～图3-37。

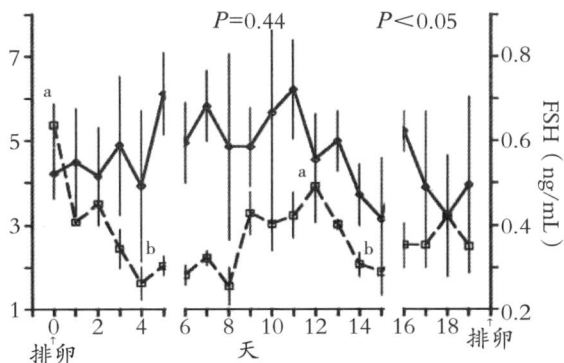

图3-35 一个排卵周期中2波模型的北美马鹿血清中FSH和E_2浓度变化情况。ab间表示差异显著，$P<0.05$。FSH浓度：——；E_2浓度：—。$n=6$（Robert McCorkell等，2006）

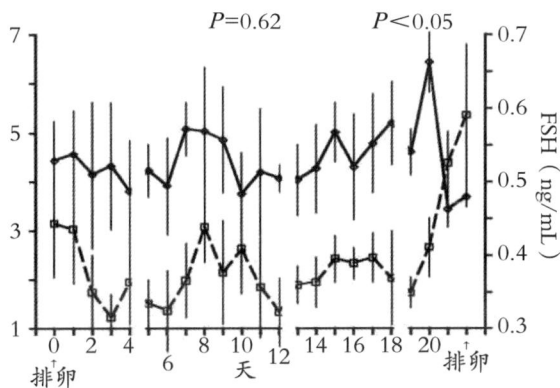

图3-36 一个排卵周期中3波模型的北美马鹿血清中FSH和E_2浓度变化情况。FSH浓度：——；E_2浓度：—。$n=5$（Robert McCorkell等，2006）

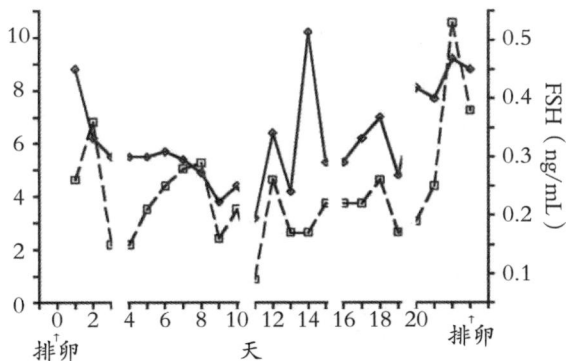

图3-37 一个排卵周期中4波模型的北美马鹿血清中FSH和E_2浓度变化情况。FSH浓度：——；E_2浓度：—。$n=1$（Robert McCorkell等，2006）

2波模型母鹿血液中的FSH浓度，在1个排卵周期中有2个峰值（$P<0.05$）。第1个峰值出现在排卵的D0.0 ± 0.6d（D0为排卵的当天），第2个峰值出现在D10.6 ± 1.2。3波模型的有3个峰值（$P<0.05$），分别出现在D0.3 ± 0.5、D8.3 ± 0.5和D15.0 ± 0.4。4波模型所收集的一只母鹿检测值，在1个排卵周期中有4个峰值，分别出现在D1、D7、D12和D17。可以看出，FSH的峰值与卵泡波数相一致。2波模型中第2个FSH峰值出现的时间要晚于3波和4波模型中第2个FSH峰值的。

一个排卵周期中，北美马鹿也有所谓的FSH排卵峰，其峰值平均为（0.61 ± 0.03）ng/mL，出现在第1个卵泡波的排卵处或前1d，并显著高于第2个卵泡波 [（0.45 ± 0.04）ng/mL] 和第3个卵泡波中FSH的峰值 [（0.40 ± 0.4）ng/mL]。所有排卵均发生在FSH最大峰的当日或次日。北美马鹿的这种FSH排卵峰与排卵间的关系与其他反刍类家畜相一致，见图3-38。

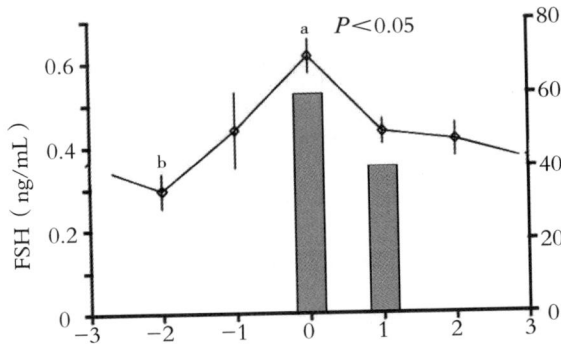

图3-38 排卵附近的FSH峰（D0）与排卵时间间的关联。条状图代表排卵发生在FSH峰附近不同时间段的比例。ab间表示差异显著（$P<0.05$）。$n=10$（Robert McCorkell等，2006）

据统计，FSH波峰值的平均浓度，要显著高于峰值前2d和峰值后1d FSH的平均值。77%的卵泡波发生在FSH波峰的 ± 1d，所有卵泡波均在FSH波峰的 ± 2d发生，见图3-39。

一个排卵周期，不管2波模型还是3波模型，E_2浓度的日常变化均不显著（见上述相关图）。其最大浓度（$P<0.05$）与排卵具有一定的关联，约80%（8/10）的排卵发生在E_2浓度达到峰值后1 ~ 2d。E_2峰值当日的浓度要显著高于峰前和峰后的浓度，卵泡波的发生与E_2峰值间并无显著关联，见图3-40、图3-41。

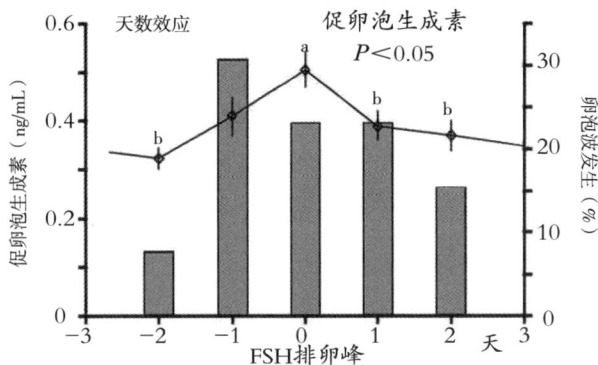

图3-39　排卵附近的FSH峰（D0）与卵泡波发生时间间的关联。条状图代表FSH峰附近不同时间段下卵泡波的发生所占比例。ab间表示差异显著（$P<0.05$）。$n=13$（Robert McCorkell等，2006）

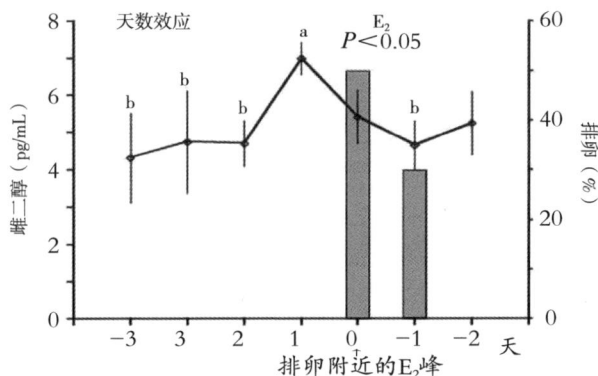

图3-40　排卵附近的E_2峰（D0）与排卵时间间的关联。条状图代表排卵发生在E_2峰附近不同时间段的比例。ab间表示差异显著（$P<0.05$）。$n=10$（Robert McCorkell等，2006）

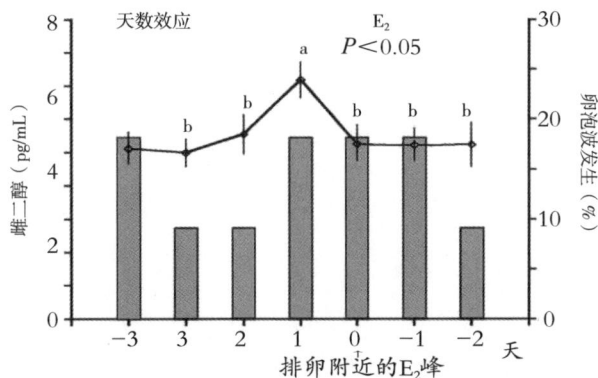

图3-41　排卵附近的E_2峰（D0）与卵泡波发生时间间的关联。条状图代表E_2峰附近不同时间段下卵泡波的发生所占比例。ab间表示差异显著（$P<0.05$）。$n=11$（Robert McCorkell等，2006）

在非超排条件下，1个排卵周期，每只北美马鹿雌鹿仅有1个卵泡发生排卵，并形成1个CL。不同卵泡波发育模型中CL的生长与退化，不同卵泡波发育模型中CL的检测值，见图3-42～图4-44和表3-17。

多数CL（11/13）存在充满液体的中央腔，它们的直径分布在2～17mm之间。这些腔大多（9/13）在CL溶解前，开始变得无法检测到。腔的平均直径在排卵的第10天（D10）约为（5.1±1.1）mm，在D6（5.0±1.0mm）～D12（5.2±1.4）mm期间内，基本保持不变。在D12之后，腔的直径以约0.7mm/d的速率退化。

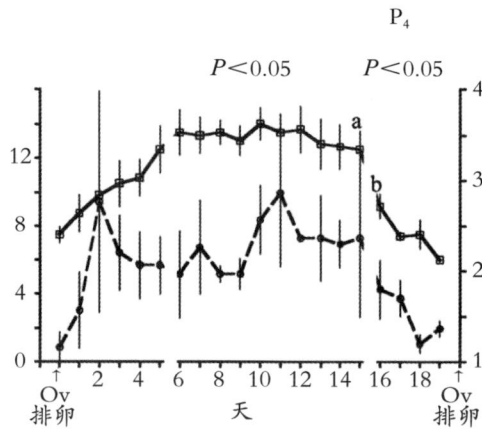

图3-42　繁殖季节一个发情周期中2波卵泡发育模型中CL的动力学。CL：—，$n=6$；P_4：——，$n=3$。ab间表示差异显著（$P<0.05$）（Robert McCorkell等，2006）

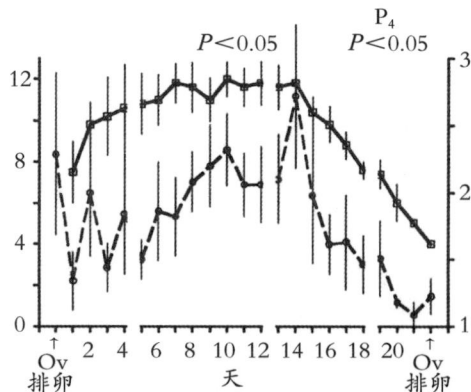

图3-43　繁殖季节一个发情周期中3波卵泡发育模型中CL的动力学。$n=5$。CL：—；P_4：——（Robert McCorkell等，2006）

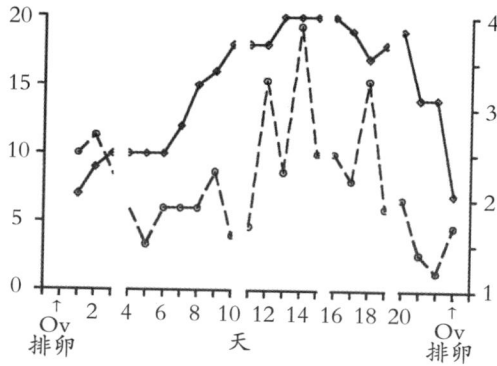

图3-44 繁殖季节一个发情周期中4波卵泡发育模型中CL的动力学。n=1。CL：—；P_4：——（Robert McCorkell等，2006）

表3-17 发情周期中2波、3波和4波卵泡发育模型中CL的动力学对比
（Robert McCorkell等，2006）

项目	发情周期中卵泡发育波数（D0=排卵）		
	2波模型	3波模型	4波模型[a]
马鹿数	6	5	2
CL的最大直径（mm）	15.5 ± 0.5	13.4 ± 0.7	16.5 ± 2.5
P_4最大浓度（ng/mL）	3.7 ± 0.4	3.2 ± 0.4	3.9
CL开始检测的时间	1.0 ± 0.4	1.6 ± 0.2	1.5 ± 0.5
最大CL直径检测的时间	15.5 ± 1.1	13.4 ± 1.5	16.5 ± 3.5
CL开始退化的时间	15.7 ± 0.7	16.4 ± 0.7	18.5 ± 2.5
血清中P_4浓度开始上升的时间	2.3 ± 0.3	4.8 ± 1.4	1
血清中P_4浓度达到最大的时间	11.3 ± 1.8	13.6 ± 0.8	14
血清中P_4浓度开始下降的时间	14.7 ± 0.9	15.4 ± 0.7	17
血清中P_4浓度达到最低值的时间	17.3 ± 0.7	19.6 ± 0.8	22

注：a：部分项仅得到1只鹿的检测值。

退化阶段的CL在排卵前1d（n=4）或2d（n=6）或排卵当天（n=3）之前，均能被超声波检测到。排卵日之后任何雌鹿均无法检测到退化CL的存在。

在一个排卵周期中，P_4浓度的变化比较显著。但在2波模型和3波模型间，P_4浓度的变化并无差异。P_4浓度的最低值（1.2 ± 0.1）ng/mL出现在排卵前2d至排卵后1d的期间里，在D3.5 ± 0.9开始上升，在D12.9 ± 0.8达到最大值

（3.4±0.3）ng/mL，在D16.4±0.6开始出现急剧的下降（$P<0.05$）。P_4浓度开始下降发生在排卵前（7.0±0.6）d，而CL开始退化发生在排卵前（5.7±0.6）d。在CL溶解过程中，P_4浓度的下降发生在CL直径急剧下降的前1天。血清中P_4浓度的变化与CL直径呈正相关联系（$r=0.3$，$P<0.05$）。

（三）发情期到非发情期马鹿生殖激素的变化

整个发情期到非发情期，雌鹿无多排现象发生，所有雌鹿均仅检测到1个黄体生成。最后一个CL期CL的最大直径为（12.5±0.6）mm。最后3个CL期CL的最大直径间无差异（$P=0.16$）。最后一个排卵周期，2波模型生成的CL最大直径（12.0±1.3）mm小于3波模型的（12.8±0.3）mm（$P=0.05$）。

排卵期最后一次排卵生成的CL，其所存在的时间（22.3±1.2）d要比其在排卵期存在的时间更长（19.3±0.7d，$P<0.05$）。最后一个CL期，卵泡的发育是由2~4波卵泡发育波组成的，但在未发情期前，各波模型CL最大直径间无差异〔2波模型：（12.0±1.5）mm；3波模型：（13.0±0.8）mm；4波模型：（13.0±1.2）mm〕。最后一个排卵期生成的CL消退后，不再有其他黄体类结构可检测到，且可继续检测到无排卵卵泡波的出现直至第一次排卵。血清中P_4的浓度与CL的直径呈正相关，$r=0.7$，$P<0.05$，见表3-18和图3-45。

表3-18　马鹿卵巢卵泡在排卵季节最后一个CL期的发育动力学
（Robert McCorkell等，2007）

黄体存在时间（d）	波数	卵泡发育波	卵泡波发生时间（d，D0=排卵）	内波间隔时间（d）	优势卵泡最大直径（mm）
20.0±3.1	2（$n=3$）	第1波	0.0±0.6	9.3±1.3	10.0±0.6
		第2波	8.3±0.9	11.3±2.7	9.7±0.9
22.5±1.4	3（$n=4$）	第1波	0.6±0.2	9.2±0.9	9.0±0.5
		第2波	9.0±1.0	7.0±1.1	8.8±0.7
		第3波	16.0±0.9	7.3±1.4	9.0±0.5
25.3±1.7	4（$n=4$）	第1波	−0.3±0.5	7.5±0.3	9.8±0.6
		第2波	7.5±0.3	6.0±0.4	9.8±0.5
		第3波	13.5±0.5	6.0±0.6	9.5±0.3
		第4波	19.5±1.0	7.3±1.5	10.0±0.4

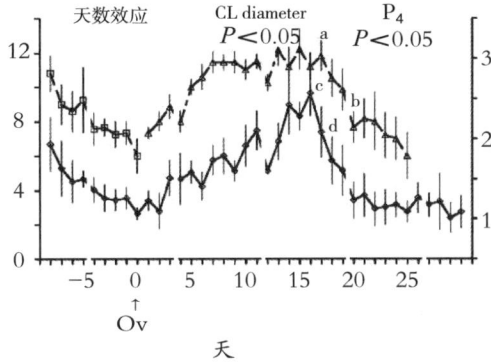

图3-45　排卵季节北美马鹿CL在最后一个CL期的发育动力学。Ov：排卵。CL：——；P_4浓度：—。abc间表示差异显著（$P<0.05$）（Robert McCorkell等，2007）

最后一次排卵直至检测期结束（>30），血清中FSH的浓度均呈周期性波动。其波峰出现在卵泡波出现的当天或前1d，波谷出现在卵泡数量达到最大值时。每个卵泡波出现前，均有一个FSH峰出现（$P<0.05$）。

没有检测到血清中E_2浓度的规律性变化。繁殖季节最后一个CL期E_2的平均浓度为5.6 ± 0.6pg/mL，显著高于繁殖季节的第一个CL期E_2的平均浓度（1.7 ± 0.6）pg/mL（$P<0.05$）。此外，繁殖季节最后一个CL期LH的平均浓度为（0.03 ± 0.01）ng/mL（测定时间：D1和D11），显著低于繁殖季节的第一个CL期LH的平均浓度（0.07 ± 0.01）ng/mL（$P<0.05$）（测定时间：D1和D5），见图3-46。这种高浓度E_2低浓度LH的生理状态，有利于对优势卵泡排卵的抑制。

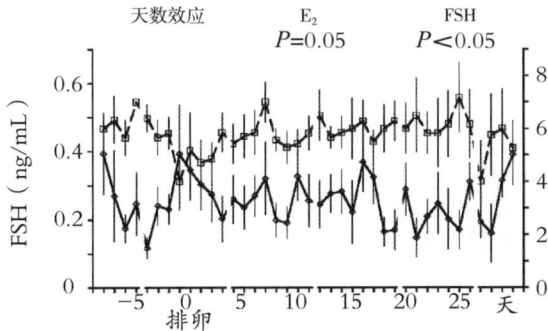

图3-46　最后一个CL期中北美马鹿血清中FSH和E_2浓度变化情况。E_2浓度：——；FSH浓度：—（Robert McCorkell等，2007）

第三节　鹿繁殖生产中常用的几种生殖激素

生殖激素指对哺乳动物的生殖活动有直接的调节和控制作用的所有激素的统称。内源性生殖激素都是内分泌的产物，它们来源于生殖器官本身（如性腺）、生殖器官之外的腺体（如垂体）、某些具有分泌功能的细胞（如下丘脑的神经内分泌细胞）或组织（如胎盘）等。具有明显的特异性、分泌量小但作用大、只调节反应速度不参与代谢过程、相互之间具有协同或拮抗作用等特点，是动物繁殖过程中十分重要的物质。主要起维持动物的正常生殖机能、用于家畜繁殖活动的人工控制、用于繁殖障碍的防治、用于某些动物的妊娠诊断等作用。

常用的生殖激素有：①神经激素。包含下丘脑激素（多肽物质，如GnRH、OT）和松果腺激素（胺类，MLT）。②促性腺激素（GTH）。包含垂体促性腺激素（如FSH、LH、PRL）和胎盘促性腺激素（如hCG、PMSG）。③性腺激素。包含孕激素（孕酮P_4，简称P），雄激素（睾酮T，简称A），雌激素（17β–雌二醇E_2，简称E）和松弛素（RLX）。

一、促性腺激素释放激素

促性腺激素释放激素（GnRH）可调节垂体分泌FSH与LH，进而促进卵泡生长发育成熟、卵泡内膜粒细胞增生并产生雌激素，刺激排卵，促进黄体生成，以及公畜精子生成并产生雄激素。

对同一个体连续注射GnRH制剂可导致垂体分泌LH的反应性发生进行性下降（此现象称作去敏作用）。对同一个体长期或大剂量地应用，可直接作用于睾丸、卵巢而引起性腺萎缩、抑止排卵、阻止精子的生成、延缓胚胎附植、阻碍妊娠等，故具有抗生育作用（垂体外作用，也叫"GnRH的异相作用"）。

从动物下丘脑组织提取的天然物叫促黄体素释放激素（简称LHRH或LRH），但也调节FSH的分泌。LHRH可人工合成，类似物有LRH–A、LRH–A2和LRH–A3。其制剂主要有促性腺激素释放激素注射液，醋酸促性腺激素释放激素注射液，复方促性腺激素释放激素类似物注射液等。

据任航行等（2004）报道，在母鹿人工输精的同时，静脉/肌肉注射一定量LRH-A3（促排3号），可有效提高母鹿的受胎率。

二、垂体促性腺激素

垂体促性腺激素包括促卵泡素（FSH）、促黄体素（LH）和促乳素（PRL）。均由垂体前叶分泌。至今不能人工合成。FSH和LH制剂的市售品是从猪、羊等动物的垂体组织提取的（FSH有的市售品称作"猪垂体促卵泡素"）。

（一）FSH

FSH也称促滤泡素，主要功能是刺激卵泡生长（使卵泡的体积变大，特别是从无腔卵泡发育为有腔卵泡发育，但不能使卵泡发育到最后成熟）；与LH协同作用，促进卵泡内膜细胞合成和分泌雌激素（诱导卵泡产生的睾酮转变为雌二醇）。还可以作用于曲细精管，促进精子发生。

其制剂主要为注射用垂体促卵泡激素，静脉、肌肉或皮下注射一次量。每次注射前应检查卵巢的变化，酌情决定用药剂量和次数。剂量过大或长期应用可引起卵巢囊肿。

在母鹿的繁殖上，主要用于卵泡的生长发育，一般在放栓后的第9天开始到第12天，连续4d减量法肌肉注射，每天早晚各注射1次，总剂量为7.4mg效果较好。但由于FSH的半衰期较短，且鹿的每次注射都需要进行麻醉，因此，FSH的使用显得十分烦琐，实际生产中应用的并不多。

（二）LH

LH（对雄性动物，又称睾丸间质细胞刺激素，简称ICSH）可引发排卵、促进黄体形成并维持其机能。在排卵前，血液中雌激素水平突然升高，抑制FSH分泌而诱发出现LH峰（排卵前LH峰）。

与FSH有协同作用，使母畜的发情表现明显化。在卵泡发育成熟前，用高水平的LH处理（引起孕酮水平很快升高），会导致母畜不出现发情征状（卵泡发育受到抑制或引起卵泡发生黄体化样改变）。

各种母畜血液中LH与FSH的比例不同，决定了它们的发情状态的差异。其中梅花鹿发情时，血液中LH/FSH约为2.7［LH：（7.93±1.42）mIU/mL，FSH：

（2.89ng ± 0.21）mIU/mL，田长永，2004］；马鹿发情时，血液中LH/FSH约为43.1［LH：26.32ng/mL，赵世臻，1991；FSH排卵峰：（0.61 ± 0.03）ng/mL，Robert McCorkell，et al. 2006］，见表3-19。

表3-19　各种母畜血液中FSH/LH与发情状态的关系

畜种	LH/FSH	发情持续期	安静发情发生率	排卵迟
牛	大	短	高	少
羊	大	短	高	少
猪	中	中	低	少
马	小	长	低	多

可促进睾丸间质细胞分泌睾酮，故又称间质细胞刺激素。与FSH协同作用，有助于精子发生。

其制剂主要为注射用垂体促黄体激素。用于促排卵之前应检查卵泡的大小，卵泡直径在2.5cm以下时禁用。禁止与抗肾上腺素药、抗胆碱药、抗惊厥药、麻醉药和安定药等抑制排卵的药物同用。反复或长期注射应用，可导致抗体产生，降低药效。

在母鹿的繁殖上，主要用于成熟卵泡的超数排卵，一般在人工输精的同时，注射一次量相应的LH，可有效提高母鹿的受胎率，并一定概率提高双胎的产出率。

三、胎盘促性腺激素

包括人绒毛膜促性腺激素（hCG）和孕马血清促性腺激素（PMSG）。

（一）hCG

由人和其他灵长类动物的胎盘绒毛膜所分泌。国内市售的hCG有人用和兽用两种制剂，专用于动物的商品制剂称作兽用促性腺激素或兽用促性激素。

hCG对哺乳动物具有LH与FSH作用，但主要以LH作用为主。可促进卵泡发育、成熟、排卵、黄体形成，并促进孕酮、雌激素合成。同时可促进子宫生长，促进睾丸发育、精子的生成。

其制剂为注射用绒促性素（hCG），肌肉注射一次量。临用前可用生理盐水溶解，配好的溶液应在4d内用完。反复或长期注射应用，可导致降低药效，有时引起过敏反应。

在母鹿的繁殖上，也主要用于成熟卵泡的超数排卵，使用方法跟LH的相同，即在人工输精的同时，注射一次量相应的hCG，可有效提高母鹿的受胎率，并一定概率提高双胎的产出率。

（二）PMSG

由马属动物的尿囊绒毛膜细胞所产生，在妊娠第55~75天的母体血清中达到高峰并维持40~65d。在不同品种、不同个体或同一个体的不同妊娠阶段，血清中该激素的含量有很大差异，高者可达250单位/mL，低者只有10~20单位/mL，见图3-47。

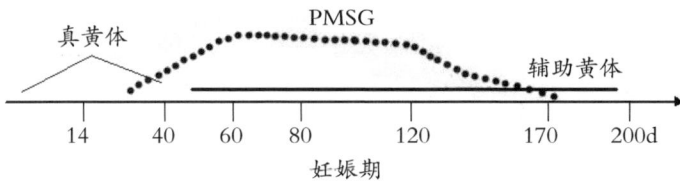

图3-47　PMSG的消长规律示意图

孕马全血（PMB）和孕马血清（PMS）可以自行采血制备。采血注意事项：①采血时机。②无菌操作。③欲分离血清者，采血时不能加抗凝剂。在凉暗处可保存一年。PMB（加抗凝剂）需事先测定激素效价，或按每毫升含30~75IU的PMSG来折算出相应全血的用量（毫升数）。

PMSG具有FSH与LH作用，但主要以FSH作用为主（刺激卵泡生长，并促进其发育），量大时起LH的作用（促进排卵）。同时能促进公畜精细管的发育和精子发生。

其制剂为注射用血促性素（孕马血清），皮下、肌肉注射一次量。临用前用灭菌的生理盐水进行溶解，配好的溶液应在数小时内用完。进行催情时，不可在卵泡已开始生长或即将生长时使用，以免引起超排（单胎动物黄体数超过3h不利于正常妊娠）。以PMSG作超排处理，在出现发情后进行人工授精（AI）的同时，应注射适量"PMSG抗血清"。反复或长期注射应用，可导致降低药效，有时引起过敏反应。

在母鹿的繁殖上，也主要用于卵泡的生长发育，但实施过程要比FSH的简单，一般只需在撤栓的同时注射一次量的PMSG即可。PMSG的使用量多在200～900 IU，但据国外在赤鹿上的报道，当PMSG的使用量超过1000 IU时，会显著降低母鹿的受胎率。PMSG也可用于母畜的超排处理，但在鹿的繁殖上，使用的相对较少。

四、性腺激素

来源于性腺、肾上腺和胎盘，常用的为性腺类固醇激素（甾体激素）中的孕激素和雌激素。它们均有多种天然物，但都只有1种的生物学活性最强，分别为孕酮（P_4）和17β-雌二醇（E_2）。

上述两类性腺激素均可人工合成，市售的商品制剂种类很多，许多种类并不是类固醇（可以口服），但效能都远远地大于天然品。使用时需注意区别雌激素（E）与"雌性激素"（包括E、P）的不同。

（一）孕激素

孕激素是维持妊娠的一类激素的总称。机体内最重要的天然孕激素是孕酮，主要由卵巢上的黄体所分泌，故商品名又称作黄体酮。但某些其他的组织或器官（包括卵泡内膜细胞）在一定情况下也可分泌，如马和绵羊在妊娠后期它们的黄体已不存在，维持妊娠的孕酮则主要由胎盘所分泌（胎盘孕激素）。

孕激素能够促进子宫内膜的孕向发育，在雌激素作用的基础上，使发情母畜的子宫内膜增生、腺体发育并增强分泌功能而有利于胚胎发生附植。能降低子宫肌的兴奋性（与雌激素有拮抗作用，并抑制催产素分泌而有利于维持妊娠）。

少量的孕激素可促进垂体释放LH而引起成熟卵泡排卵，量大时则可抑制卵泡的发育（是间情期休情的原因，同期发情的原理之一）。适（少）量的孕激素可与雌激素发挥协同作用，使母畜出现发情的外部表现（出现行为发情或发情明显化）；高水平的孕酮则可抑制发情（因抑制卵泡发育、与雌激素拮抗）。同时还可与雌激素和促乳素协同，促进乳腺腺泡的发育。

人工合成的孕激素种类很多，主要有甲孕酮（MAP）、甲地孕酮（MA）、16-次甲基甲地孕酮（MGA）、氯地孕酮（CAP）、氟孕酮（FGA）、（18-

甲基）炔诺酮等。其给药方式有海绵栓、硅胶栓（CIDR）、口服、注射、埋植等。

在母鹿的繁殖上，主要用于同期发情处理，多采用放置CIRD法，也有人用口服孕激素的方法和耳背埋置孕激素的方法，但效果均不如CIRD法的好。CIDR应在置入母鹿阴道后12d时取出，在取出后根据发情症状，可在56～60h进行母鹿的定时输精工作。

（二）雌激素

又称动情素。是促使雌性动物生殖器官发育和维持雌性性机能的主要生殖激素。动物机体内最重要的天然雌激素是17β-雌二醇（雌二醇，E_2），它大量地存在于卵泡液中。人工合成的雌激素种类很多，如苯甲酸雌二醇（E_2B）、己烯雌酚、己雌酚、乙炔雌二醇、双烯雌酚等。

植物（性）雌激素，指某些植物（多为豆科植物）中含有的不具类固醇结构但具有雌激素作用的生物活性物质。种畜摄入大量的植物性雌激素会引起生殖内分泌紊乱而导致不孕或不育。富含植物性雌激素的植物有，早期的地三叶草、红苜蓿、鸡脚草（鸭茅）等的全草，补骨脂的果实（中药）以及葛科植物的根瘤、棕榈仁等。

雌激素的主要生理作用有：

①改善卵巢的血液循环，使卵巢机能得以激活。主要是用于催情（治疗卵巢静止、卵巢硬化等）。雌激素只能使空怀的乏情母畜出现发情征状，不能直接引起卵泡生长（故为不育性发情、假发情），但可在此后诱发正常的自然发情。

②通过对下丘脑的反馈作用调节促性腺激素的分泌。在卵泡发育的过程中，少量雌激素有助于促进卵泡的发育（正反馈作用）；高水平雌激素则抑制卵泡发育（负反馈作用）。在超数排卵处理的后期，使用少量外源性雌激素（需经试验确定剂量），可提高超排的效果（不可多用，否则会抑制卵泡发育）。

③提高内生殖道的运动性，松弛子宫颈，为催产素发挥作用创造条件（致敏子宫）。其应用有，促进子宫内异物排出（包括催产、牛和羊的引产、治疗子宫内疾患），促进精子运行。

④促进子宫PGF2α的合成与释放。大剂量雌激素可治疗持久黄体（多见于牛、猪）。

持久黄体，指异常地长期存在、持续分泌孕酮的黄体（持久黄体患畜的发情周期遭到破坏而致长期不发情）。

⑤维持雌性第二性征，促进乳腺导管系统发育。可用于牛羊的人工诱导泌乳（需合用前列腺素+肾上腺素），但人工合成的E_2B对促乳素有拮抗作用。

⑥诱发下丘脑分泌具有镇痛作用的内啡肽（END）而减轻分娩过程中的痛感。

其制剂很多，如上所述，生理活性都很强，有的可口服。需注意其不能促进卵泡成熟和排卵。反复大剂量或长期应用，可导致母畜卵巢囊肿、流产、卵巢萎缩、黄体退化等。

雌激素在母鹿繁殖上的应用不多，据田成武等（2016）报道，在繁殖季节，对母梅花鹿注射2mL的三合激素（每支1mL，含1.5mg苯甲酸雌二醇、25mg丙酸睾丸素和12.5mg黄体酮），可使77%的母鹿在7d内完成配种工作，进而减轻母鹿的配种任务。此外，据赫俊峰等（2004）研究表明，雌二醇配合睾丸酮使用（增茸剂），可促进公鹿再生茸的增值增量，并不影响下一年茸季头茬茸的正常生产。

五、前列腺素（PG、PGs）

迄今已发现的前列腺素类物质有3类、9型、24种（PGAi等），生理作用各异且复杂（一物多效）。但与动物的生殖活动有密切关系的只有PGF2α和PGE两种，其中以PGF2α最为重要，主要制剂为氯前列烯醇、律胎素、卜得安等。

PGF2α可溶解黄体（溶黄作用）。溶解黄体的天然PGF2α由子宫内膜所分泌，而且只能溶解功能性黄体（即能够分泌孕酮的成熟黄体），对新生黄体（如牛排卵后1~4d的黄体）无效。PGF2α的溶黄作用可被外源性孕酮、LH、PRL所抵消。PGF2α是LH引起排卵的媒介物，可刺激排卵，其合成酶抑制剂有消炎痛、阿司匹林、吲哚美辛、双苄胺等。可刺激非排卵期的子宫肌收缩。可引起子宫颈管舒张，有利于子宫内分泌物和分娩时胎儿的排出。

PGF2α因溶黄作用而被人们广泛应用于家畜的同期发情上。在母鹿的繁殖方面，可一次肌肉注射PGF2α，也可两次肌肉注射，两次肌肉注射时一般间隔时间为8～10d。此外，PGF2α还可与PMSG、孕激素等配合使用，达到同期发情–超数排卵或提高同期发情率的效果。

在鹿的繁殖上，PGF2α的使用剂量一般为0.45～12.5mg/头，使用时需按鹿的体况和不同生产制剂进行合理的给药。急性或亚急性血管系统、肠胃道系统、呼吸系统疾病的患畜禁用，且屠宰前一天需停止用药。

六、催产素（OT、OXT或缩宫素）

主要由下丘脑合成，经神经纤维转运到垂体后叶贮存。卵巢和子宫也可少量分泌。可人工合成。OT的分泌与释放受神经因素（异性刺激或刺激阴道、吮乳按摩乳头或乳房）和体液因素（血液中的雌激素能促进内源性OT释放）的反射性调节。

在雌激素作用的基础上，OT可促进子宫平滑肌和输卵管的节律性收缩（有利于分娩，促进精子运行）。利用OT催产时，应事先用雌激素致敏子宫以提高子宫肌对OT的敏感性。此外OT还可促进放乳（乳腺不排空，即使血液内有足够浓度的促乳素，乳汁也不能继续合成）。

催产素注射后产生作用快（3～5min），作用持续时间短（20～30min），剂量大时会迅速引起子宫强直性收缩。只能用于产道和胎儿姿势都正常而宫缩乏力者。忌用于产道有障碍（如子宫颈管未松弛开张、骨盆狭窄）或胎位不正的临产母畜，否则，会造成难产，或使难产的处理复杂化甚至引起胎儿窒息死亡。在用于催产前，一般需提前注射适量雌激素以致敏子宫（雌激素注射后观察时间最长可达48h）。只用1次，超量使用会引起子宫产生强直性收缩，导致胎儿窒息死亡，甚至引起母畜子宫破裂。若OT注射后10min仍未起作用，应立即改用其他处理措施。

第四章
鹿的同期发情与人工授精

在鹿的人工授精实际工作中，尚存在一些问题，使鹿的人工授精技术的大面积推广应用受到制约。母鹿的发情鉴定难，就是其中很大的一个问题。发情鉴定大多数采用的是公鹿试情法，此种方法操作不便，发情期的公鹿非常凶猛，有可能对人造成伤害，并且经常发生试情公鹿偷配情况，而其他方法发情鉴定不准确，也易造成母鹿的漏配，并且自然发情较分散，不利于对母鹿进行发情观察。试情工作养殖户较分散，饲养场所较偏僻，不利于专业人员进行及时人工输精。因此，要大力推广和应用人工授精技术，必须结合应用同期发情技术，这样可以使人工授精做到成批、集中、定时，甚至可以不需要作发情鉴定，这样才利于人工授精的推广和应用。

第一节　同期发情技术

同期发情是近年来在家养鹿繁殖领域中发展起来的一项新技术。同期发情是使一群母鹿能够在短时间内集中发情、排卵，以达到受精、妊娠的目的，通过同期发情有目的控制母鹿的繁殖机能，促进养鹿业更好、更快地发展。母鹿在繁殖季节里出现的发情是随机的、分散的，应用人工授精比较困难，同期发情处理则成为普及人工授精的有力措施。

一、同期发情的意义

（一）促进人工授精技术的推广和应用

在自然情况下，母鹿在繁殖季节里出现的发情是随机的、分散的。在现代鹿饲养规模化、集约化的前提下，随机发情输精消耗较多的人力物力，增加饲养成本。对饲养的母鹿采用同期发情处理，可以使人工授精做到成批、集中、定时，甚至可以不需要作发情鉴定，有利于人工授精的推广和应用。

（二）做到定时人工授精，提高工作效率

同期发情技术是采用激素药物改变自然发情周期，从而将发情周期的过程调整统一，使得群体母鹿在规定的时间内集中发情、输精。这样可以省去发情鉴定、试情的繁重工作，从而可以做到定时人工授精。定时人工授精是同期发情技术应用于生产、推广普及的必然结果。

（三）便于合理组织大规模养鹿生产和科学化的饲养管理

同期发情技术能在短时间内使母鹿群在预定的时间内集中输精，使妊娠、产仔、断奶和仔鹿培育等相继达到同期化，有利于对生产过程进行管理，这对于节省人力和时间，降低养殖成本具有很大的经济意义。

（四）同期发情是胚胎移植工作的基础

同期发情是胚胎移植必要的程序。在鹿的胚胎移植研究和应用中，其成功的关键是要求供体和受体母鹿达到同期发情，这样就能使母鹿生殖器官处于相同的生理状态，移植的胚胎才能正常发育。通过人为地控制母鹿同期发情，研究其繁殖生理，揭示发情母鹿体内的生理调节机制。

（五）提高母鹿繁殖率

同期发情技术不仅应用于发情周期正常的母鹿，也能使处于乏情期的母鹿出现性周期活动，缩短母鹿的繁殖周期，提高其繁殖率。

二、同期发情的原理

同期发情主要是借助外源性激素直接或间接作用于卵巢，使被处理母鹿卵巢的生理机能处于相同阶段，为同期发情创造一个共同的基础。母鹿处于发情期时，卵巢上的卵泡迅速发育、成熟，直到排卵，这时的卵巢处于一个较短的

卵泡期，卵泡内所分泌的雌激素是引起母鹿发情的直接原因。排卵后卵巢上逐渐形成的黄体分泌的孕激素，抑制了卵泡发育，使母鹿不再出现发情，于是卵巢进入一个时间较长的黄体期。如果黄体分泌的孕激素一直存在，并维持一定水平，则母鹿的发情不会出现；如果黄体退化，孕激素急剧减少，母鹿就会在短时间内出现发情。因此卵巢上黄体的退化早晚，直接关系到母鹿发情排卵的提早或延迟。

根据上述原理，目前母鹿同期发情技术一般有两种途径：一种是给一群母鹿同时施用孕激素类药物，抑制卵巢中卵泡的生长发育和发情表现，经过一定时间后同时停药，由于卵巢同时失去外源性孕激素的控制，那么卵巢上的周期黄体已经退化，于是同时出现卵泡发育，引起母鹿同时发情。在这种情况下，当埋栓期内有黄体发生退化，外源孕激素即代替了内源孕激素黄体分泌的孕酮作用，其实质就是人为地延长了黄体期，起到延长发情周期，推迟发情期到来的作用，为群体母鹿的下一个发情周期创造一个共同的起点，使发情同期化；另一种途径是利用性质完全不同的前列腺素，加速功能性黄体的消退，使卵巢提前摆脱体内孕激素的控制，停止孕酮分泌，从而促进垂体促性腺激素的释放，使群体母鹿卵巢上的卵泡同时开始发育，以达到同期发情。其实质就是缩短了母鹿的发情周期，使其发情期提早出现。两种方法所使用的激素性质不同，其作用也不一样，但都是通过将母鹿的黄体期延长或缩短，使母鹿摆脱内、外孕激素对卵巢控制的时间，使其在同一时期引起卵泡发育而达到同期发情的目的。

三、同期发情的药物

母鹿在繁殖季节里出现的发情是随机的、分散的，为了使母鹿达到同期发情的目的，主要采用激素或类激素的药物。目前，常用的同期发情药物，根据其性质大体可分3类：一是抑制卵泡发育的制剂（孕激素）；二是溶解黄体的制剂（前列腺素）；三是促进卵泡发育成熟排卵的制剂（促性腺激素）。前两类是同期发情的基础药物，第三类是为了使发情有较好的准确性和同期性，配合前两类使用。

（一）抑制卵泡发育的制剂

指孕激素类，如孕酮、甲孕酮、氟孕酮、氯地孕酮、甲地孕酮及18-甲基炔诺酮等。这类药物的用药期可分为长期（14～21d）和短期（8～12d）两种，将这类药物对母鹿用作同期发情处理时，一般不超过一个正常发情周期，一般为8～12d。

生产常用新西兰进口CIDR栓用于阴道埋置，这些药物能够抑制垂体的促卵泡素的分泌，制造人为的黄体期，因而间接地抑制卵巢上的卵泡发育和成熟，使母鹿不能发情。

（二）溶解黄体的制剂

目前常用的是前列腺素（PG），如PGF2a和氯前列烯醇均具有显著的溶解黄体作用，仅对处于黄体期的母鹿有效。生产常用氯前列烯醇钠，这是一种具有生物活性的脂类化合物，应用这类药物加速黄体退化，使卵巢提前摆脱体内孕激素的控制，于是卵泡得以同时开始发育，从而使母鹿同时发情。其实质是缩短了母鹿的发情周期，促使其在短时间内发情。在正常发情周期的后期，母鹿子宫分泌的前列腺素，作用于处于晚期的黄体，使之退化消失。由于PG对于发情周期黄体具有明显的溶解作用，缩短了黄体存在的时间，这样就能够控制母鹿发情和排卵。由于PG具有显著的溶黄体的作用，因此在用于同期发情处理时，只限于正处于5～18d（黄体期）的母鹿。为了使一群母鹿达到同期发情，可先用PG处理，使已有的黄体消退，再经过10～15d，整个鹿群均处于黄体期，再给予一次PG处理，即可达到使整个鹿群同期发情。

（三）促进卵泡发育成熟排卵的制剂

这类药物常用的有，孕马血清促性腺激素（PMSG）、人绒毛膜促性腺激素（HCG）、促卵泡素（FSH）、促黄体素（LH）、促黄体素释放激素（LHRH）、促性腺激素释放激素（GnRH）和氯地酚等。通常在使用同期发情药物时，如果配合使用促性腺激素作为强化剂，可以增强发情同期化和提高发情率，并促使卵泡更好地成熟和排卵。生产常用PMSG和LHRH。一般情况下，在施用同期发情药物后，立即应用促性腺激素。使用孕激素做同期发情处理的母鹿，其第一情期的输精受胎率较低，但第二情期的输精受胎率提高到正常水平。这是由于孕激素使精子在母鹿生殖道内运行和生活力受到破坏而影响受精。但在停用孕激素后于下一个发情周期到来之前，配合使用PMSG，第一情期的受胎率会得到提高，这说明PMSG对提高第一情期受胎有明显效果。

前两类制剂是在不同情况下分别使用，第三类制剂是为了使母畜发情有较好的准确性和同期性，配合前两类制剂使用。

四、同期发情的方法

鹿同期发情常用阴道栓法，撤栓后肌肉注射孕马血清促性腺激素（PMSG），也可采用肌肉注射前列腺素（PG）。

（一）阴道栓塞法

阴道栓（孕酮塞）法是当前鹿同期发情一种较好的选择。鹿同期发情常用新西兰硕腾（Zoetis）公司生产的羊用阴道内孕酮释放装置（CIDR），规格300mg/支。这是一种呈三叉形的硅胶环，前面两叉有弹性，内含一定量的孕酮，放入阴道不易脱出；另一叉较短，栓线便于取出，用于同期发情安全可靠。只是费用较高，每支30~80元。孕激素处理分短期（9~12d）和长期（12~18d）两种。长期处理发情同期率较高，但受胎率偏低；短期处理发情同期率较低，但受胎率接近正常水平。目前鹿常用长期处理，撤栓后同时肌肉注射PG可提高发情同期化程度。

阴道栓埋植的时间可在繁殖季节中的任意一天，放栓的当天记为第0天，放置时间控制在13~15d，在取出阴道栓的同时肌肉注射PG。

（二）前列腺素法

在母鹿发情周期的第5~8天（功能黄体期）肌肉注射前列腺素，因为前列腺素有溶解黄体的作用，继而引起卵泡发育和母鹿发情。因为前列腺素只能溶解功能黄体，5d前的新生黄体不能够被溶解，会有少数鹿没有反应，尚需做第二次处理。

同期发情处理后应密切观察母鹿的表现，做到适时输精。同期发情处理后，大多数母鹿能正常发情和排卵，但由于个体生理上的差异，有个别母鹿无发情表现，等到下一个自然发情时会一切正常。因此，对于同期发情的母鹿，不但要做好适时输精工作，还要注意母鹿下一个发情期的发情和输精工作。

五、同期发情的程序

对母鹿进行孕酮类药物埋植，取出孕酮类药物的同时肌注促性腺激素，然后进行定时输精或用公鹿试情，根据发情时期进行适时输精，输精时肌注促卵泡释放激素。

（一）埋栓

（1）埋栓时间宜在繁殖季节的早期进行。

（2）应逐圈麻醉埋置，不应一次多圈处置。

（3）埋置时应提前2h准备麻醉药、解药和阴道栓。

（4）每只鹿栓剂药量（含孕酮300mg/支）按正常体重，梅花鹿埋植1个栓，马鹿可埋植双栓。

（5）埋栓鹿外阴应用一次性灭菌巾擦拭干净。

（6）每埋植一只鹿后应对埋栓枪擦拭消毒，或更换套于埋植枪的一次性消毒塑料手套。

（7）埋植栓的头部应抵达子宫颈外口穹隆部。栓要求横向放置，防止因直肠蠕动而脱落。

（8）埋植栓的尾部线头不可外露阴门外。

（二）撤栓

（1）应提前准备好麻醉药、解药和PG，一鹿一针。

（2）埋植13~15d后撤栓。

（3）应按埋栓顺序逐圈撤栓。

（4）待每圈鹿统一麻醉稳定后，由饲养人员将鹿一侧横卧。

（5）术者挨排逐只撤栓，先将栓放在鹿的臀部，等全圈鹿取完，并和埋栓记录核实无误后，再统一收取栓。

（6）撤栓同时在鹿颈部或臀部肌肉注射孕氯前列烯醇钠330~350IU/只，应根据体重注射药量，注射时有漏药的应补注。

（7）全圈撤完栓后，统一注射解药，使鹿苏醒。

（8）核实每圈鹿只数量，应准确记录撤栓时间。

第二节　人工授精技术

一、人工授精的概念

鹿的人工授精就是利用器械采集公鹿的精液，再利用器械把经过检查和处理的精液适时输送到母鹿生殖道的适当部位，使之妊娠，以此来代替公母鹿本交的一种科学配种方法。鹿的人工授精技术是迅速改良鹿群品质，提高优良种公鹿利用率的最佳途径，在鹿业生产中发挥了重要的作用，产生了巨大的经济效益。

二、人工授精的意义

人工授精是茸鹿繁殖技术的重大突破和革新，对提高茸鹿的繁殖效率和改良效果起到巨大的作用，人工授精技术已在鹿业养殖中广泛应用，充分显示了其发展潜力和前景。近年来，我国茸鹿养殖业正处在一个新的快速发展阶段，不难看出茸鹿养殖业的潜在发展趋势及其丰厚的经济效益。

（一）充分发挥优良种公鹿的种用价值

在自然交配的情况下，一个繁殖季节1只公鹿只能负担25～30只母鹿的交配任务，若将其精液制成冷冻精液，可生产几百支（梅花鹿）、几千支（马鹿）细管冻精，与自然交配相比，人工授精可以提高公鹿利用效率几十倍甚至数百倍，使最优秀种公鹿的基因得以充分利用。

（二）促进品种改良，提高生产性能

人工授精是迅速增殖良种茸鹿，改良低产鹿群，提高鹿茸产量和质量的有效途径。由于冷冻精液充分利用生产性能高的优秀种公鹿，通过人工授精进行改良，可在短期内获得大量具有杂交优势的后裔，使鹿茸的产量和质量大幅度提高。

（三）加速育种工作进程

通过人工授精可同时进行母鹿的配种，集中产生大量后代，便于育种工作中提早进行后裔鉴定，缩短世代间隔，大大缩短选育时间，有利于加速育种工作进程。

（四）预防传染性疾病的传播

人工授精选择健康无病的种公鹿精液，公、母鹿生殖器官不直接接触，减少自然交配造成的公、母鹿伤亡和疾病的传播，方便了品种的改良。

（五）有效开展鹿的种间杂交

由于使用茸高产的马鹿与茸优质的梅花鹿杂交，可以使杂交后裔的生产性能得到显著提高，充分发挥了"杂交优势"的作用。人工授精技术为鹿种间杂交改良提供方便，克服了种间因体形差异而不能进行本交的困难。

（六）配种不受地域和时间的限制

鹿的冷冻精液最长可以保存30年。随着精液冷冻技术的不断发展，我国在各地相继建立畜禽遗传资源基因库，收集、储存有种用价值的各品种鹿的冷冻精液。由于鹿冷冻精液可以长期保存，就可以不受地域和时间的限制运输到任何地方开展人工授精服务。

（七）鹿繁殖新技术的基础措施

几乎所有的鹿繁殖控制技术、胚胎移植等都需要借助人工授精技术。

三、人工授精技术的发展和现状

鹿人工授精技术的发展大体分为3个时期。

（一）实验阶段

我国鹿人工授精技术研究晚于传统家畜，但发展较快。1960年赵世臻等由梅花鹿的附睾采集精液输给马鹿，获得杂种后代。1961年赵世臻等又用假阴道采集梅花鹿精液，输精给马鹿，受胎率33%。1976年广州动物园和广东省科技实验工厂等对鹿的电刺激采精成功。1977年白庆余等应用电刺激法采集鹿精液安瓿瓶冷冻保存成功，并于1979年采集马鹿精液输精，受胎率36%。1981年赵世臻等取得鹿精液颗粒冷冻保存成功，受胎率分别达42.8%（1982）、62.5%（1884）。1983年陈乾生等用电刺激法对梅花鹿进行了采精试验，结果表明，电刺激采精对梅花鹿的精液品质无明显影响。1988年哈尔滨特产研究所将马鹿的人工授精受胎率提高到60%以上，标志着我国茸鹿人工授精技术从研究阶段走上日臻成熟的实用阶段。

（二）应用阶段

1991年赵列平等研制成功马鹿、梅花鹿细管冷冻精液，使人工授精技术取得突破性进展。之后，随着赵广华、薛光艳圆筒式开膣器、直肠把握输精的出现，使人工授精受胎率得到了更大的提高，技术逐步走向成熟，从此茸鹿人工输精技术从实验阶段步入应用阶段。

（三）推广阶段

2002年赵列平完成了同期发情技术在梅花鹿输精上的成功应用。2004年魏海军成功进行了腹腔镜人工输精，加快了人工授精技术的大面积推广。2017年韩欢胜开展了公鹿试情视频监控人工输精方法技术研究，梅花鹿人工输精受胎率突破70%，最高达到81.6%，从此梅花鹿人工授精技术进入高效推广阶段。

国外，茸鹿人工授精技术开展较我国晚8年，1968年贝尔什奥（Biershwa）等首次采得鹿科动物精液，之后有许多人对白尾鹿、驯鹿、马鹿进行了采精和授精实验，并在驯鹿上获得成功。1979年M.H.Cahkebhg用保存一年的冻精给16只马鹿输精，获得5只仔鹿，受胎率31.3%。人工授精在新西兰和北美等国家成为茸鹿繁育的主要手段。

茸鹿人工授精技术主要有3种方法，同期发情人工输精技术、公鹿试情输精技术与腹腔镜人工输精技术。在梅花鹿上应用较广的是同期发情技术，马鹿繁殖上主要采取公鹿试情输精技术。尽管我国鹿人工授精技术研究水平处在世界前列，但由于长期缺乏有效的管理，推广工作仍然局限于各大养鹿场，整体进程相对滞后。就技术利用而言，马鹿人工授精技术应用较多，受胎率达到95%以上。但梅花鹿人工授精应用较少，同期发情后人工输精受胎率仅有40%左右，较马鹿的受胎率要低得多，尽管采用公鹿试情二次输精受胎率达到81.6%，但梅花鹿野性强，公鹿试情操作难度相对大，生产中暂时难以大面积推广应用。如何进一步提高梅花鹿人工输精受胎率成为繁育技术推广中亟待解决的问题，也是制约良种扩繁的瓶颈问题。

四、人工授精技术的基本程序

人工授精技术的基本程序包括，采精、精液品质检查、精液评价与处理、精液的稀释、精液的分装与平衡、精液冷冻、冻精包装与储存、输精等基本环节。

第三节　采　精

鹿采精常用电刺激法。电刺激采精是茸鹿人工授精的首要环节，是加速良种繁育和实现养鹿现代化的关键性技术措施。

一、采精前的准备

（一）器材的清洗和消毒

所用器材必须达到鹿冷冻精液人工授精技术要求，保证清洁、无菌。

1. 玻璃器皿

使用后或首次使用的玻璃器皿，先在加有洗涤剂的温水中进行刷拭，然后用清水冲洗干净，洗净的玻璃器皿用锡箔纸封口后送入消毒灭菌设备（蒸锅、电热干燥箱、消毒柜等）内，按操作说明书进行干燥、消毒、灭菌后待用。

2. 棉制品

先在加有洗涤剂的温水中进行清洗，然后用清水冲洗，洗净后经高压灭菌器121.3℃、20min灭菌后待用。

3. 金属制品

先在加有洗涤剂的温水中进行刷拭，然后用清水冲洗干净，洗净晾干后用75%酒精擦拭消毒，待酒精挥发尽后方能使用。

（二）采精场所的准备

公鹿采精通常在鹿舍进行，采精区域要求宽敞、平坦、明亮，地面清洁、无灰尘，保持安静。

（三）器材和药品的准备

1. 器材

电子采精器（0~20V）、镊子、剪子、保温箱（37℃）、毛巾、纱布、肥皂或豆油、麻绳、吹管、一次注射器（5mL）、集精杯（25~50mL）、一次性长臂塑料手套、水盆。显微镜（100~400倍）、恒温板（37℃）、精子密度仪（ACCUREAD）、恒温浴锅（37℃）、电冰箱（5℃）、干燥箱、高压灭菌器、电子天平（0.01g）、量筒（50mL）、烧杯（30mL、50mL）、锥形瓶

（250mL）、胶塞、平皿（ϕ35mm、ϕ90mm）、拇指管（ϕ133mm）、包装袋（170mm×45mm）、液氮罐（30L）、冷冻箱（50mm×80mm×40mm）、托架（100支）、封口粉（聚乙烯醇粉）等。

2. 药品

麻醉药、解麻药、生理盐水、75%酒精、0.1%新洁尔灭、0.01%高锰酸钾、青霉素、链霉素、配制稀释液的药品等。

（四）采精员的准备

采精员更换好工作服和鞋帽，指甲剪短磨光，手臂消毒后戴上工作手套。

（五）公鹿的准备

种公鹿采精前24h应停止饮水和饲喂。

二、采精技术

（一）电子采精器及使用参数

鹿采精常用电刺激法。电刺激法是利用电子采精器，通过电流刺激公鹿有关神经引起射精而进行采精。电子采精器由控制器和电极探棒两部分组成（图4-1），控制器由交流电压表（0～10V），变压调节器（粗调、细调），通、断电按钮（开关），电流输出和指示灯组成；探棒由硬质塑料和金属环组成，长300mm、直径12mm。主要技术参数为：

电源电压：220V

频率：50Hz

输出电流：0～1000mA

可调电压：2、4、6、8、10V

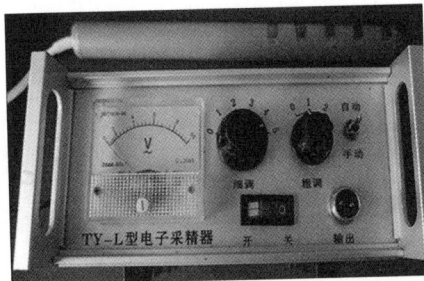

图4-1 电子采精器

采精时，依鹿的品种、个体特性，适当调节好频率、刺激电压、电流及时间，梅花鹿和马鹿电刺激采精的刺激参数（表4-1）。

表4-1 梅花鹿和马鹿电刺激采精的刺激参数

品种	频率（Hz）	刺激电压（V）	刺激电流（mA）	通电（s）	
				持续时间	间隔时间
梅花鹿	40	2~4~6	100~250	3	2
马鹿	40	2~4~6~8	100~250	3	2

（二）采精方法

采精公鹿用专用麻醉药使其侧卧保定，保定好公鹿的四肢，掏出直肠内的宿粪。用剪子剪短尿道口周围的阴毛，用生理盐水等冲洗擦干，导出阴茎并用灭菌纱布将龟头下端阴茎缠绕固定，使龟头露出，将一条干净的毛巾覆盖在尿道口前部，然后将探棒插入直肠并使电极部位与直肠腹面接触，打开电压开关，一挡一挡升高电压，间断性刺激公鹿射精中枢，直至射精。

鹿电刺激采精操作程序：

1. 麻醉保定

对鹿进行电刺激采精前，需对其采取一定的保定措施，对鹿的保定一般采用侧卧姿势保定。方法是：肌肉注射麻醉药，剂量为1.5~2.5mL/100kg体重，一般梅花鹿2mL、马鹿4mL，注射后5~7min鹿平稳躺卧，将其蒙眼并对四肢进行绑定，使鹿呈侧卧姿势，头部稍垫起，并拉出舌头，以防食物倒流和呼吸不畅。

2. 阴部处置

鹿在麻醉倒卧之后，立即用肥皂水进行灌肠排粪，因为粪便在直肠内存在会影响通电效果。然后用剪子剪去包皮及周围的被毛，用水冲洗并擦拭干净，再用生理盐水将阴茎及包皮冲洗干净。方法是：采精人员双手用0.1%新洁尔灭消毒后戴上一次性长臂塑料手套，涂上润滑剂掏出直肠宿粪，再用生理盐水清洗直肠。用剪子剪去尿道口周围阴毛，用清水冲洗尿道口周围污垢，擦干后再用生理盐水清洁尿道口及阴筒并擦干。用手导出阴茎并用灭菌纱布将龟头下端阴茎缠绕住，使龟头露出，用生理盐水冲洗，再用灭菌纱布擦干阴茎及龟头，等待下一步采集精液。

3. 采精操作

将涂抹润滑剂的探棒（电极棒）由肛门慢慢插入直肠内，抵达输精管壶腹部，插入深度梅花鹿10～12cm、马鹿15～20cm。开启采精器电源开关，先确定频率和通电时间，接通电流，再调整电压，由低逐渐增强，加大刺激强度，直至阴茎伸出、充血勃起，排出精液。刺激电压梅花鹿不应超过6V、马鹿不应超过8V。如果公鹿在安全电压范围内不射精，可调整探棒在直肠内的位置。电压过高不仅造成公鹿射精抑制，还会造成公鹿死亡。方法是：采精时，首先接通采精器电源，打开输出开关，确定电流和频率，将电压调至"0"位。刺激电压从第1挡（2V、3V）开始由低向高渐次进行，每次增加一个挡位，在每挡通、断交替刺激2～3次，每次通电3s、间断2s，直至射精，一般情况下经2～3个挡次刺激射精。电压刺激的同时，采精员手握阴茎配合按摩。精液收集者应时刻注意阴茎的变化，并做好收集精液的准备。另一人在旁，注意及时更换集精杯。精液收集者蹲于公鹿腹侧，左手把握阴茎，右手持集精杯略向上倾斜包住龟头接取精液。从射精开始，每通电、断电1次，更换1个集精杯，直至射精结束，需更换3～4次。

4. 鹿的苏醒

采精结束后将采精器电压旋钮归"0"，拔出探棒，待采精人员撤离后立即肌肉注射解麻药，注射后1～5min鹿苏醒站立，能自由活动和采食。一般情况下，解麻药剂量是麻醉药剂量的2～3倍。

三、采精频率

合理安排公鹿的采精频率，对维持公鹿正常性机能、保持健康体质和最大限度地提高采精数量和质量都是十分必要的。采精频率应根据公鹿的生精能力、精子在附睾的贮存量、每次射出精液中的精子数及公鹿的体况、年龄等来确定。一般情况下，1g睾丸组织每周大约产生5000万个精子，而睾丸的发育和精子产生数量除遗传因素外，还与饲养管理水平密切相关。因此，科学饲养的壮龄公鹿可以适当增加采精频率，但过度利用不仅会使精液品质下降，还会导致公鹿生殖机能降低、使用年限缩短的不良后果。

繁殖期内，一般青年公鹿（2.5～3岁）每2周采精1次；成年公鹿（4～10岁）每7～10d采精1次，每次可根据具体情况连续排精2～3次。在采精过程中，如果发现采集的精液密度明显下降，镜检时精子尾部有未脱落的原生质滴的比例增加，说明采精频率过高，此时应减少和停止采精。

第四节　精液品质检查

精液品质检查是为了鉴定精液品质的优劣。评定的各项指标既是确定精液进行稀释、保存的依据，还能反映公鹿饲养管理水平和生殖器官的机能状态。因此，常作为诊断公鹿不育或确定种用价值的重要手段，同时也反映采精技术水平。近年来，由于人工授精工作的长足发展，对精液品质的研究显得更为重要。在鹿的人工授精工作中，正确地评定精液品质，是选择良种公鹿，充分发挥其配种潜力及提高受胎率的重要步骤。

一、外观检查

主要观察精液的色泽、气味及是否有脓性分泌物等异物。颜色与气味检查可以结合进行，气味异常常伴有颜色变化。颜色、气味异常的精液应废弃，停止采精，查明原因。

（一）颜色

在正常情况下，精液呈乳白色或灰白色，精子密度越大，精液颜色越深。精液颜色异常属不正常现象，如果精液呈浅绿色、有异味，则是混有脓汁，可能是生殖器官炎症；褐色精液是血液分解后造成的，表明公鹿较深部位的生殖道或器官有炎症。

（二）气味

正常精液略带有腥味，如有异味，可能混有尿液、脓汁，应废弃。

（三）杂质

指精液内混有异物，如精液中出现炎性分泌物，有个别鹿采出的精液中含有类似黄油的物质，应清除。

二、采精量测定

采精量是公鹿一次射精时所采集的精液容量。采精量的大小,因公鹿品种、年龄、营养、采精频率、采精方法及采精技术等而有所不同。采精量过多可能是过多的副性腺分泌物造成的;采精量过少可能是采精方法不当或生殖器官机能衰退等造成的。采用电刺激采精法,一般梅花鹿采精量为1.0~2.5mL,马鹿采精量为3~5mL。采精量测定方法有目测法和称量法两种。

(一)目测法

确定采精量的传统方法,用肉眼直接观看量筒上刻度读取数量值(精确到0.1mL),单位为mL。量筒需经计量部门校准合格的才可使用。

(二)称量法

通过称量确定精液的重量,按照精液的比重(1.04)换算成体积(mL)。本方法的优点是对精液的总量通过称量确定,比目测集精管刻度确定精液的总量更为准确。称量方法是将盛有精液的集精杯置于天平上称重(精确到0.1g),集精杯重量(精确到0.1g)应预先称取。

计算公式如下:

$$L = (M - P)/1.04$$

式中:L——精液量,mL;

　　　M——盛有精液的集精杯重量,g;

　　　P——集精杯重量,g。

三、精子活力评定

精子活力是指精液中呈前向运动的精子占精子总数的百分比。因为受精过程中,需要大量生命力强的正常精子进入受精部位,这种正常精子不能低于一定的比例,否则可能影响到受胎。精子活力是精液品质评定的重要指标之一,在采精后、稀释后、冷冻后、输精前都要进行检查。鹿的鲜精精子活力应大于等于65%才能稀释。

(一)目测评定法

目前,生产上精子活力检查都采用目测评定法,虽然目测法带有一定的主观性，但能够在较短时间内快速对精子活力作出评价。专业技术人员经过长期观察并参照实验室检查结果，基本是准确的。检查精子活力需要借助显微镜，最好使用相差显微镜，所观察的精子运动状态直观、清晰，能提高判断精确度，也可以通过电视显微装置（显微镜、摄像头、监视器）在荧光屏上观察。

1. 检查方法

（1）精液取样要有代表性，一滴10μL。

（2）评定精子活力的显微镜放大倍数以150~600倍为宜，显微镜载物台温度应保持37~38℃，

（3）密度大的精液，可用生理盐水或稀释液做适当比例稀释，这样在检查时可以清晰地看清单个精子的运动状态。

（4）在检查活力时，为了取得比较客观的评价结果，应将前向运动的精子与呈现旋转、摆动等异常运动的精子区别开来。

（5）评定精子活力的准确度与经验有关，具有主观性，每个样品应观察3个以上的视野，并注意观察不同液层内的精子运动状态，进行全面评定。

2. 评定

精子活力采用百分率或相应数值表示，如果精液中有80%的精子呈前向运动，精子活力记为0.8；如果精液中有45%的精子呈前向运动，精子活力记为0.45；依此类推。

（二）染色法

用5%~7%葡萄糖作溶剂，配成1%的刚果红染色液。采用37℃浸染法，抹片时加5%苯胺蓝做复染，对鹿的鲜精液和冷冻精液进行死活特异性染色，死活精子清晰（死精子着色、活精子不着色），效果可靠，方法简便。需要注意染色方法的温度和时间，因为刚果红对细胞的渗透性差些，所以必须采取浸染法才能取得好的效果。该方法操作比较麻烦，只在对公鹿精液做定期检查时采用。

（三）升温法

用血球计数板升温检查法，用来评定精子活力，具有一定的可靠性，可在简易条件下快速测定鹿精子的死活比率。具体方法：先把精液用生理盐水作100~200倍稀释，把稀释后的精液样品置于血细胞计数板上，在37℃恒温装置显微镜下先统计出死亡的精子数，然后再升温恒温装置至80℃使精子全部死

亡，计算精子总数，从总数中减去死亡和畸形的精子数，则是呈前向运动的精子数，据此可算出精子的活力。

四、精子畸形率检查

精子畸形率是指精液中畸形精子占精子总数的百分比。精子的形态正常与否直接影响着母鹿的受胎率，凡形态和结构不正常的精子都属畸形精子。畸形精子主要表现：头部。大头、小头、双头、梨形头、细长头、突起、缺损等；颈部。膨大、断开、纤细、曲折、原生质滴、双颈等。尾部。曲折、弯曲、卷曲、扭曲、双尾、原生质滴等。精子畸形检查方法如下。

（一）肉眼观察法

精子畸形率的检查和精子活力检查同时进行，精子畸形率的检查及评定方法可以参照精子活力评定，生产上常用该方法对公鹿鲜精液检查时采用。鹿的鲜精液中精子畸形率不得超过15%。

（二）涂片染色法

取原精一滴，均匀涂在载玻片上，干燥1~2min后，用95%的酒精固定2~3min，再用美蓝或红、蓝墨水染色1~2min，用蒸馏水轻轻冲洗，干燥后即可镜检。每个抹片观察200个以上的精子（分左、右2个区），取2片区的平均值，计算畸形精子的百分率。若两片区的变异系数大于20%，应重新制片检查。该方法只在对公鹿精液作定期检查时采用。鹿的冷冻精液中精子畸形率不得超过18%。

五、精子密度测定

精子密度是指每毫升精液中所含精子数。由于根据精子密度可以计算出每次射精量中的总精子数，再结合精子活力和每个输精量中应含有效精子数，即可确定精液的稀释倍数和细管精液生产数量。因此，精子密度和精子活力一样，也是评定精液品质优劣的常规检查中的一个主要项目，但只需在采精后对新鲜精液做一次性的密度检查。目前，常用精子密度测定方法主要有光电比色法和血细胞计数法。鹿的精液密度大于等于5亿/mL才能进行稀释，一般梅花鹿密度7亿~9.5亿/mL，马鹿密度7.8亿~12.2亿/mL。

（一）光电比色法

目前，市场上已有光电比色原理的多种类型的读数式（数显式）精子密度仪产品，能迅速显示精液精子密度，准确、便捷、快速，密度直接读取（图4-2）。精子密度仪是根据分光光度计测定原理和计算机功能，能迅速测定出每毫升精液中精子数量，直接读取密度，并且能够自动计算添加的稀释液的剂量和可生产的精液份数。密度仪自动校对、测定精度高、性能稳定并可通过串口将数据传输到计算机。精子密度仪已成为鹿人工授精实验室必备仪器。生产上，按照精子密度仪的使用说明准确进行精液的密度测定。

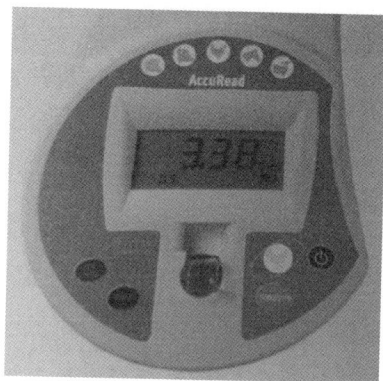

图4-2　精子密度仪

（二）血细胞计数法

用血细胞计数法定期对公鹿的精液进行检查，可较准确地测定精子密度，但操作步骤较多，检测速度慢，生产上很少应用，一般用于结果的校准及精液质量的定期检测。

1. 计数室

计数室由25个中方格组成，每个中方格又分成16个小方格，即每个中方格由400个小方格组成。每个中方格边长为1mm，则每个中方格面积为1mm^2，每个小方格面积为1/400mm^2。盖上盖玻片后，盖玻片与计数室底部之间的高度为0.1mm，所以每个计数室的体积为0.1mm^3，每个小方格的体积为1/4000mm^3。

2. 检查方法

（1）稀释精液用3%的NaCl溶液对精液进行稀释，并杀死精子，便于观察计数。稀释倍数依据精液密度大小确定。

①新鲜精液。用定量采血针（20μL）或血色素管准确吸取10μL精液，注入盛有1.99mL（2.99mL、……）的3%NaCl溶液的试管内，混匀，使之成为200倍（300倍、……）稀释的稀释精液。

②冷冻精液。用定量采血针（20μL）或血色素管准确吸取解冻后精液

10μL，注入盛有0.99mL的3%NaCl溶液的试管内，混匀，使之成为100倍稀释的稀释精液。

（2）涂片。把血球计数板置于显微镜载物台上，并用血盖片盖好计数室。取稀释好的精液1滴，滴于血盖片边缘，使精液自动渗入计数室（图4-3），均匀充满。不允许有气泡或厚度过大，并用吸水纸吸去沟槽中流出的多余精液。

（3）镜检。静置3min后，先在低倍镜下找到大方格（视野中能看到25个中方格），然后再转换高倍（400~600倍）镜，视野中能看到一个中方格全貌，开始进行计数。

（4）计数。统计计数室的四角及中央5个中方格内的精子数（图4-4）。统计时，按照左上、右上、右下、左下、中间的顺序计数，对头部压线的精子应数上不数下，数左不数右，避免重复计数（图4-5）。

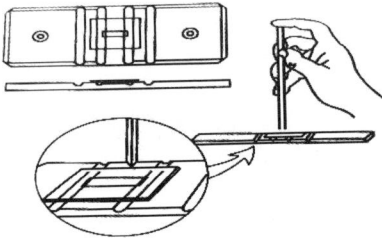

图4-3　稀释后的精液滴入计数室

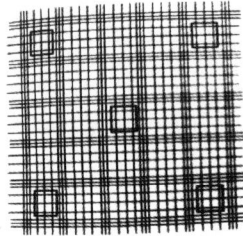

图4-4　血细胞计数板的计算方格

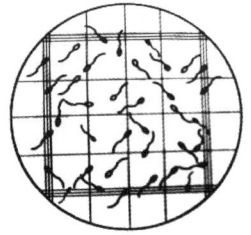

图4-5　计算精子顺序和方法

3. 计算精子数

①1mL新鲜精液中的精子数=5个中方格的精子数×5（计数室25个中方格的精子数）×10（1mm³内的精子数）×1000（1mL稀释精液的精子数）×稀释倍数。

②每剂量精液中的精子数=5个中方格的精子数×5（计数室25个中方格的精子数）×10（1mm³内的精子数）×1000（1mL稀释精液的精子数）×100（细管精液稀释倍数）×剂量值。可简化为，每剂量中的精子数=5个中方格精子数×500万×剂量值。

③每个样品观察上、下2个计数室，取平均值。如果2个计数室计数结果误差超过5%，则应重检。

第五节　精液的稀释

稀释是指在精液中添加适合精子体外存活，并保持精子受精能力的一定量保护液。只有经过稀释的精液，才适于保存、运输及输精。精液的稀释处理是鹿人工授精中的一个重要技术环节。

一、精液稀释的目的

（1）增加精液容量，扩大配种母鹿数。

（2）提供一个延长精子生存和繁殖能力的环境。

（3）便于精子保存和运输。

二、稀释液的配制

（一）稀释液配制的基本要求

（1）配制稀释液的一切器皿，事先都必须经过严格的清洗和消毒。

（2）配制稀释液要用双重蒸馏水或离子水。

（3）配制稀释液的药品应选择化学纯或分析纯制剂，称量要准确，溶解后经过滤，密封后进行消毒。一般置于75水浴箱中30min，应缓慢加热，防止容器爆裂。

（4）卵黄要取自新鲜鸡蛋，蛋壳打开后去掉蛋清，将卵黄倒在滤纸上滚动，吸去卵黄表面卵白，把滤纸折起挤出卵黄。注意取用时不应混入蛋清。

（5）抗生素、卵黄、激素等在稀释液消毒冷却后再行加入，用磁力搅拌器搅拌，混匀。要在加卵黄前加入抗生素、激素，否则难以溶解混匀。

（6）稀释液应现用现配，如不现用应密封保存在冰箱（5℃）中，时间不宜超过3d。

（7）配制好的稀释液，使用前应用少量精液进行检验，发现问题及时处理。

（二）稀释液配方

1. 配方一

人参多糖20mg，Tris（三羟甲基氨基甲烷）1.94g，果糖0.8g，柠檬酸1.08g，GSH（谷胱甘肽）23mg，BSA（牛血清白蛋白）91mg，ATP（三磷酸腺苷）23mg，维生素C284mg，卵黄20mL，甘油6mL，青霉素40万IU，链霉素20万IU，加蒸溜水定容至100mL。

2. 配方二

Tris2.7g，柠檬酸1.53g，葡萄糖1.0g，甘油6.0mL，卵黄20mL，青霉素10万IU，链霉素10万IU，加蒸馏水定容至100mL。

3. 配方三

Tris2.42g，柠檬酸1.36g，果糖1.0g，甘油6.4mL，卵黄20mL，青霉素10万IU，链霉素10万IU，加蒸馏水定容至100mL。

（三）稀释液的配制

1. 自制稀释液

稀释液配制程序：①称量。准确称量各种药品，倒入三角烧瓶中。②定溶。加入蒸馏水，混合溶解。③过滤。待药品溶解后，用滤纸过滤于另一个三角烧瓶中，加上胶塞。④消毒。置于75℃水浴锅中消毒30min，冷却至室温。⑤添加。加入甘油、卵黄、青霉素、链霉素。⑥搅拌。用磁力搅拌器搅拌30min，盖紧胶塞。⑦冷藏。放入3～5℃的冰箱中待用，但放置时间不得超过24h。注意：激素类药物应避免高温的影响。

2. 商品稀释液

目前，鹿的冷冻精液普遍使用法国（IMV）卡苏公司和德国米尼图公司的无动物源性稀释液。使用时严格按照说明书要求配制，并且现用现配。进口稀释液使用方便，解冻后精子活力高。

三、稀释倍数与稀释液量

（一）稀释倍数的确定

根据精子活率、密度、每一剂量所含有的有效精子数等来计算。适宜的稀释倍数是提高受胎率和繁殖率的关键。鹿的精液稀释倍数一般为5～15倍，剂型

0.25mL 细管精液容量为 0.23mL, 行业规定每一剂量精液中含有效精子数不少于 1 000万个, 冷冻后精子活力一般为 0.3 ~ 0.5。

计算公式如下：

$$X = \frac{P \times M \times V}{Z}$$

式中：X——稀释倍数；

P——精液密度，亿个/mL；

M——解冻后预估的精子活力；

V——剂型容量，mL；

Z——每剂量冷冻精液中所含有效精子数，万个。

例如：公鹿采精量3mL，精液密度5亿/mL，预估冻后活力0.45。

$$稀释倍数= \frac{5 \times 10000 \times 0.45 \times 0.23}{1000} =5.2$$

（二）稀释液量的确定

根据精子活率、密度、采集量和细管容量等，确定应加稀释液量。

1. 一次稀释的稀释液量

计算公式如下：

$$V = \frac{L \times P \times M}{Z} \times R - L$$

式中：V——应加稀释液量，mL；

L——采精量，mL；

P——精液密度，亿个/mL；

M——解冻后预估的精子活力；

R——剂型容量，mL；

Z——每剂量冷冻精液中所含有效精子数，万个。

例如：公鹿采精量3mL，精液密度5亿/mL，预估冻后活力0.45。

$$应加稀释液量 = \frac{3 \times 5 \times 10000 \times 0.45}{1000} \times 0.23 - 3 = 12.5(mL)$$

2. 两次稀释的稀释液量

根据精液的密度、活力、采精量等确定应加一液量及二液量。

①第一次应加入稀释液量。

计算公式如下：

$$V_1 = \frac{L \times P \times M}{Z} \times R \div 2 - L$$

式中：V_1——加入一液量，（mL）；

　　　L——采精量，（mL）；

　　　P——精液密度，亿/mL；

　　　M——解冻后预估的精子活力；

　　　R——剂型容量，（mL）；

②第二次应加入稀释液量。

计算公式如下：

$$V_2 = V_1 + L$$

式中：V_2——加入二液量，（mL）；

　　　V_1——加入一液量，（mL）；

　　　L——采精量，（mL）。

例如：公鹿采精量2mL，精液密度7亿/mL，预估冻后活力0.45。

一液加入量为：$V_1 = \dfrac{2 \times 7 \times 10000 \times 0.45}{1000} \times 0.23 \div 2 - 2 = 5.2$（mL）

二液加入量为：$V_2 = 5.2 + 2 = 7.2$（mL）

四、稀释方法

选择合适的稀释液，按照精液的稀释方法进行稀释。稀释后采取精液样品，在38～40℃条件下镜检，以活率不低于原精液为原则。

（一）一次稀释法

目前，鹿的细管冷冻精液多采用一次稀释法。按照精液稀释要求，将含有甘油的稀释液按一定比例全部加入精液中。

（二）两次稀释法

有学者认为，甘油对精子会产生一定的危害，甘油在室温下会显著地降低精液品质，其危害程度随着稀释液温度的升高而加剧。为了减轻甘油对精子的不利影响，先用不含甘油的稀释液做（进行）第一次稀释，冷却到0～5℃，再用同温度的含甘油的稀释液做（进行）第二次稀释。方法是：室温下先用等温的不含甘油的一液加入精液中至稀释总量的一半（第一次稀释），水浴状态下放入4～5℃低温柜中（与此同时把二液也一同放入），降温2～3h，再加入等温的含有甘油的二液至稀释总量（第二次稀释）。

（三）稀释的技术要点

（1）精液稀释前，把凡是接触精液的器皿放在32～37℃恒温箱中预热，以防温差对精液的影响。

（2）采集后的精液和稀释液同时置于30℃水浴箱中，做同温处理。

（3）精液采集后应尽快稀释，一般要求不超过0.5h。

（4）精液稀释应在室温（23～25℃）环境下进行，同时避免阳光直射，盛装稀释精液的器皿应做明显标记。

（5）稀释时将与精液等温的稀释液沿容器壁缓缓加入精液中，轻摇混匀。如做20～30倍高倍稀释分两步进行，先加入稀释液总量的1/3～1/2，稍等片刻（3～5min），再把剩余的稀释液全部加入。

（6）稀释后静置片刻再做精子活力检查，检查方法同原精（鲜精）液的精子活力检查方法相同。如果稀释前后精子活力一样，可进行分装或平衡；如果活力下降，说明配制的稀释液有问题，不可使用，应查找原因。

第六节　精液的标记、分装与降温、平衡

一、细管冷冻精液标记方法

细管分装精液前，要在细管上标记鹿的相关信息（图4-6），便于识别和使用。鹿细管冷冻精液标记由四部分组成，排列顺序如下：

第一部分：公鹿所在鹿场。

第二部分：公鹿品种。

第三部分：公鹿号。

第四部分：生产日期。

第一部分种鹿所在鹿场由鹿场名称前4个汉字的汉语拼音的第一个大写字母组合；第二部分种鹿品种由品种名称前2个汉字的汉语拼音的第一个大写字母组合；第三部分种鹿号由种鹿场内编号组成，不足5位数前面用"0"占位；第四部分生产日期由年度4位数组成。部分之间空1个汉字，标记清晰易认，见图4-6。

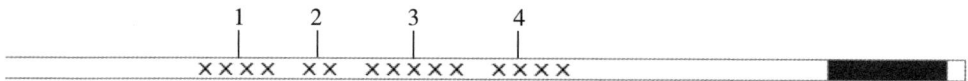

图4-6　细管精液标识

1.鹿场名称　2.种鹿品种　3.种鹿场内编号　4.生产年份

二、精液的分装

精液稀释后需按要求分装到细管中。目前，鹿的人工授精广泛应用0.25mL微型细管，通过吸引装置将平衡的精液进行分装，用封口粉（聚乙烯醇粉）或超声波封口。0.25mL细管精液优点：适于快速冷冻，精液受温均匀，冷冻效果好；精液不暴露在空气中，不易污染；剂量标准，易于标记和识别，不易混淆；适于机械化生产，工作效率高。精液分装有两种方式：人工分装和机械分装。

（一）人工分装

目前，生产上普遍采用人工分装。人工分装的方法，室温下精液静置10min

后分装，分装前轻摇混合均匀，使每只细管内精子数量相同。操作人员用移液枪或胶头滴管把精液吸入细管，要求细管上部精液充溢，使棉塞内的封口粉润湿；底部留有8~10mm空隙，用封口粉（聚乙烯醇粉）蘸封，然后放入水中，封口粉发生聚合，形成坚固的封口，用脱脂纱布或毛巾擦净细管表面。

（二）机械分装

机械分装使用细管精液分装一体机，这是一套在完成灌装、封口后即刻进行喷墨印字的一体化设备。随着机器的运转，细管被等距离地排列在橡胶传送带上，传送到固定位置，通过胶管连接到真空泵一组短针头和通过乳胶管抽吸精液的一组长针头，同时插入细管的棉塞端和开口端，使精液吸到细管内，棉塞端被塞内的封口粉封闭，开口端被超声波热缩封口，当细管运行到喷码机喷嘴位置时，在细管表面打印精液的相关信息。设备自动化程度高，整个分装过程全封闭运行，对细管精液卫生质量保证极为有利。采用机械分装更为方便、快捷，但需要条件较高。

三、精液的降温与平衡

稀释后的精液需要经过一个缓慢的降温过程，使精液温度从35℃降到4℃，是精子代谢不断减少的适应过程，降温不能太快，一般需经过1h左右。Polge和Rowson（1952）在研究公牛精液冷冻方法时提出将精液放置在低温下经历一定时间可改善精液冷冻效果，这一过程称为平衡。平衡温度一般为4~5℃。Blackshaw（1958）认为，采用这一步骤可能与细胞的离子平衡的变化有关，精子在稀释后重建离子的平衡可能需要一定时间。Lapatko（1963）在考察了0~20h范围的平衡时间之后认为最佳平衡时间为4h。Salamon等（1973）发现，甘油同精子接触5s至15min，已能对精子产生足够的保护作用。Bauer等（1976）报道平衡2h和6h的产仔率分别是43%和3%。由此看出平衡时间过长不利于冷冻—解冻精子的受精，适宜的平衡时间一般是2.5~4h。

（一）降温

稀释后的精液降温到平衡温度时的速度不能过快，以防精子突然降温发生冷休克。精液稀释后采用逐渐降温法，一般来说需要用1.5~2h的时间使精液从稀释时的温度（30℃）逐渐降温到0~5℃。采用先平衡、后分装的方法是把盛有稀释后精液的容器放到装有相同温度水的较大容器中；采用先分装、后平衡的方法是把分装后的细管精液用毛巾或纱布包裹数层，置于0～5℃的低温环境（冰箱）缓慢降温。

（二）平衡

平衡一般是指甘油的作用。起初有人认为是为了使甘油有充分的时间渗透到细胞内部，以产生抗冷冻作用，但是后来查明甘油能很快地进入细胞。也有人认为，采用这一步骤可能与细胞的离子平衡的变化有关，精子在稀释后重建离子的平衡可能需要一定的时间。还有人认为，在低温下平衡一段时间可以增加精子的耐冻性，为下一步低温冷冻做好生理上的准备。平衡的时间一般为2～4h。其方法是将降至0～5℃的精液再在此温度下放置2～4h。通常提及的平衡时间包括降温时间在内。

第七节　精液冷冻技术

使用品质优良、符合标准的冷冻精液是保证受精和胚胎发育的重要条件。精液的冷冻是利用液氮（-196℃）作为冷源，经过一系列处理，保存在超低温的条件下，以达到长期保存的目的。精液品质实际代表着本品种及其个体本身的特征，应生产力高、遗传力高、遗传性能稳定。每一输精剂量在解冻后需达到有效精子数为1000万个/支以上，活力0.3以上。

一、种公鹿的要求

用于采集精液的种公鹿，其体形外貌和生产性能均应符合本品种的种用公鹿"超特级"标准。且须经检疫，确认无传染病，体质健壮。采精公鹿还应满足下列条件之一：双亲已登记的纯种；从国外引进已登记或者注册的原种；三代系谱记录完整的个体；经国家或省级畜牧兽医行政主管部门认可的种畜生产性能测定中心、检测机构鉴（评）定为优秀种鹿者；在国家或省级专业协会、育种组织举办的专业良种比赛中获得优胜奖者。未经后裔测定的种公鹿的冻精，必须经过省级畜牧兽医行政主管部门审批，严格控制使用。

二、精液冷冻的机制

精液的冰点为-0.53℃，形成冰晶是在-1.7℃，稀释后可使精液冰点下降至-3℃，快速降温可使冰点下降至-10℃。精液冷冻时，在精细胞外的稀释液中先形成冰晶，约在-10℃以下细胞内的水仍不结冰，但已形成过冷却溶液，当继续降温时，细胞外水的冰晶便迅速形成。对于细胞存活主要取决于降温速率，在缓慢降温时，精细胞外的水分在-60～0℃范围内易使水分子冰晶化，形成大的结晶体，尤以-25～-15℃，精细胞外大冰晶的形成，可对精子产生不可逆的机械损伤，致死精子死亡。快速降温时，精细胞内水来不及渗出，致使细胞内水变得日益出现过冷却现象，在-10℃以下细胞内水就形成冰晶，致死精子死亡。精液在冷冻过程中，冰晶在-60～-0.53℃时形成，其中-25～-15℃对精子危害最大，冰晶的形成是造成精子死亡的主要因素，为避免产生冰结晶，必须快速通过此温度区间，而形成玻璃化结晶（形成均匀细小的微晶），精子细胞不会遭到破坏，继续降温至-130℃以下进入玻璃化状态，玻璃化状态（玻璃态）是一种非结晶的固态，其性质更接近于液态可使精细胞免受冰结晶的伤害。

有研究表明，对细胞的冷冻保护并一定需要完全玻璃化。目前所使用的冷冻速度仍不足以形成玻璃态，在一般条件下，冷冻过程中不可避免地形成冰晶，而关键是取决于冰晶形成的大小，如果精液能够以适宜速率降温，避免对精细胞造成物理伤害的大冰晶形成，并稳定在微晶状态，将能使细胞得到保护。

三、精液冷冻温度曲线

在精液冷冻技术中，由冷冻温度和降温速度构成冷冻温度曲线是影响精子冷冻后活率的主要因素。在低温冷冻箱中，冷冻温度与精液温度变化曲线不一致，当精液温度下降一定程度要结冰时，会放出潜热，温度又上升到冰点才结冰，很多细胞在此时受伤害，结冰之后细胞温度再降到低温箱温度。精子的冷冻效果，是精子通过对细胞产生致性伤害的危险温区（-60～0℃）的速度，决定冷冻后精子存活率的高低。如何通过有效地控制最佳冷冻温度，达到适宜降温速率，是决定精液冷冻效果的关键之一。通过数字测温仪测定精液在冷冻容器中冷冻面（精液细管所在的层面）的温度变化，来反映精液温度的变化曲线（图4-7）。

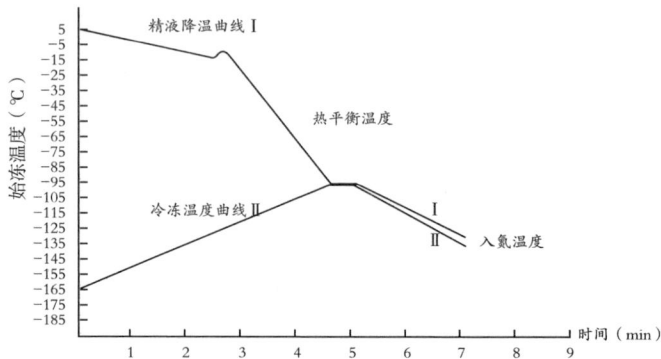

图4-7　精液冷冻温度曲线

1. 精液冷冻温度曲线的构成

（1）始冻温度。冷冻容器中冷冻面的初始温度，即精液接触冷冻环境的开始温度。

（2）热平衡温度。精液和冷冻面接触后温度迅速下降，冷冻面温度随之急剧上升，达到一定温度并维持一段时间。热平衡温度从理论上讲，即为精液的冰点温度。

（3）入氮温度。完成冻结的精液与冷冻面温度同步下降，最后达到浸入液氮前的精液温度。

（4）降温温区。从精液冷冻开始到浸入液氮（-196℃）所经历的时间，包括Ⅰ、Ⅱ、Ⅲ3个温区。精液冷冻温度曲线模式图表示精液的降温速度。

2. 细管冷冻精液的冷冻温度曲线

细管冷冻精液系批量生产，上百支细管精液一次放入冷冻箱中，每支细管精液的始终温度是一致的，并减少了外界温度的影响，降温速度加快，能迅速地越过危险温区，达到热平衡。但是细管精液的生产是将精液装入细管中并放置于金属托架上，这样就大大增加了精液细管的总热容量，延缓了精液的降温速度，同时也导致热平衡温度的升高。

四、精液冷冻的操作流程

（一）上架

平衡后的细管精液，在4～6℃环境下用搓板把细管精液均匀地码放在托架上。码放时，细管棉塞端和封口端要整齐一致，把棉塞端靠近操作者，封口端远离操作者，放进冷冻箱时也应如此摆放。因为冷冻完成后，在收集细管精液时，便于细管的封口端在上、棉塞端在下装入纱布袋或拇指管，防止取用时因温差过大，引起细管棉塞的暴脱。如果一次冷冻多只鹿的精液，每只鹿精液细管托架摆放在一起，如同一个托架上有不同鹿的细管精液要分开码放，两只鹿之间要隔开一定距离。即不同品种、不同个体细管冻精要分开摆放，避免混淆。码放细管精液即可以在低柜中进行，也可以使用泡沫箱。使用泡沫箱码放精液时，在泡沫箱底部摆放一层冰冻的矿泉水瓶，铺上毛巾，把搓板和托架放在上面降温，为快速降温可以倒入一些液氮，待搓板和托架温度降至0℃时，快速在泡沫箱中把细管精液码（摆）放在托架上，待冷冻。

（二）冷冻方法

目前，采用的冷冻方法主要是液氮熏蒸法。细管冻精根据冷冻时液氮蒸气的状态分为静止的液氮蒸气熏蒸法和流动的液氮蒸气熏蒸法两种。

1. 静止的液氮蒸气熏蒸法

静止的液氮蒸气熏蒸法是利用细管精液和金属托架与液氮之间的温差，间接地使用液氮汽化吸热而使精液降温冻结。采用静止的液氮蒸气熏蒸法是在低温容器内进行，盛有液氮的低温容器在液氮面和容器口平面之间会形成自然的温度梯度，距离液氮面越近，温度就越低，与冻前细管精液的温差就越大。使用低温容器冷冻细管精液，初冻温度选择极为重要。初冻温度决定精液冷冻温度及降温速率，是保证精液冷冻质量的重要因素之一。实践中，鹿精液冷冻初冻的温度选择一般在-160～-150℃，并在8～10min达到和维持在这个温度区域后再可继续降温直至存入液氮，关键技术要掌握冷冻精液的数量不同，初冻的温度可产生回升，向着-130℃、-110℃……这样回升是危险的，因此，在生产中需要注意到冷源充足和及时补充冷媒，以及精液冷冻数量的多少。

这种方法的基本操作步骤是，首先向低温容器内加入一定量的液氮，预冷

2～3min。待液氮面平稳后，调整液氮面与冷冻面之间的距离，液氮面的高低应根据冷冻细管精液的数量多少确定，一般为2.5～3cm，使冷冻面的温度维持在−160～−150℃。把已放置细管精液的托架迅速放入低温容器中，以静止的液氮蒸气逐渐使其降温冻结，经8～10min，使细管精液遵循一定的降温曲线，当温度降至−130℃以下并维持一定时间后，即可直接转移到液氮中。需要重复冷冻时应向冷冻箱内补充液氮，以保证冷冻的始冻温度（以保证液氮面的恒定）。这种方法冷冻过程中的降温速率难以控制，只能依靠调整托架与液氮面之间距离来控制初冻温度及降温速率。生产上采用的熏蒸法冷冻细管精液的装置主要是简易冷冻箱，规格为，长80cm、宽60cm、高50cm，箱的内外壁是不锈钢板材料，夹层是绝热效果较好的苯板，缝隙充填液体泡沫。目前，鹿的细管精液冷冻普遍使用泡沫箱。泡沫箱经济实用、耗氮量少，操作得当，也能获得较理想的效果，但箱体较浅，冷冻过程中精液受外界环境温度影响大。

2. 流动的液氮蒸气熏蒸法

流动的液氮蒸气熏蒸法是使用流动的液氮蒸气使精液降温冻结，加快热交换的速率，使降温冻结的速率加快。采用流动的液氮蒸气熏蒸法使用自动冷冻仪，自动冷冻仪是由计算机控制的全自动冷冻设备，根据需要已设定多条降温、冷冻温度曲线，使用时可选择设置好的最佳冷冻温度曲线，也可以按照自己设定的程序冷冻。精液冷冻时，如果能避开细胞慢速降温时的脱水和快速降温时的冰晶的损害，安全达到−130℃，然后投入液氮中，冷冻就获得成功。细胞对温度的反应十分敏感，除加防冻害的保护剂外，还可采用控制降温速率，以减少或消除冻害。鹿细管精液冷冻过程降温控制程序（表4-2）。

表4-2　鹿细管精液冷冻程序

温度区 （℃）	降温速率 （℃/min）	降温时间 （min）
−10～4	4.7	3.0
−100～−10	36.0	2.5
−140～−100	20.0	2.0

这种方法的基本操作步骤是，首先开启液氮罐阀门，把冷冻容器内降温至4℃预冷，然后关闭风扇电源，待风扇完全停止后，把已放置细管精液的托架迅

速放入冷冻箱内，关上冷冻容器盖子，按预先设定好的程序启动冷冻仪，计算机控制自动完成冷冻过程。如果一次生产数量较多，需要重复冷冻，将冷冻箱升温至初始温度（4℃），重复前面过程。自动冷冻仪价格昂贵，消耗液氮多，在鹿的冷冻精液生产中很少使用，主要应用在牛冷冻精液生产中。

五、冻精解冻及活力检查

（一）冻精解冻

1. 解冻温度

冷冻精液的解冻过程如同冷冻过程一样，必须迅速通过精子冷冻的危险温区，不致对精子细胞造成损伤。实践证明，精液在37~40℃水浴中解冻效果最好，时间控制在10~15s。

2. 解冻后精液温度

精液全部融化后的温度应维持在5~8℃。如果精液温度过高，而在输精时的气温较低，会使装入输精枪内的精液温度急剧下降，当输入母鹿生殖道后精液温度又上升到体温，这就造成解冻后精液温度反复变化，从而影响精子的存活时间。因此，在解冻精液过程中，当细管中的精液融化1/2时，应脱离解冻温度，使解冻的精液温度维持在5~8℃。

3. 解冻方法

细管精液直接投入一定温度的水浴中，待精液融化1/2时即取出，然后在常温下摇动至完全解冻。

（二）精子活力检查

完成冷冻的细管冷冻精液，每批次必须随机抽检1~2支。按照行业标准要求，不合格的精液应废弃，合格的精液才能包装、储存。

精液冷冻后进行活力检查是验证精液冷冻效果的必要环节，也是人工输精前必须的准备工作。冷冻精液解冻的温度和时间会影响精子活力。取解冻后精液（约10μL）置于载玻片上加盖盖玻片，在载物台温度保持38℃的情况下，在150倍或400倍显微镜下观察，每个样片至少观察3个以上视野，并观察不同液层内的精子运动状态，进行全面评定。鹿冷冻精液活力不低于0.3才能使用。

第八节　冻精的包装与储存

一、冻精包装

（一）包装器材

包装冻精的器材主要是包装袋和拇指管。包装袋是用脱脂纱布缝制的双层纱布袋，长度170mm、宽度45mm、封口绳长度不小于300mm、直径不小于2mm，装入细管冷冻精液后能自然浸泡在液氮中。拇指管是一端封闭另一端开口的圆柱形塑料管，长120mm、直径13mm，最多能贮存25支0.25mL细管冷冻精液，注满液氮后细管冷冻精液能全部浸泡在液氮中。要求管体粗细、薄厚一致，在常温或超低温（-196℃）环境下不变形、不破裂。使用拇指管的优点是，从液氮罐中提取冻精时，细管冻精始终浸泡在拇指管的液氮中，精液质量不受影响。

（二）包装标记

包装冻精的纱布袋应有鲜明标记，内容与袋内冻精信息相符合，标记内容包括公鹿品种、公鹿号、数量、精子活力、生产日期、鹿场名称等。

（三）包装冻精

检查合格的细管冻精即可以直接装入纱布袋中，也可以先把细管冻精装入拇指管，然后再把拇指管装入包装袋中。包装冻精应在-140℃以下的环境中进行，整个包装过程要防止环境温度回升。如果只使用纱布袋包装，把细管棉塞端朝向纱布袋里面装入纱布袋中；如果使用拇指管包装，先把细管棉塞端朝向拇指管底部装入拇指管，然后再把拇指管底部朝向纱布袋里面装入包装袋。棉塞端朝里包装是防止使用冻精时因环境温差过大，细管棉塞暴脱，影响输精使用。冻精装入纱布袋后，拴紧封口绳、打个活节，迅速浸泡在液氮中。每个拇指管包装数量不得超过25支，每个纱布袋包装数量宜低于100支。

二、冻精储存

目前，冷冻精液的储存广泛使用液氮和液氮罐，因此，必须了解液氮的特性，掌握液氮罐的使用方法。

（一）液氮的性质

液氮是一种无色、无味、无毒的液体，沸点温度–195.8℃。在常温下液氮沸腾，吸收空气中的水汽形成白色烟雾。液氮具有很强的挥发性，当温度升至18℃时，其体积可膨胀680倍。此外，液氮又是不活泼的液体，渗透性差，无杀菌能力。基于液氮的性质，使用时要注意防止冻伤、喷溅、窒息等，用氮量大时要保持室内空气通畅，注意安全。

（二）液氮罐的使用方法

1. 储存地点

储存冻精时，液氮罐应放置在干燥、通风和阴凉的地方，避免阳光直射。

2. 检查液氮罐

新罐或久置不用的罐，使用前先充入1/5～1/4液氮，停留10～15min，若无气泡上浮，才能使用。

3. 储存冻精

包装冻精的纱布袋用棉绳系于液氮罐把手或放入提筒内悬挂于液氮罐罐沿卡口上。储存数量不应超过罐体容积的4/5，冻精上面应有不低于5cm高度的液氮。

4. 补充液氮

要根据液氮罐储存冻精多少及耗氮量情况不定期充填液氮，确保冻精始终在液氮面以下。当剩余液氮为液氮罐容量的2/3或距贮存精液面5cm时，及时补充液氮，防止液氮蒸发造成冻精脱氮升温，影响精液质量。

5. 取用精液

提取冻精时，包装袋或提筒始终在液氮罐颈口以下，严禁提到外边，防止精液温度回升。取用冻精时动作要迅速，在液氮罐外停留时间不得超过5s。取放冻精后，及时盖好罐塞，防止液氮蒸发或异物浸入，但不能密闭罐口，防止造成爆炸事故。

6. 日常管理

要注意液氮罐变化，如发现罐体表面结霜、有水珠或液氮消耗过快时，说明液氮罐的保温性能有问题，应及时更换。移动液氮罐时，不得在地上拖动，应提握液氮罐手柄抬起罐体再移动。

第九节 输 精

输精是人工授精最重要的技术之一，也是人工授精的最后一个环节。适时而准确地把精液输送到母鹿生殖道的适当部位，是保证得到较高受胎率的关键。因此，输精前应做好对母鹿的发情鉴定，确定何时输精、输精方法以及准备工作。

一、母鹿的发情鉴定

发情鉴定是鹿人工授精的关键技术之一。母鹿发情鉴定应采取公鹿试情为主，外部观察为辅的综合判定方法。马鹿可通过观察发情表现，再进行直肠触摸卵巢，根据卵泡发育情况，判断排卵时间，以确定输精的适宜时间。

（一）试情方式

根据母鹿对所放进的试情公鹿的性行为反应来判定其发情与否和发情时期。可选用带试情布的、输精管结扎的、阴茎移位（扭转）的公鹿作为试情公鹿。这是一种较准确的方法，是进行鹿的人工授精时必须采用的。

1. 带试情布公鹿试情

给试情公鹿戴上兜肚，不让阴茎出来，爬跨时不能交配。用一块布把公鹿胸、腹部都兜起来，布长约75cm、宽约30cm，前后端呈楔形，拴6条绳，前面一条系在颈上，防止试情布后移。中间两条系在胸部。后面两条系在后腰部，后面两条通过腹股沟系在腰绳上，防止试情布前移。最后用一条将颈绳、胸绳、腰绳和尾绳在背部连接起来，防止胸腰绳前后移动。带试情布的公鹿可以长期放入母鹿群中，当试情公鹿性欲减退时可以调换。

2. 阴茎移位公鹿试情

用手术方法将公鹿阴茎向左或右移45°，这样公鹿在爬跨时不能交配，始终保持旺盛的交配欲。阴茎移位公鹿可以长期放入母鹿群内，当试情公鹿性欲减退时可以调换。

3. 输精管结扎公鹿试情

用手术方法将公鹿输精管结扎，用这样的公鹿试情虽能交配，但不能受孕。其缺点是公鹿交配后需休息片刻，影响继续寻找发情母鹿，一旦试情公鹿性欲减退，也不好更换。

4. 颈下戴颜料盒公鹿试情

试情公鹿颈下戴一个颜料盒，当公鹿爬跨母鹿时，在母鹿臀脊部染色。这种方法很适用带试情布公鹿、阴茎移位公鹿、输精管结扎公鹿夜间试情。

（二）发情鉴定的方法

1. 试情法

（1）试情公鹿。试情公鹿应选择3～5岁，身体强壮、性欲旺盛、性情温驯的公鹿。试情前，试情公鹿需要经过1～2周驯化，使其在拨赶时听从试情员的指挥。在一次试情过程中，1只试情公鹿可连续对3～5个母鹿圈进行试情，即一次可试情母鹿50～80只，每圈试情时间为10～30min。一般每圈饲养繁殖母鹿25～30只，每日试情2～3次，每隔2～4h试情1次，每次持续0.5～1h。

（2）试情人员。试情人员应亲自试情，及时掌握第一手材料，不得由他人代替。做好发情母鹿记录的同时应及时将其拨出，以保证试情公鹿继续发现其他发情母鹿。当试情公鹿性欲减退，不积极寻找发情母鹿时，应及时更换试情公鹿。发情母鹿判定，以公鹿爬跨母鹿，母鹿站立不动为标志。对母鹿爬跨其他母鹿或公鹿，求偶明显，流黏液，遛圈，食欲减退等症状，应用试情公鹿再试情并结合行为予以综合判定，以防漏配。

（3）自然发情母鹿试情方法。于每年的9月15日—11月10日，每天定时将试情公鹿放入母鹿圈（舍），一般早晨5时左右放入1次，下午4时左右放入1次，每次试情时间20～30min。母鹿接受公鹿爬跨，视为母鹿发情。

（4）同期发情处理母鹿试情方法。于撤栓后第24h将试情公鹿放入母鹿群中，持续观察72h。当母鹿接受公鹿爬跨并站立不动时，视为发情。

2. 外部观察法

母鹿发情外部表现症状和生殖器官的变化（表4-3）。

3. 直肠触摸法

在马鹿人工授精新技术中，采用直肠触摸法以确定母马鹿发情阶段及其输精时间。此法即把待授精母鹿保定后，先掏出直肠内宿粪，手通过直肠壁轻轻地触摸卵巢，判断其大小、形状及其上面卵泡的形态变化，以便更准确地确定

表4-3　发情鉴定外部表现症状和生殖器官的变化

期别	发情初期（不接受爬跨）	发情盛期（接受爬跨）	发情末期（拒绝爬跨）
外观表现	母鹿对外界刺激反应敏感，兴奋不安、哞叫、溜圈，频频用头颈摩擦背部；追逐、爬跨其他母鹿，但拒绝试情公鹿爬跨。维持10h左右	母鹿极度不安、性欲旺盛、食欲减退；发情母鹿在公鹿身边嗅来嗅去，接受试情公鹿爬跨，没有试情公鹿时爬跨其他母鹿。维持12~24h	母鹿溜圈行为消失、静卧圈中、转入平静；性欲减退、食欲恢复正常；不再接受试情公鹿爬跨，也不爬跨其他母鹿。维持8~10h
生殖器官变化	外阴轻微红肿，阴道黏膜充血，有稀薄透明黏液流出	外阴明显肿胀、潮红、松弛，黏液显著增多	外阴肿胀消退，松弛发白，黏液变稠，呈黄白色

母马鹿发情所处时期及对其输精时间，乃至前后两次的排卵时间，即内在的发情周期。

二、输精前的准备

输精前，应做好各方面准备工作，确保输精的正常实施。

（一）器材和药品的准备

1. 器材

主要有吹管、吹针、注射器、开腟器、内窥镜、手电筒、输精枪及外套管、细管剪、长柄镊子、水浴箱（37℃）、一次性长臂塑料手套、润滑剂等、一次性灭菌纸巾。开腟器、输精枪等金属器材洗净晾干后用75%酒精消毒，待酒精挥发后待用。

2. 药品

主要有麻醉药、解麻药、兽用注射用促黄体素释放激素（LHRH-A3）、0.1%新洁尔灭、75%酒精。

（二）精液的准备

1. 解冻温度和时间

冷冻精液的解冻过程如同冷冻过程一样，必须迅速通过精子冷冻的危险温区，不致对精细胞造成损伤。目前常用的解冻温度为37~38℃，时间10~15s，也可采用75℃，时间8~10s解冻。解冻后精液的温度应维持在5~8℃。因为如果精液温度升高，而在输精时的气温较低，会使装入输精枪的精液温度急剧下降，当输入母鹿生殖道后精液温度又上升到体温，这就造成解冻后精液温度反复变化，从而影响精子的存活时间。因此，在精液解冻过程中，当细管中的精液融化1/2时，应脱离解冻温度，使解冻后的精液温度维持在5~8℃。

2. 解冻方法和活力检查

取一支冻精立即投入37~38℃水浴中，不断搅动，待细管中精液的颜色变化后立即取出。取一滴解冻后精液，置于37℃恒温装置的显微镜下检查活力，解冻后的活力应不低于0.3。

（三）细管精液安装

用细管剪剪掉细管封口，把棉塞端装在输精枪推杆上，套上外套管备用，并注意保温。每只鹿应使用一个外套管，如用同一只外套管给另一只母鹿输精，需消毒处理后方能使用。

（四）母鹿的准备

母鹿经发情鉴定后确定已到输精时间（定时输精），将其麻倒保定，用手掏净直肠宿粪后，再用温水清洗外阴部并擦拭干净，尾巴拉向一侧。

（五）人员的准备

输精员应剪短、磨光指甲，洗净手臂，擦干后用0.1%新洁尔灭消毒，戴上一次性长臂塑料手套，涂上润滑剂。

三、输精的基本要求

精液输入母鹿生殖道后，其存活时间大大缩短，这就给输精选定的时机和输精部位提出了更高的要求。输精时间过早，待卵子排出后，精子已经衰老死亡；输精时间过晚，排卵后输精的受胎率又很低；输精时间过早，精子运行时间长，也给受精造成一定影响。因此，要求输精时间适时，输精部位准确（子宫体）。

（一）精子运行的生理指标

母鹿输精后精子存活时间为15~24h，精子运行很快，只需几分钟到几十分钟到达受精部位。母鹿排卵是发生在发情表现结束后的10~12h，卵子还需要8h运行到受精部位，也就是说卵子是在发情结束（拒绝爬跨）后18~22h才到达受精部位，所以输精时间应该在拒绝爬跨时，这样精子在排卵前到达受精部位等待排卵，卵子到达时精子尚存活，可以受精。

（二）输精时间

掌握好适宜的输精时间是提高母鹿受胎率的关键。输精时间是根据母鹿的排卵时间、精子在母鹿生殖道内保持受精能力的时间及精子获能等时间确定的。输精时间因母鹿的年龄、品种、胎次、营养水平不同而有所差异。自然发情和同期发情的母鹿发情后排卵时间上不同。

1. 自然发情

自然发情时，输精时间宜在母鹿初次接受爬跨后10～12h进行，最适输精时间应在母鹿从接受试情公鹿爬跨转为拒爬，外观表现由兴奋转为安静时，即在拒绝爬跨后3h之内输精受胎率较高。

2. 同期发情

在生产上母鹿的适时输精时间是，采用同期发情处理的母鹿，一般在撤栓后第24h母鹿就有发情表现，应放入试情公鹿进行试情，当母鹿接受公鹿爬跨并站立不动时视为发情。母鹿于发情后在第18～20h输精或待发情母鹿从接受爬跨转为拒绝爬跨3h之内进行输精。采用定时输精方法母鹿于撤栓后第58～60h集中输精。如果采取定时一次输精，母鹿于撤栓后第58～60h输精。如果采取定时二次输精，母鹿于撤栓后第52h输精1次，间隔6～8h再次输精。输精同时每只母鹿肌肉注射促性腺激素释放激素（LHRH–A3）25μg，可以提高受胎率。

（三）输精部位和有效精子数

鹿的人工输精最佳部位是子宫体。输精一次使用1支细管冷冻精液，细管内含有效精子数量不低于1000万个。

（四）输精顺序

定时输精，输精顺序应与撤栓顺序一致。试情输精，输精顺序应与发情顺序一致。

四、输精方法

鹿的输精方法有3种：一是直肠把握输精法。这种方法输精受胎率较高，是目前生产上应用广泛的输精方法，但必须是术者手的围度小。二是阴道开膣器输精法。这种方法简单易学，而且容易普及推广，掌握得当也能获得较高的受胎率。三是腹腔内窥镜输精法。其受胎率较高，但操作起来不方便，而且腹腔镜器材价格昂贵不易普及。

（一）直肠把握输精法

直肠把握输精法用具简单、操作安全、母鹿受胎率高，是目前鹿人工授精广泛应用的方法。直肠把握法适用于马鹿和盆腔内径围度在20cm以上的梅花鹿。输精前，先将母鹿进行麻醉保定。输精员戴好长臂塑料手套蘸上润滑剂将手插入母鹿直肠，掏净直肠中的宿粪，隔着肠壁寻找母鹿子宫颈。找到子宫颈后把子宫颈轻轻固定在手中，手臂往下按压使阴门开张，另一手把装好精液的输精器，自阴门向斜上方徐徐插入以避开尿道口，再平插或稍向斜下方插入。两手配合将输精器徐徐越过子宫颈口内的皱襞缓慢旋转送至子宫体内，在子宫颈与子宫体结合处缓慢注入精液（图4-8）。在插入过程中遇到阻力时，切勿强行插入，此时应把输精枪稍向后拉，两手配合，再行插入。无法通过子宫颈将精液输在子宫颈内，待拉出输精器后，再将直肠内的手退出，完成人工授精。输精完毕，注射解麻药使母鹿苏醒。输精原则，慢插、适深、轻注、缓出、防流，见图4-8。

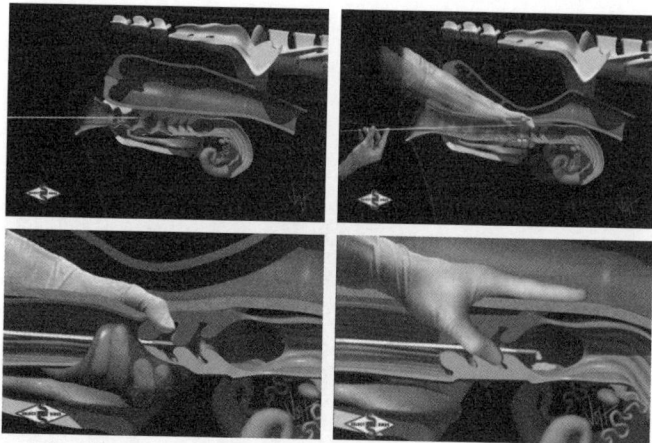

图4-8 鹿人工输精过程

鹿直肠把握输精法的操作步骤：

①一只手五指并拢缓慢旋转伸入直肠，隔着直肠壁找到并握住子宫颈，把握住子宫颈后端，手臂往下按压使阴门裂开。

②另一只手持输精枪，先斜上方约45°角插入阴道内，再水平插入子宫颈口，两手协同配合，将输精枪前端对准子宫颈口。

③轻轻捻转（旋转）插入子宫颈的皱襞内，通过子宫颈内3～4个螺旋状褶皱1～2cm到达输精部位（子宫角间沟分岔部的子宫体部），后退约0.5cm，慢慢注入精液，输精后缓慢拔出输精枪，并对子宫颈进行轻轻按摩。

④输精完成后肌肉注射促黄体素释放激素（LHRH-A_3）25μg，并注射解麻药使鹿苏醒。

（二）阴道开腟器输精法

1. 阴道开腟器输精法

把已麻醉的预输精母鹿抬到输精台上，身体与头向下倾斜成30°。术者将已消毒好的自制圆筒开腟器蘸上生理盐水，缓缓伸入阴道，开亮灯泡，使开腟器前方位置紧靠子宫颈口。术者呈下蹲姿势，通过圆筒开腟器用双眼查找子宫颈口（图4-9）。另一手持已装好精液的输精枪，通过圆筒开腟器，伸入子宫颈口2～3个褶皱处，随之将精液注入，再慢慢取出输精枪，给母鹿肌肉注射解麻药即输精结束。

2. 阴道开腟器输精法的操作步骤

①一手握涂有少量润滑剂的开腟器，一手掰开阴唇。

②将开腟器向斜上方插入阴道中，再水平插入阴道底部。

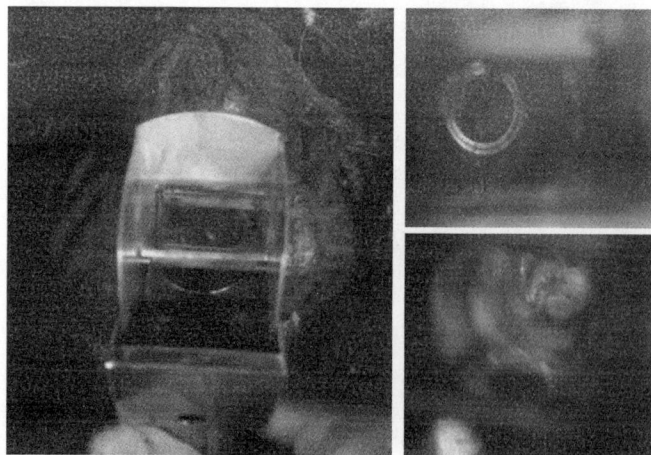

图4-9　开腟器输精子宫颈口

③借助光源寻找到子宫颈口（粉红色），另一只手将输精枪前端插入宫颈口。

④轻轻捻转（旋转）或调整方向插进，当输精枪前端进入子宫体时能听到"噗"的一声，这时再推进1cm，稍微后拉，注入精液，输精后缓慢拔出输精枪，再取出开腔器。

⑤输精完成后肌肉注射促黄体素释放激素（LHRH-A3）25μg，并注射解麻药使鹿苏醒。

（三）腹腔内窥镜输精法

腹腔镜子宫角输精法摒弃了常规的输精通道，以微创无菌的手术通路直接将精液注入子宫角，规避了诸多不利因素的制约，降低了感染的风险，目前技术还不成熟，不适于生产中推广，但是有较大的商业运用潜力，一旦技术成熟，非常适合规模化生产应用。

1. 腹腔镜输精技术

将输精母鹿用麻药麻醉，完全麻醉后仰面放到输精保定架上，固定四肢；乳头前端10cm处术部剃毛、先用5%碘酊消毒，鹿仰面头斜向下与地面成70°，术部盖上中空的已消毒创布，5%酒精脱去术部碘酊。用直径10mm连接CO_2减压器的穿刺器在乳头前10cm、腹中线一侧2~3cm处进行腹腔穿刺（避开血管），腹腔内注入适量CO_2，抽出穿刺针，通过穿刺管放入直径10mm腹腔镜，打开冷光源，观察两侧卵巢卵泡和子宫角发育情况。在穿刺口的另一侧距腹中线2~3cm处进行相同的腹腔穿刺操作，通过穿刺管将专用输精枪放进腹腔，将输精枪前端的针刺入一侧子宫角大弯处的腔内，注入一半精液，另一半精液注入另一侧子宫角中，取出输精枪和腹腔镜。术部手术缝合或不缝合，撒布长效消炎粉，肌肉注射一支长效抗菌剂。静脉注射解麻药苏醒灵解除麻醉。母鹿输精手术前24h禁食，手术前12h禁饮水，术后常规饲养管理。后第5天，每天早晨、中午和傍晚对输精母鹿进行试情，检查鹿人工输精后45d内返情情况。

2. 腹腔内窥镜输精法的操作步骤

①母鹿麻倒后固定在保定架上，呈水平仰卧姿势。

②将乳房前部腹部的被毛刮净，并擦洗干净、消毒。

③起升保定架后部，使鹿头低下，盖上创布。

④在乳房前10～12cm，腹中线一侧2～3cm处插入气腹针，并向腹腔内充入CO_2；在乳房前10～12cm，腹中线另侧3～4cm处，用套管针刺穿腹壁，取出套管针芯，将内窥镜由套管内插入腹腔。穿刺时应注意避开乳静脉，如刺破小血管出血时，可用止血钳止血。

⑤内窥镜进入腹腔后，借助窥视管寻找子宫角，找到子宫角后用注射器吸取精液，安装8号封闭针头，从腹腔镜附近对准子宫角方向刺入腹腔，当视野中观察到针头时，将针头刺入排卵一侧子宫角，注入精液。

⑥输精后母鹿术部用5%碘酊消毒，并撒上消炎粉。

用腹腔内窥镜输精，母鹿在输精前禁食禁水24h，便于找到子宫角和卵巢。目前，用腹腔镜输精，母鹿受胎率为50%～86%，随着技术日趋成熟，受胎率将会提高。

五、输精容易发生的问题及应采取的措施

在实际生产过程中，人工授精往往出现许多问题，从而影响母鹿的受胎率。一般情况下，影响母鹿受胎率的主要因素是精液品质、输精时间以及人工授精员的技术水平。精液品质好坏主要反映在精子活力和受精能力上；母鹿能否适时输精对提高受胎率十分关键；而人工授精员技术水平的高低直接反映到母鹿的受胎率上。因此，在人工授精时必须认真仔细，一旦发现问题就应该立即采取措施，尽可能提高母鹿的繁殖效率。常见的人工输精操作过程中容易出现的问题及解决方法（表4-4）。

表4-4　人工授精过程中出现的问题及解决方法

问题	原因	解决方法
手不能伸进直肠	1. 梅花鹿直肠细	1. 由手臂周长小于18cm的女输精员输精
把握不住子宫颈	1. 输精枪干涩 2. 插入方向不对	1. 输精枪前端涂润滑剂 2. 先向斜上方向插入，再平行插入
输精枪对不上子宫颈口	1. 偏入宫颈外围 2. 子宫颈口内褶皱阻挡	1. 退回输精枪，用左手拇指定位引导，插入后轻轻摇动，以验证是否插入 2. 颈口及内径不在宫颈中央，上下转动核对
输精枪不能顺利插入阴道	1. 阴道弯曲阻碍 2. 误入尿道	1. 用直肠内的左手整理和向前拉伸直肠，输精枪转动前进或输精枪后抽，再向前插 2. 重新插输精枪，其前端沿阴道壁前行

第五章
鹿的发情鉴定与妊娠诊断

第一节 鹿的发情与鉴定

发情是动物繁殖行为的重要环节之一，了解鹿的发情表现与机制，做好鹿的发情与鉴定对于提升鹿繁殖效率具有重要意义。

一、初情期与繁殖年龄

根据东北林业大学李和平老师的研究，东北地区梅花鹿母鹿初情期为8~9月龄，性成熟为16月龄左右，梅花鹿公鹿性成熟为15月龄左右；东北地区马鹿母鹿初情期为15~18月龄，性成熟为28月龄左右，马鹿公鹿18月龄可达性成熟。梅花鹿母鹿繁殖利用年限为10年左右，马鹿母鹿繁殖利用年限最高可达17年。

二、母鹿的发情周期

鹿是季节性多次发情动物，从8月下旬开始至10月末结束，母鹿在发情季节里，其生殖器官和整个有机体会发生一系列变化，这种变化周而复始，一直到性机能停止活动的乏情期为止，这种周期的性活动称为发情周期。其计算时间为，从这一次发情期的排卵时间起始到下一次发情期间的排卵时间为止。如东北马鹿母鹿的发情周期为11.97d。母鹿发情旺期为9月至10月底约1个月时间，在整个发情交配期里，可经历3~5个发情周期。在第一个发情期里，发情高峰日的发情率为11%~15%。由于地理、气候因素的影响，个别年景发情交配日期可提前或延后7~15d。

三、发情持续时间

发情持续时间是指母鹿在每次发情时持续的一段时间。该段时间又分为初期、盛期和末期。其中，盛期指母鹿性欲亢进并接受交配的一段时间。梅花鹿的发情持续时间一般为24～36h，发情11～12h进入盛期。一般有90%左右的母鹿是在发情盛期接受交配的，此期交配的受孕率在95%左右。发情的初期和末期，母鹿一般都拒绝交配。对于初配母鹿的追配和老弱鹿的强配，以及趁母鹿只顾采食草料时的偷配，均属不正常的交配。梅花鹿产后第一次发情一般为130～140d。个别在8—9月，甚至10月初产仔的健康壮龄母鹿，如果仔鹿死亡或断乳，仍可在11月15日以前发情、受配、妊娠。

四、梅花鹿的发情表现

梅花鹿发情表现包括它们的精神状态和行为表现、生殖道变化、卵巢变化3个方面。公鹿表现为争斗，顶木质物、顶母鹿甚至顶人，磨角盘，扒地、扒坑、扒水，泥浴、长声吼叫、卷唇，边抽动阴茎边淋尿，摆头斜眼、泪窝开张。食欲减退或不食，颈围增粗皮增厚，缩腹呈倒锥形。母鹿发情初期兴奋不安，游走、叭嘴，有的鸣叫，对公鹿直视引逗，但拒配。发情盛期驻立不动，举尾、弓腰、接受爬跨，有的泪窝开张，阴门肿胀，带有蛋清样黏液，摆尾频尿，嗯嗯低呻或头蹭公鹿颈部，爬跨公鹿或其他母鹿。发情末期边吧嗒嘴边逃避公鹿追逐，变得安静、喜卧，阴门黏液变少而黏稠，颜色从橙黄色、茶色到褐红色，并多粘连在阴毛上。

五、母鹿的发情鉴定

（一）外部观察法

1. 发情前期的征兆

母鹿鸣叫，躁动不安，离开鹿群乱跑动，食欲下降，嗅闻其他母鹿的外阴部，爬跨其他母鹿，不接受别的鹿爬跨。

2. 发情期的征兆

（1）初期。阴门有少量或没有黏液流出，接受爬跨并站立不动，眼光锐利。

（2）盛期。发情开始数小时进入中期，也是发情最盛期。阴门有黏液流出，母鹿表现出活跃的性冲动，爬跨其他鹿也被其他鹿爬跨。

（3）末期。阴门黏液量少，接受爬跨，但精神表现安定一些。

整个发情期大约持续36h。

（二）直肠检查法

由于母鹿的发情期比较短，当出现隐性发情及其他不完全发情的情况下，可以通过直肠检查，以直接触摸卵巢的方法确定其是否发情。由于鹿的直肠比较细，做直肠检查时要找手较小的人，一般来说，有相关经验的女性较适合此项工作。检查时，指甲应修剪、磨光，手臂清洗消毒再用肥皂水擦拭肛门或把少量肥皂水灌入直肠，排除宿粪。

卵泡发育至不同时期所表现的特征并不一样，这是做直肠检查的重要依据。

1. 卵泡出现期

有卵泡发育的卵巢，体积增大。卵巢上卵泡发育的地方为软化点，波动不明显，此时的卵泡直径约0.5cm，发情表现不明显。

2. 卵泡发育期

卵泡进一步发育，直径达1.0cm左右，呈小球形部分凸出于卵巢表面，波动明显。

3. 卵泡成熟期

卵泡体积增大，直径达1.2～1.4cm，卵泡液增多卵泡壁变薄，紧张性增强，波动明显，大有一触即破之感，表示即将排卵。

（三）公鹿试情法

1. 用结扎输精管的公鹿试情

选择体质健壮，性欲旺盛，而性情又较温顺的公鹿，行输精管结扎术，结扎后3个月予以采精，显微镜检，观察精液中有无精子，如无精子证明结扎成功，可作为试情公鹿放入母鹿群中试情。

2. 用带试情布的公鹿试情

选择体质健壮、性欲旺盛、性情温顺的公鹿，带上试情布。以旧内轮胎作为试情布的具体操作方法是，先将公鹿拨入吊圈或注射麻药，浅麻后赶在狭窄的栅栏内，使其达到人能接近，抚摸不动呈站立式的保定状态，选用一块长50cm、宽40cm的废旧内轮胎，在一边的两个角上分别连接一个长绳，将长绳拴系在腰部，其旧内轮胎（试情布）的一端拴系在腰部，使其向下的一端呈游离状态，将公鹿放入配种母鹿群，当公鹿追赶发情母鹿时引起阴茎勃起，欲爬跨母鹿时，这时能活动的试情布即挡住阴茎，不能与母鹿交配。

3. 用不带试情布的公鹿试情

选择性欲强、性情温驯、不暴躁，而又有某些残障特征的如单眼瞎、轻度跛行、或有包皮炎造成阴茎包皮肿大的公鹿，使鉴情员便于将它从母鹿群中拨出。

上述第1、2种方法，即用输精管结扎或带试情布的试情公鹿试情，可直接放入母鹿群内，以1头公鹿担负15～20头母群的试情任务为宜，可将试情公鹿每日上午各放入母鹿圈内1次，每次2h，由鉴情员监情。而采用不带试情布的公鹿试情，其方法只能是每天上、下午各放入母鹿圈内试情1次，每次2h左右，设2名鉴情员专门监情。当公鹿嗅闻母鹿欲想爬跨时，立即将公鹿强行与母鹿分开，再将发情母鹿从圈内拨出后入吊圈输精。对于选出的试情公鹿必须设单独小圈进行饲养管理。

（四）母鹿发情时的卵泡发育变化

1. 第一期卵泡出现期

此时卵巢稍为增大，一般有无名指肚大，椭圆、稍硬。外部表现为母鹿稍有不安，不接受公鹿爬跨，此期平均持续1.8d。

2. 第二期卵泡发育期

卵巢体积增大，一般为中指肚大，卵巢形状多为圆形或椭圆形，触摸卵泡有弹力、有波动感。母鹿外部表现频频排尿、溜圈，有时公鹿嗅闻母鹿，但不接受公鹿爬跨，此期持续1.3d。

3. 第三期卵泡成熟期

卵泡体积明显增大，一般有大拇指肚大，卵泡壁变薄，有弹力，波动明显，有的整个卵巢似成熟的葡萄样，有一触即破的势态。外部表现为母鹿接受公鹿爬跨，或主动爬跨公鹿或爬跨别的母鹿，此期持续1.6d。这阶段为人工输精的最佳时期，应把母鹿拨入吊圈内立即输精，再隔8~12h补输1次。

4. 第四期排卵期

卵泡破裂，卵泡液流失，用手指触摸卵巢上泡壁有凹陷。触摸时有的液体刚有流失即称手中排，或有少量液体。此期一般母鹿不接受公鹿爬跨，如果仍有液体流失或有少量液体可以予以补输，记左排或右排。

5. 黄体形成期

排卵后不久，形成黄体为球形或椭圆形，通常为稍凸出于卵巢表面，其大小与卵泡相似，易与卵泡出现期混同，有的手触摸时有不光滑之感。

卵泡发育的快慢与外界条件有着密切关系，膘情比较瘦的母鹿卵泡发育慢，甚至停止发育；气候突然变冷时，卵泡发育变慢，有某些卵巢疾病等都影响卵泡的发育速度。尤其还与母鹿个体差异有一定关系，这是受遗传因素影响的。

在进行直肠检验触摸判断卵泡的发育期时，还要注意卵巢体积的大小，有少数母鹿的卵巢仅有黄豆粒大，相应地卵泡也小，触摸时要细致、耐心、准确地判断。

六、母鹿发情时的阴道细胞变化

为区别对照发情期与间情期梅花鹿母鹿阴道细胞变化，韩欢胜等按副基细胞、有核角化细胞、无核角化细胞出现和转化情况将梅花鹿发情期分为发情前期、发情盛期和发情末期，并对各期进行了Ⅰ~Ⅲ期的具体细化，总结了发情期各期细胞变化特点。

（一）发情前期阴道细胞变化

1. 发情前期Ⅰ期

母鹿处于发情前期的早期，刚接受公鹿爬跨，溜圈，阴道细胞特征是副基细胞散在稀疏，主要是小中间细胞（图5-1左图箭头表示）。

2. 发情前期Ⅱ期

母鹿处于发情前期的中期，接受公鹿爬跨，外逃，阴道细胞特征是副基细胞增多，小中间细胞多于大中间细胞（图5-1中图箭头所示），血小板增多，均匀分布。

3. 发情前期Ⅲ期

母鹿处于发情前期的晚期，接受公鹿爬跨，外逃，阴道细胞特征是副基细胞增多，其中大中间细胞（图5-1右图箭头所示）多于小中间细胞，血小板密集。在160~640倍显微镜下，血小板可检查到，但图像经过转换后血小板在图片上呈现不清晰，与细胞分层观察有关。

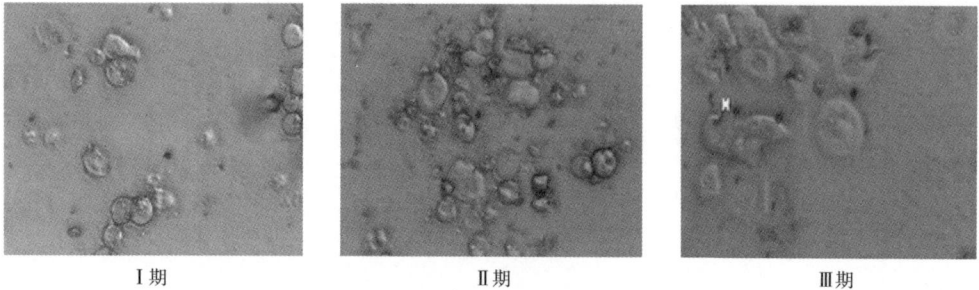

Ⅰ期　　　　　　　　　　Ⅱ期　　　　　　　　　　Ⅲ期

图5-1　发情前期阴道细胞变化（×640）

（二）发情盛期阴道细胞变化

1. 发情盛期Ⅰ期

母鹿处于发情盛期的早期，接受公鹿爬跨，阴道细胞特征是有核角化细胞（图5-2左图箭头所示）开始出现增多，副基细胞多于有核角化细胞，并以大中间细胞为主，血小板密集。

2. 发情盛期Ⅱ期

母鹿处于发情盛期的中期，接受公鹿状态为一爬一走，阴道细胞特征是有核角化细胞（图5-2中图长箭头所示）多于副基细胞，副基细胞以大中间细胞（图5-2中图短箭头所示）为主，血小板开始减少。

3. 发情盛期Ⅲ期

母鹿处于发情盛期的晚期，拒绝公鹿爬跨，阴道上皮细胞特征是出现大量红细胞（图5-2右图箭头所示），大量有核角化细胞，少量副基细胞（大中间细胞为主），血小板散在稀疏。发情盛期的Ⅰ~Ⅲ期是梅花鹿普通冻精输精最适时间。

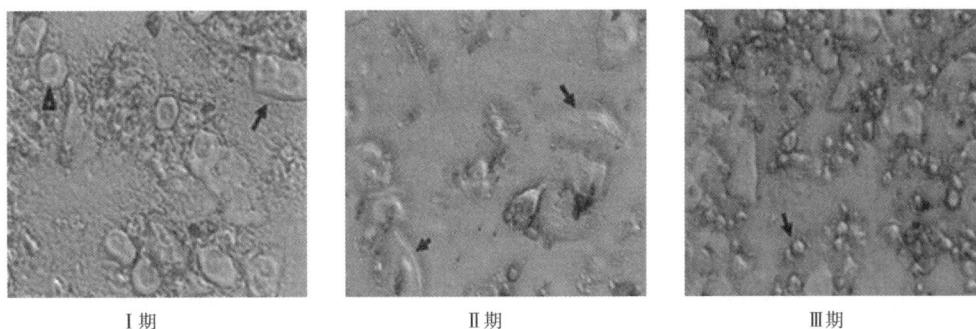

Ⅰ期　　　　　　　　　Ⅱ期　　　　　　　　　Ⅲ期

图5-2　发情盛期阴道细胞变化（×640）

（三）发情末期阴道细胞变化

1. 发情末期Ⅰ期

母鹿处于发情末期的早期，拒绝公鹿爬跨，阴道细胞特征是中量红细胞，中量无核角化细胞（图5-3左图长箭头所示），极少量副基细胞（以大中间细胞为主），血小板特别稀疏。

2. 发情末期Ⅱ期

母鹿处于发情末期的中期，拒绝公鹿爬跨，阴道细胞特征是中量无核角化细胞（图5-3中图长箭头所示），副基细胞（小、大中间细胞）又开始增多，少量红细胞（图5-3中图短箭头所示），细胞开始聚集。

3. 发情末期Ⅲ期

母鹿处于发情末期的晚期，拒绝公鹿爬跨，阴道细胞特征是副基细胞（小、大中间细胞）中量，少量无核角化细胞，出现少量细胞碎片，细胞聚集呈云雾状。

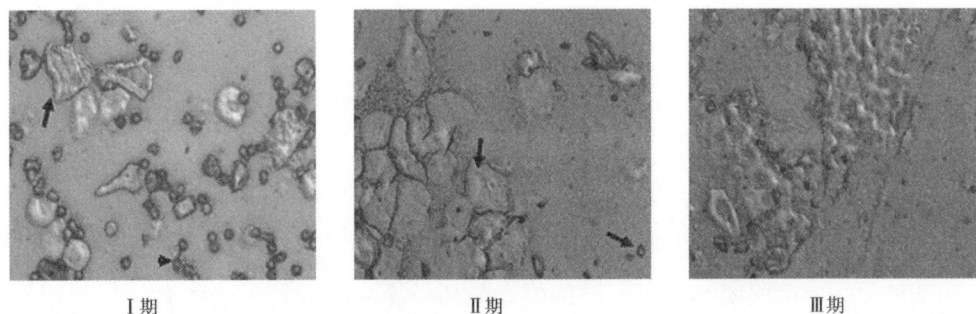

Ⅰ期　　　　　　　　　Ⅱ期　　　　　　　　　Ⅲ期

图5-3　发情末期阴道细胞变化（×640）

（四）间情期阴道细胞变化

间情期，母鹿拒绝公鹿爬跨，性兴奋转为安静，阴道细胞特征是零星的副基细胞，且主要是大中间细胞（图5-4左图），或只见细胞碎片（图5-4右图），或零星的副基细胞与细胞碎片同时出现（图5-4中图）。

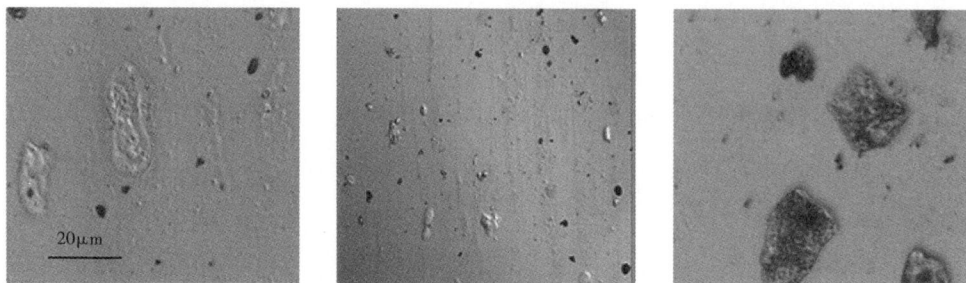

图5-4　间情期阴道细胞变化（×640）

七、影响梅花鹿发情的因素

研究证实，梅花鹿发情启动主要受光照控制，其出现早晚受地理纬度限制，如中国北纬41°以北地区，为每年秋季9—11月，但发情集中与否主要与梅花鹿的膘情、年龄结构和断奶早晚有关。进入发情期前，梅花鹿母鹿如进行短期优饲，膘情达到七~九成的梅花鹿进入发情季节时基本都发情，配种前期优饲可加快繁殖母鹿子宫内环境恢复、提前发情，使鹿群发情高峰提前10d左右，同时可提高鹿群整体发情配种率；经产壮龄梅花鹿较初产梅花鹿、老龄梅花鹿发情规律集中；断奶早的梅花鹿母鹿较断奶晚的梅花鹿母鹿发情时间提前。此外，应激反应对母鹿的繁殖会造成一定程度的影响，如惊吓、药物刺激等外界环境的强烈刺激等，能降低母鹿的发情率、输精准胎率、妊娠率。

第二节　鹿妊娠诊断

鹿是季节性多次发情动物。每年9月下旬至11月中旬发情。母鹿整个发情期里有3~4个发情周期。梅花鹿发情周期为12~16d，发情持续期2~3d。马鹿16~20d，发情持续期2d左右。鹿的妊娠是指母鹿受精或最后一次有效配种到分娩前这一段时间。母鹿是否受精，在外观上看不出来，但配种后不再发情可以作为初步判断。鹿妊娠期的长短，与鹿的品种、胎儿性别和数量、母鹿年龄、饲养方式和营养等因素有关。梅花鹿的妊娠期为（218~256）d（229±6）d；怀公羔时为（231±5）d，比怀母羔时的（228±6）d平均长3d，怀双胎时为（224±6）d，比怀单胎时短5d。头胎和壮龄鹿的妊娠期较短，老龄鹿较长，但是在前1~10胎间妊娠天数差异不明显。马鹿的妊娠期为（223~271）d（245±6）d、天山马鹿为（244±7）d。在气候温和的高纬度地区，妊娠期短。

判断母鹿是否妊娠主要有以下几种方法。

一、外部观察法

母鹿进入发情期后，每日多次观察，尤其是早晚，每次1h左右，切不可时间过短。母鹿发情行为表现为，初期兴奋不安，游走，叭嘴，有的鸣叫，但拒绝交配。发情盛期，驻立不动，举尾、弓腰、接受爬跨，有的泪窝开张，阴门肿胀，排出可拉成细长丝的蛋清样黏液，摆尾频尿，或头蹭公鹿颈部。发情末期，逃避公鹿追逐，也不爬跨其他母鹿。变得安静、喜卧，外阴肿胀消退，阴门口黏液变少而黏稠，颜色从橙黄、茶树色到褐色，并多粘连在阴毛上。公鹿两前肢爬上母鹿肩部后，公鹿与母鹿1s即可完成配种。公鹿与母鹿本交配种或人工输精后，母鹿发情停止，行动谨慎，喜躺卧。食欲增加，体重增加，性情变得温驯，膘情变好，被毛平滑光亮。妊娠期仔细观察右腹部，腹底侧毛蓬松且有毛旋儿的一般为妊娠。母鹿空腹时，左侧肷窝不凹陷或凹陷不明显者多为妊娠。马鹿6月龄腹围显著增大，乳房逐渐膨大。活动减少，常回头望腹，爱群居。妊娠期越长，胎动越明显。尤其是饮用冷水时胎动明显。

二、直肠触摸检查法

梅花鹿肠管较细，基本做不到。实践中配种员握拳直径不超过17cm为好。马鹿可以。在实际应用中都存在必须麻醉鹿的弊端。进行直肠检查时，检查者需将指甲剪短，磨圆滑，手及手臂消毒并润滑。为防止布病，还要带长臂手套。手指并拢呈锥状，缓慢旋转着插入肛门，进入直肠后动作要轻柔，掏干净直肠中的宿粪，向下握住子宫颈，子宫颈手感稍硬，呈短棍状。顺着子宫颈向前，寻找到子宫角，用手隔着直肠壁触摸子宫角、子宫中动脉和卵巢。轻轻触摸卵巢的大小、形状、质地，卵泡发育的部位、弹性，卵泡壁的厚薄以及卵泡是否破裂，有无黄体等，通过手感判断是否怀孕，此法具有很大的主观性，存在很多弊端，操作技术不易掌握，妊娠时间越短判断的难度越大，容易导致感染和流产等不良后果。而且需要长时间的实践与经验积累。特别是小型鹿科动物的盆腔口狭窄，很难或根本不能进行直肠把握。

三、B超检查法

B型超声波诊断技术（B超）是20世纪70年代出现的一项新技术，对动物机体无害、无损伤，诊断准确、直观、迅速。目前，B超已被广泛应用于测定卵泡、黄体及妊娠诊断等。B超是大家畜繁殖领域研究继直肠触诊和循环血液激素的放射免疫测定以来最有深远意义的技术。到目前为止，B型超声波诊断技术已被广泛应用于鹿科动物的繁殖研究领域。超声诊断技术主要包括体外探查、阴道探查和直肠探查3种。在现场条件下，如果需要及时监测鹿科动物是否妊娠，超声波检查是一种简单、快速、准确的方法。由于鹿科动物驯化较晚，野性较强，不易保定，所以B超在鹿科动物上的应用受到了一定的限制。研究发现，经直肠超声波监测时，需要直肠把握，过程较烦琐，肠道中残余粪便的存在还会影响超声图像。再者，B超设备昂贵。以上因素均可能会限制它的推广和应用。应用B型超声影像技术监测鹿科动物妊娠是一种相对来说对机体无损伤、准确的方法，可为人工授精、胚胎移植、妊娠诊断等技术奠定良好的基础，因此在鹿科动物遗传育种工作中具有重要的应用价值。与常用的腹腔镜技术相比，B超在观察卵巢卵泡动态变化时能减少应激，对鹿机体没有损伤，便于多次观察卵巢卵泡。监测鹿性腺激素与生殖行为的关系。

四、激素水平测试

鹿虽然存在品种、个体、饲养状况等差异，但性腺激素能够调节鹿的生理机能，对鹿的生殖状态具有指示作用。对其进行科学监测，对动物日常饲养实践具有非常重要的指导意义，将为合理开展圈养动物的繁殖工作提供科学保障。监测动物性腺激素与生殖行为的关系，最理想的方法是结合动物的行为观察，经过一个长期持续的过程，连续采集一群鹿若干个体同期血液样本，测定其中的性激素含量，才能准确描述出一个客观变化规律。最终为每头鹿建立自己的基础数据，才可能为准确判断其生理状态提供科学参照。遗憾的是，由于主客观条件限制，现阶段中国动物行业在饲养实践中尚不能达到这一理想状态，仍存在一些实际困难和问题。

（一）直接采集鹿血液测定激素水平

具有简便、快捷、准确的优点，在畜牧业、宠物业、实验动物和人类的疾病监测中是应用最为广泛、高效、传统的方法。但对于鹿而言，应激反应一般较高，在日常饲养管理中要经常性地捕捉、保定、麻醉并静脉穿刺获取血液组织，本身就会导致其生理指标的异常，在实际操作中存在很大的难度和隐患。

采集血液样本的过程本身会导致鹿产生较强的应激反应。配合采血而使用的一切物理保定措施，对鹿来说都是一个强烈的刺激。麻醉剂会抑制动物神经功能和影响垂体的分泌，进而影响激素分泌，经常性地对鹿实施麻醉没有现实性和可操作性。经常性地保定、采血会极大地干扰动物的正常状态，造成生理和心理的损伤。

（二）采集动物尿液粪便样品测定性激素的非损伤取样法

在圈养动物的研究中应用较多，优点是对动物机体无损伤，不会对动物的正常状态造成较大干扰，且可以在一段时间内有规律的收集，是研究激素水平变化最理想的样品选择。但是，群居动物特定个体尿液、粪便的准确识别，动物排泄的随机性，圈养笼舍地面环境的限制，甚至不同地域饲养方式、饲料品种差异，都会对样本造成干扰，进而干扰测定结果，是需要注意的因素。在进行目标动物粪尿样品采集监测过程中，由饲养员根据日常特征区分、利用高清监控设备辨识目标个体，提前合理分隔监测小群、选择适当笼舍、确定稳定的日粮组成等，均应纳入激素监测方案中，并不断完善。常用的激素测定方法主要包括生物学方法、化学方法和免疫测定方法。其中，已经用于检测粪样中性激素含量的免疫学方法有放射性免疫检测法和酶联免疫检测法。由于放射性免疫检测灵敏度高，方法成熟，因此测量结果可信度高，是目前应用最广泛的性激素测定方法。但在应用这一方法时，会产生不同程度的辐射环境影响，因此，对实验室防护条件要求较高，不宜普及使用。酶联免疫法虽然灵敏度略逊放射性免疫测定法，但是简单、安全，易于普及，且测量结果与放免结果有较强的相关性。

（三）同期发情人工输精阶段妊娠梅花鹿生殖激素水平

FSH（促卵泡素）、E_2（雌二醇）、P_4（孕酮）、LH（促黄体生成素）和LHRH-A3（促黄体素释放激素）波动范围分别是（0.90～5.34）mIU/mL、（11.92～16.75）pg/mL、（0.51～9.03）ng/mL、（0.57～1.35）mIU/mL和（107.31～174.95）mIU/L，平均浓度分别是（2.13±0.17）mIU/mL、（13.99±0.21）pg/mL、（3.96±0.64）ng/mL、（0.83±0.03）mIU/L和（147.12±3.65）mIU/L。生殖激素水平在梅花鹿同期发情人工输精各阶段变化趋势基本相同，埋栓至撤栓期间呈下降趋势，以后呈上升趋势，到第一次人工输精时达到顶峰后激素水平又开始缓慢下降。

（四）妊娠期间孕酮浓度变化规律

孕酮分析监测孕激素中的孕酮（progesteron，P_4）对于准确判定雌性动物妊娠、分娩具有重要作用。雄性激素监测中最重要的是由睾丸分泌的睾酮（testosterone，T），对雄性性行为和性欲表现起促进作用。按化学性质分类，雌二醇（E_2）、雌三醇（E_3）、雌酮（E_1）、孕酮（P_4）和睾酮（T）都属于类固醇（甾体）激素（steroid hormone）类。促黄体生成素（luteinizing hormone，LH）的主要靶细胞是睾丸，其主要功能是促进睾丸间质细胞的增生，促进其合成和分泌雄性激素，主要是睾酮（T）。所以，对促黄体生成素（LH）含量变化进行监测，也可起到间接监测睾酮（T）水平变化、监测繁殖状态的作用。

由于技术的进步和分析手段的不断提高，通过对动物体内性腺激素水平变化的监测，判定繁殖状态、发情周期、妊娠产仔等，进一步开展人工授精、体外受精和胚胎移植，提高动物生产力，已成为畜牧业的重要手段。主要作用有，在着床和妊娠过程中，出现孕酮减少，是母体的免疫反应，接受妊娠。当黄体酮减少时，子宫平滑肌收缩。此外，在怀孕期间孕酮抑制哺乳。分娩后，孕酮水平会降低而触发产奶。孕酮水平下降这一阶段，可能会有利于分娩。如果发生妊娠，孕酮水平维持在黄体期的最初浓度。当妊娠开始时，子宫胎盘转移黄体酮支持妊娠，孕酮水平开始进一步上升。孕酮的浓度存在着规律性的变化，排卵期间孕酮水平相对比较低，黄体期达到较高的水平。

以上方法中，在生产实践中就是外部观察法。其他方法在实验室应用较多。随着科技的进步和发展，更加实用而简便的妊娠检测方法一定会诞生。

第六章
鹿体外胚胎生产与移植

第一节　鹿体外受精胚胎的生产

体外受精指精子和卵子在人工控制的条件下完成受精而形成正常胚胎的过程。动物的体外受精胚胎经移植后生出的新个体，常被称为"试管动物"。动物的体外受精原为研究受精过程的试验手段，现已逐渐成为解决移植用胚胎来源的又一新途径。同时，也是动物性别控制等其他胚胎生物技术研究的重要辅助手段。

鹿的体外受精研究多见于梅花鹿和马鹿上的报道，使用体系均以SOF液体系为主，但所需条件要比牛羊等反刍动物的较为严格，主要表现在气象条件、培养条件等方面。不同国家/品种梅花鹿的体外受精胚胎生产在体系的使用上基本无差异，但在马鹿方面，北美马鹿（wapiti）是个例外，其卵母细胞的体外受精使用的是TALP液体系，且在5%CO_2环境条件下进行。我国有学者用TALP液和BO液，对5%CO_2环境条件下我国马鹿精子的体外获能进行了检验，发现也均有较好的获能效果。但在我国马鹿体外受精胚胎的生产上，仅见使用BO液方面的报道，且均在5%CO_2环境条件下进行的。遗憾的是，不管在繁殖季节还是非繁殖季节，这些研究所生产的马鹿体外受精卵，均没有发育到8-cell阶段。这意味着我国马鹿体外受精胚胎的生产，也与北美马鹿的不一致，难度更大。我国梅花鹿卵母细胞的体外受精研究目前尚未见有报道，仅本团队用BO液在5%CO_2环境条件下对非繁殖季节梅花鹿的体外受精进行了相关试验，结果仅获得1枚4-cell的卵裂胚胎（1/48）。这意味着牛常用的BO液体系，在5%CO_2环境条件下并不能用于我国梅花鹿体外受精胚胎的生产。据 P. Comizzoli 等（2001）报道，梅花鹿繁殖季节的卵母细胞在 TALP 液+20%SS+5%O_2 环境条件下体外受精，然后在 SOF 液+10%FCS+5%O_2，5%CO_2，90%N_2 环境条件下体外培养，体外受精卵可以发育到早期桑椹胚阶段（20-cells ~ 25-cells），但均无囊胚的产生。这意味着 TALP 液在梅花鹿体外受精胚胎的生产上效果也不佳。因此，当前梅花鹿体外受精胚胎的生产体系基本均为 SOF 液体系。

另外，鹿是季节性发情动物。我国鹿通常集中在每年的9—11月发情，个别梅花鹿可推迟到来年2—3月。梅花鹿母鹿的发情周期为12 ~ 16d，马鹿母鹿的发情周期为16 ~ 20d。在繁殖季节，鹿也存在传统意义上的"雌二醇反馈机制"，与其他反刍动物一样，排卵前也会出现 LH 峰，并最终使得卵泡成熟并排卵。在非繁殖季节，鹿卵巢上仍存在卵泡波的发育，只是优势卵泡不会自发排卵，而是发育到一定时期后便闭锁或退化。但该优势卵泡可受外源性激素所调节而排卵。梅花鹿非繁殖季节超排所获得的卵母细胞可用于体外胚胎的生产；而马鹿仅有非繁殖季节超排方面的试验结果，其所获卵母细胞的体外受精及受精卵的体内外发育效果尚未可知。

季节性变化对梅花鹿体外受精胚胎的生产影响较小，不管在繁殖季节还是非繁殖季节，卵母细胞均能正常的受精与发育。但对马鹿影响很大，在繁殖季节，马鹿卵母细胞的体外成熟、卵裂和胚胎发育均具最佳效果；到繁殖季节后期，这些指标均急速的下降（$P<0.05$）；至繁殖季节末期及之后，马鹿卵母细胞的成熟发育不是停滞在中期 I 阶段，就是受精卵阻断在2 ~ 4-cell/8 ~ 16-cell 阶段，无法发育到桑囊胚。整个繁殖季节，马鹿体外受精卵的卵裂率和桑囊胚率均呈二次项分布。在繁殖季节后期与非繁殖季节，马鹿卵母细胞的发育仍可由外源性激素进行调节，但其已然失去了继续发育的潜力，且这种潜力的失去是无法用外源性激素来修复的。但繁殖季节后期的马鹿体外受精卵是可在羊输卵管上皮细胞共培养条件下，进一步发育到囊胚阶段的，而非繁殖季节的却不可以。

当前尚未见马鹿与梅花鹿体外杂交受精胚胎生产方面的相关报道，其所用体系、气态环境、有效精子数以及各阶段的发育数据均有待进一步研究，见图6-1。

精子　　　　　　　卵母细胞（COCs）

精子的体外获能　　卵母细胞的体外成熟

体外受精

受精卵的体外培养

桑椹胚和囊胚（利用或研究）

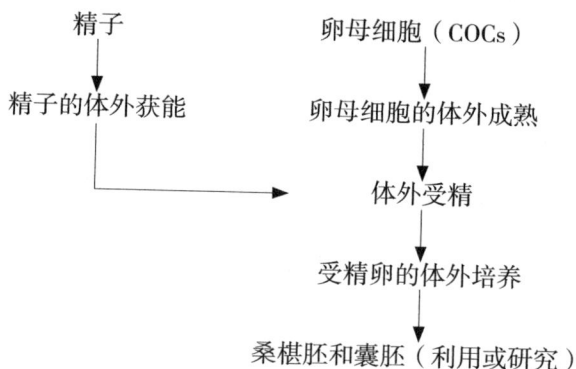

图6-1　体外受精的一般流程

一、卵母细胞的获取

鹿类比较特殊，梅花鹿和马鹿虽然也是反刍类家畜，但非繁殖季节生产的马鹿体外受精卵是不可发育到囊胚阶段的，而非繁殖季节生产的梅花鹿体外受精卵虽可继续发育，但是否可用于移植还有待进一步验证。因此，当前用于生产可移植胚胎的梅花鹿和马鹿卵母细胞，均需在繁殖季节获取。但鹿的繁殖季节较短，在我国主要集中在9月中旬至11中旬。而据报道，梅花鹿的发情盛期持续时间还不到1个月，但发情率却高达64.07%，占发情梅花鹿总数的86.5%。如果不在繁殖盛期及时进行配种，很容易错过最佳配种时间，造成更大损失。因此梅花鹿和马鹿卵母细胞的获取需兼顾配种工作才较为合理，即使用活体采卵技术。

活体采卵又分为手术法取卵和非手术法取卵。而非手术法取卵需借用B超探头（B-OPU）才能达到取卵目的，这对于体格较小的鹿来说难以操作。因此梅花鹿和体格较小的马鹿的活体采卵，仅能采用手术法取卵技术。对于那些体格较大的马鹿，手术难度较大，则较适合B-OPU。但B-OPU要求母畜必须呈安静站立姿态，如何达到这一目的，对于具有一定野性的马鹿来说是一个技术要点。此外，繁殖季节后期的马鹿卵母细胞已然接近不可用状态，如何在繁殖季节最大程度的获取梅花鹿和马鹿卵母细胞并兼顾配种工作，也是一大难点。

（一）手术法取卵

1. 手术法吸卵

即通过腹部手术，将母鹿的卵巢拉出体外，抽吸其表面直径2～8mm的卵泡。可用于梅花鹿和体形较小的马鹿卵母细胞的采集。该方法对母鹿的创伤较大，一般1个月取卵1次。取卵前需对母鹿进行同期发情和超数排卵处理，以促进卵泡的发育。梅花鹿和马鹿的超排方案很多，可参考如下：第0天放置含孕酮100mg~1.38g的CIDR，第9天下午开始注射促卵泡素（FSH），共8次，每次2mL（40mg），每次间隔12h。在第7次注射FSH的同时取出CIDR。撤栓后24h，也即最后一次注射FSH12h后即可取卵。取卵工作一般安排在第14天，最迟最好不要超过排卵期，术前24h内需禁食禁水。

鹿取卵前的手术与羊的基本一致，即先进行全身麻醉与手术架绑定，腹部去毛后在腹中线距乳房约4cm处做一切口，最后用手将卵巢拉出体外即可进行吸卵操作。

吸卵过程可参考如下：左手固定卵巢，用带有18号针头含2mL抽卵液的10mL一次性无菌注射器，直接抽吸卵巢表面直径大于2mm卵泡中的卵泡液，并记录吸取卵泡的数量。在此过程中随时用含兽用林可霉素的37℃生理盐水冲洗卵巢表面上的血渍。吸卵结束后，在腹腔内倒入约200mL含兽用林可霉素的37℃生理盐水，然后缝合伤口，并在缝合后的伤口处撒上一层抗生素粉剂。若养殖环境不太好，可在术后的3d内每天两次各注射1支青霉素。

据报道，排卵期后对梅花鹿进行手术法吸卵，平均每只母鹿可获可用卵丘–卵母细胞复合体（COC）约15个。尚未有马鹿手术法吸卵方面的有效数据。

2. 手术法冲卵

即通过腹部手术，将母鹿的子宫角和输卵管拉出体外，通过冲胚的方式，回收体内成熟的卵母细胞。该取卵方法可与手术法吸卵同时开展，但最好在撤栓后60~72h期间进行。该方法撤栓时需肌肉注射约300IU的孕马血清促性腺激素（PMSG），其余操作均与手术法吸卵相一致。

冲卵过程可参考如下：用手将子宫角和输卵管拉出体外，记录与观察卵巢上黄体的发育情况。在子宫角基部插入冲卵套管针，在输卵管伞部插入冲卵管。由进液孔注入温热的冲卵液10~20mL，将卵子从输卵管伞部冲出，并收集于培养皿中。

该方法平均每只梅花鹿可获可用成熟卵母细胞约3个，尚未有马鹿手术法冲卵方面的有效数据。梅花鹿的这一冲卵结果，与冲胚试验所统计的平均黄体数有所差异。在冲胚试验中，梅花鹿超排后平均黄体数最低为5.5个/只，最高可达9.0个/只。这说明梅花鹿超排后可排除出更多的成熟卵母细胞。这也间接说明，不同的超排方案和激素的使用对梅花鹿手术法冲卵结果影响较大。上述冲胚试验的最佳超排方案如下：第0天放置含孕酮0.3g的CIDR，第9天早晚肌肉注射FSH各1.2mg，第10天早晚肌肉注射FSH各1.0mg和氯前列烯醇（PG）各0.4mg，第11天早晚肌肉注射FSH各0.8mg，并于晚上肌注FSH后取出CIDR，同时肌肉注射300IU的PMSG，第12天早晚肌肉注射FSH各0.6mg。

3. 腹腔镜法采卵（L-OPU）

L-OPU是当前鹿活体采卵的主流技术，其所获卵母细胞与季节、母体、激素和熟练度等有很大关系，这在马鹿上表现的尤为明显。由于该技术对母体的创伤较小，一般都会采用连续采卵的模式。但因马鹿体格较大，操作起来比较麻烦，因此在马鹿的取卵上一般都为1月1次。术前24h内需禁食禁水。

（1）梅花鹿的L-OPU。梅花鹿连续采卵激素处理的方案可参考如下：

①第0天放置含45mg孕酮（如FGA）的阴道海绵/CIDR，第8天注射75μgPG和FSH，FSH每天注射2次，每次间隔12h，每次0.063IU，连续4d。第12天，也即最后一次注射FSH后12h，第一次腹腔镜吸卵，同时撤掉阴道海绵/CIDR。吸卵操作后第3天重新放置上述剂量的阴道海绵/CIDR，第二次腹腔镜吸卵安排在放置后的第5天进行，并于取卵前48h对母鹿连续注射3次FSH，每次间隔12h，剂量分别为0.2IU、0.2IU和0.1IU。

②第0天放置含45mg孕酮的阴道海绵/CIDR，第6天注射75μgPG并重新放置阴道海绵/CIDR，第9天开始连续3次注射总量为0.25U的oFSH，每次间隔12h，注射量分别为2mL、2mL、1mL。第11天，也即最后一次注射FSH后24h，第一次腹腔镜吸卵，同时撤掉阴道海绵/CIDR。吸卵操作后第2天重复上述第6天及以后的操作。

这两种方案均可实现梅花鹿每周一次的取卵工作，至少连续取卵5周不会对梅花鹿生殖系统产生任何不利影响。其取卵效果为，梅花鹿繁殖季节每只每次平均可得5～10个卵泡，平均可获COCs3～6个；非繁殖季节平均可得3～6个卵泡，平均可获COCs1～3个。与上述手术法吸卵相比，该连续L-OPU每次所采卵母细胞数并不多，其超排技术还有待进一步提高。

梅花鹿L-OPU操作可参照如下：全身麻醉与手术架绑定。腹部去毛后进行打孔，并充入适量CO_2（如腹内压8mmHg，流量5L/min），使脏器可视化以便于操作。通过腹腔镜检查卵巢，并用连接在真空系统上的17号（34mmHg）/18（25mmHg）号针头抽吸所有表面直径大于2mm的卵泡液。取卵结束后，稍微缝合伤口并撒抗生素，然后解麻醉处理即可。

（2）马鹿的L-OPU。马鹿L-OPU超排方案可参照上述手术法吸卵，也可如下：

①第0天放置含0.3g孕酮的CIDR，第10天撤去CIDR，并于撤栓前48h注射1000IU的PMSG。撤栓后24小时进行腹腔镜吸卵。

②第0天放置含0.3g孕酮的CIDR，第8天重新放置CIDR并注射500μg的PG，第12天撤去CIDR装置，并于撤栓前72h开始，每12h注射1次0.05U的oFSH，共注射8次共计0.4U。撤栓后24h，也即最后一次注射oFSH 12h后进行腹腔镜吸卵。

马鹿L-OPU均需在繁殖季节进行，且个体间差异较大，超排后，平均可获15.1个可吸卵泡/只/次，回收率在50%左右，卵子可用率在60%左右，平均可获可用COCs 4.5个左右/只/次。

马鹿L-OPU多采用安静处理+局部麻醉法。全身麻醉可参考梅花鹿的做法，局部麻醉可参考如下：取卵前肌肉注射1.0～2.0mgkg的甲苯噻嗪和0.8～1.6mgkg的氯胺酮使母鹿处于安静状态，手术架绑定，去除腹部的毛后，皮下注射盐酸普鲁卡因2mL进行局部麻醉。其余操作均与梅花鹿的相一致。

（二）非手术法取卵

主要为经B超介导的活体采卵法（B-OPU）。即经激素处理，借助于B超仪和吸卵针等，通过直肠把握卵巢，经阴道壁穿刺，吸取卵巢上的卵母细胞。该技术主要用于牛卵母细胞的采集，但相同的仪器设备（如7.5-MHz扇形扫描多功能超声诊断仪）也可用于体重在110kg及以上的马鹿身上，且随着术者手臂粗度的降低，供体马鹿体重的要求也可跟着进一步降低。

需注意的是，B-OPU要求动物呈站立姿态。且马鹿受惊或约束不当时，其瘤胃容易被挤推到骨盆腔内，不利于取卵操作。因此马鹿取卵前的处理是一大技术要点，需轻轻地安静处理，使其既不受惊吓又能站立且能按要求进行走动。

据报道，大型马鹿，如北美马鹿、加拿大马鹿等，体重在195kg以上，B-OPU可1周2次。经产马鹿，11岁以上，平均体重在120kg左右，B-OPU可1周1次，且连续采卵6周不会对直肠和卵巢等组织产生任何不利影响。普通马鹿，3～5岁，平均体重在110kg左右，可连续采卵2个发情期，每个情期（18d左右）连续活体采卵3次。

马鹿的连续情期采卵处理方案可参考如下：在繁殖季节或繁殖季节前期，第0天放置含0.3g孕酮的CIDR，第12天撤去CIDR装置，撤栓后第48h注射500μg的GnRH。撤栓后的第4天第一次OPU；间隔7d，第11天第2次OPU；间隔4d，第15天第3次OPU；间隔7d，第22天（第二次发情周期的第4天）第4次OPU；间隔4d，第26天（第二次发情周期的第8天）第5次OPU；间隔7d，第33天（第二次发情周期的第15天）第6次OPU。该方法可使马鹿连续活体采卵6次且无任何不利影响。一个繁殖季节可重复上述完整程序2～3次。

据介绍，该连续采卵试验中，所采卵泡为表面直径大于等于3mm的所有可见卵泡，平均可得3.5个卵泡/只/次，卵母细胞总回收率在95%左右，平均可获可用卵子2个/（只·次），可用率为58%。各次采卵间的卵泡数、采卵数和可用卵子数均无显著差异。但值得注意的是，该连续采卵中所有重复的第1次OPU（撤栓后的第4天）和第6次OPU（间隔7d，第33天，第二次发情周期的第15天）所采集的卵母细胞均无法发育到囊胚阶段。这表明，这两个阶段所采集的卵母细胞已完全没有发育成囊胚的潜力。分析认为，可能源于所采集卵泡直径过小所导致的。据试验发现，第1次OPU时卵巢上的卵泡正处于发育阶段，观察中多为小卵泡（3mm）和中型卵泡（4～5mm），无大卵泡形成。且所有第1次和第6次采卵时，卵巢表面均无大卵泡存在。推测认为，马鹿小卵泡内的卵母细胞可能尚无发育成囊胚的潜力，且这种潜力是无法由外源激素弥补与激发的。据报道，马鹿1～4mm卵泡的卵母细胞，体外受精后最多发育到8-cell阶段就停滞了。但该试验卵母细胞的体外受精是在5%CO_2的TALP液中进行了，且未加血清。而在马鹿的体外受精上，除北美马鹿外，TALP液+肝素获能+5%CO_2受精条件下生产的体外受精卵，无论在什么条件下培养，当前均不能突破16-cell阶段。因此该推测还有待进一步验证。而梅花鹿小卵泡内的卵母细胞是可继续发育的，据报道，梅花鹿1～2mm小卵泡内，卵丘细胞少于3层的卵母细胞，其体外受精囊胚率可达13%。

马鹿的B-OPU操作可参考如下：大型马鹿，主要为北美马鹿，可先分别肌肉注射0.5mL甲苯噻嗪（Xylazine）（Rompun，4mg）和0.5mL阿扎哌隆（Stresnil，Azaperone，12mg）使鹿安静地站立，然后按牛的尾椎硬膜外腔麻醉法进行硬膜外腔麻醉，利多卡因（Lignocaine）剂量为3mL，其余操作均可参照牛相关试验进行。

其他马鹿（赤鹿）可先分别肌肉注射甲苯噻嗪（Xylazine）（Rompun，0.4mL）和阿扎哌隆（Stresnil，0.3mL）使鹿安静的站立，然后静脉注射2mL溴丙胺太林（Propantheline bromide，40mg），并肌肉注射1.5mL利多卡因进行硬膜外麻醉，其余操作均参照牛相关试验进行。为了方便取卵操作，可在控制鹿站立的情况下用相关物品提高鹿的臀部，使之高于肩部。

与腹腔镜法采卵相比，B-OPU法具有更短的取卵间隔和卵子收集所需时间（7~10min），且具有更高的卵母细胞回收率，优势十分明显。但在连续采卵的超排方案上，还有待进一步提高，见图6-2。

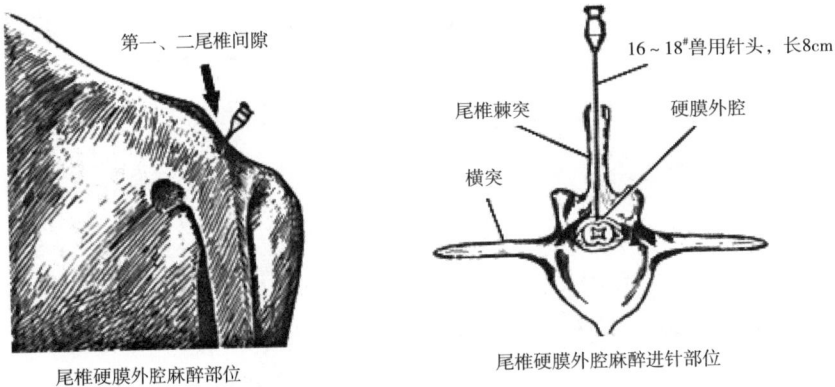

图6-2　牛尾椎硬膜外腔麻醉

（三）离体取卵

不管繁殖季节还是非繁殖季节，梅花鹿和马鹿卵巢表面均有卵泡的发育，也均能取出形态上较为优质的卵母细胞。但非繁殖季节马鹿的卵母细胞是不可发育到桑囊胚阶段的，其卵巢仅繁殖季节的可用。鹿离体卵巢卵母细胞的获取，除卵巢保存温度外，其余方面均与牛羊等反刍动物的一致。不管离体取卵还是活体取卵，鹿卵母细胞的使用多为鲜用，尚未查到鹿卵母细胞冷冻再利用方面的相关资料。

梅花鹿和马鹿离体卵巢的保温是一致的，通常情况下，运输时间不超过6h的，保存温度为30℃；运输时间在6~12h期间的，保存温度为20~25℃；运输时间超过12h的，保存温度为10~15℃。

鹿离体卵巢卵母细胞的获取数据主要集中在马鹿上，但各试验间的差异较大。非繁殖季节，马鹿平均每个卵巢可获卵母细胞有3.3个的，有10.4个的，我们的试验为6个。繁殖季节马鹿平均每个卵巢可获可用卵母细胞有1.7个的，有3.2个的，也有6.2个和7.1个的。在梅花鹿上，我们曾收集过非繁殖季节西丰梅花鹿的离体卵巢，平均每个卵巢可获可用卵母细胞约5个。这些数据均为未超排过的取卵数据，其间接证明了梅花鹿和马鹿卵巢表面全年均有卵泡的发育。通过与这些数据对比，还可进一步检验我们超数排卵技术的效果。

据研究，运输4h保存温度为30~35℃，和运输12h保存温度为20~25℃，马鹿卵母细胞的体外成熟和发育之间无显著性差异。且这两种卵巢保存和运输方法的卵裂率和GV期率要显著高于运输12h，保存温度为5~8℃的。但这3种方法间卵母细胞的体外成熟率和囊胚发育率均无显著差异。

卵巢运回实验室后的操作可参照牛羊的做法，见图6-3。

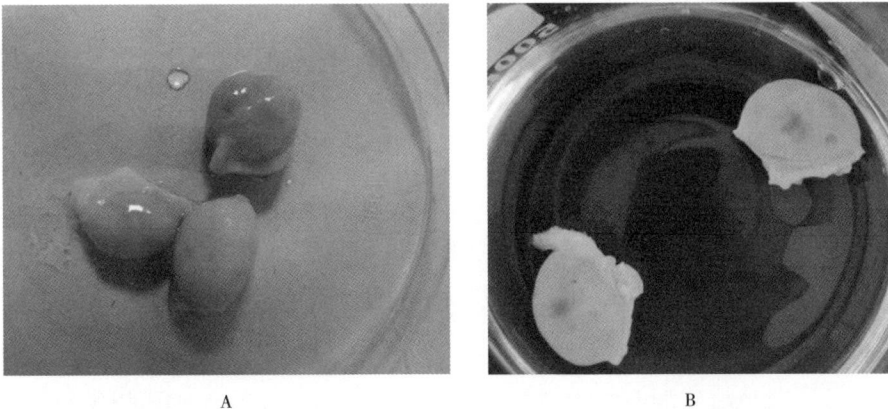

图6-3　非繁殖季节条件下的鹿卵巢。A：西丰梅花鹿卵巢，采集于8月初；B：清原马鹿卵巢，采集于7月中旬

二、体外受精胚胎的生产

鹿生殖系统的解剖结构与牛羊等反刍动物相似，子宫呈典型绵羊角状，亦

为子宫角内妊娠。发情前后，其血浆中FSH、LH、E$_2$、P$_4$含量的变化模式也与牛羊等反刍动物的相似，排卵发生在发情或LH峰后2d内。因此，鹿体外胚胎的生产可以借鉴牛羊等反刍动物的体系。

（一）卵母细胞的体外成熟

1. 卵母细胞成熟机制

卵母细胞的成熟是一个极其复杂的变化过程。卵丘细胞、透明带、卵质和细胞核发生一系列连续性的结构和分子方面的变化，完成核成熟和胞质成熟，卵泡细胞扩散、卵泡破裂引起排卵，这时的卵母细胞才具备受精和发育的能力，即为卵母细胞的成熟。

大多数哺乳动物的卵母细胞的减数分裂开始于胚胎早期，在出生前后分裂至双线期便进入休止期。此时的细胞核成泡状，称为生发泡（GV）；核中的染色体分散成网状。在排卵前，FSH与LH的作用，使停滞状态被打破，减数分裂重新恢复。至前期Ⅰ终了，染色体变成紧密凝集状态并完成重组，即雌雄染色单体上的基因交换完成；核被膜破裂，发生生发泡破裂（GVBD）。一般来说，GVBD代表着减数分裂的开始。随着减数分裂的继续进行，中心粒、纺锤体、染色体等发生了一系列的变化。至末期Ⅰ时，胞质分裂，核膜重新出现，染色体松散，核仁出现，形成了两个单倍体细胞，一个胞质特别多的次级卵母细胞，和一个胞质特别少的第一极体。第一极体的排出标志着卵母细胞已经达到核成熟。卵母细胞的第一次减数分裂完成后卵母细胞核便停滞于第二次成熟分裂的中期，在精子穿卵或其他因素的刺激下再继续完成第二次成熟分裂，排出第二极体成为原核卵。

卵母细胞获得了恢复减数分裂的能力，但并不意味着其具有完成减数分裂和受精的能力。据研究，对未性成熟的牛卵母细胞进行体外成熟培养时，有92.3%的卵母细胞恢复了减数分裂能力，但其中仅有53.8%的卵母细胞最终完成减数分裂，而受精后的卵裂率仅为16.8%。这表明，卵母细胞要想继续后续发育，不仅需要核成熟，还需要质的成熟。

卵母细胞胞质的成熟与后续的受精以及早期胚胎发育有着密切的关联。它主要包括细胞器的变化和细胞基质的变化。卵母细胞在体内生长期间，各种类型的RNAs合成旺盛，并且进行蛋白质的积累。

在第一次减数分裂恢复以后，RNA的合成维持在较低的水平，显著的蛋白质合成发生在GVBD前后。这些新合成的蛋白质可以激活成熟促进因子（MPF），促进卵母细胞自身的成熟。卵母细胞受精后3个细胞周期的细胞合成代谢是由贮存在细胞质中的mRNA和rRNA完成的，所以，胞质成熟的质量如何将直接影响到早期胚胎发育的能力。

另外，一些研究表明，核成熟与胞质成熟存在着明显的时间差，即体外培养时胞质成熟所需时间长于核成熟时间。所以，只有卵母细胞的核、质都达到成熟才能认定卵母细胞具备了受精能力和胚胎的发育能力。

2. 培养方法

鹿卵母细胞体外成熟的培养方法主要为微滴法和四孔板法两种。微滴法必须覆盖石蜡油，四孔板法多不覆盖石蜡油。当前鹿卵母细胞的体外成熟培养方法主要为四孔板法，其余所有操作均与牛羊等的一致。

3. 梅花鹿卵母细胞的体外成熟

成熟条件多为38.5℃，5%CO_2，饱和湿度的培养法。温度也有使用38.8℃等的。基础液为M199，成熟时间为20~24h，其中24h的效果要好于20h，但无统计学差异。

梅花鹿卵母细胞体外成熟的添加物主要为血清或卵泡液、FSH、LH、E_2、EGF、HEPES、半胱胺酸等，不同添加物组合，效果差异较大。其中FBS和羊卵泡液（FF）的添加量多为10%，FSH的为10μg/mL，LH的为1μg/mL（0.001IU/mL），E_2的为1μg/mL，EGF的为50ng/mL，HEPES的为25mmol/L，半胱胺酸的为100μM。据报道，FSH和E_2是鹿体外成熟培养的必要激素，但在繁殖季节，E_2对体外成熟效果的影响并不大，反而0.2mM半胱胺酸能有效促进卵母细胞的成熟。繁殖季节，10%FBS、10μg/mL FSH、1μg/mL LH（0.001IU/mL）、0.2mM半胱胺酸和50ng/mL EGF可有效提高梅花鹿卵母细胞的体外成熟率。而非繁殖季节，10%FBS、20μg/mL FSH、2μg/mL LH（0.002IU/mL）、0.4mM半胱胺酸、100ng/mL EGF的效果较好。

梅花鹿卵母细胞的核成熟率在51%~80%。据一些试验显示，繁殖季节梅花鹿卵母细胞的体外成熟率极显著高于非繁殖季节的，这主要是因为梅花鹿是短日照动物，非繁殖季节期间，内分泌和黄体自然性循环受限，激素分泌不足，进而影响了卵母细胞的发育。但拥有完整且致密的卵丘细胞的高质量卵母细胞，其体外成熟及受精卵的体外发育均不受季节的影响。此外，一定量的EGF、胰岛素、转铁蛋白或硒可有助于核的成熟。但EGF不可对FSH进行替代，否则会极大降低梅花鹿卵母细胞的体外成熟率（76%～14%）。

此外，不同品牌的M199对鹿卵母细胞的体外成熟影响也较大。在牛羊等反刍动物上，以前多用Sigma生产的M199，多种品牌均具有较好的使用效果。最近几年开始倾向于Gibco生产的M199，如REF：11150-059，不仅在牛羊等家畜的使用上效果较佳，对猫等特种动物卵母细胞的体外成熟也具有较好的效果。国产的M199/EBSS也可用于牛、羊、鹿等卵母细胞的体外成熟，其效果要好于Bio-Channcl生产的国产M199。但不同厂家间的M199，在鹿卵母细胞体外成熟上的具体优劣情况，还有待进一步试验。

4. 马鹿卵母细胞的体外成熟

马鹿非繁殖季节的卵母细胞，不管质量好坏，正常受精后均不可发育到桑囊胚阶段，且其卵母细胞的体外成熟率非常的低下，极显著低于繁殖季节。据报道，利用梅花鹿卵母细胞的体外成熟体系，基础液+10% FBS、$10\mu g/mL$ FSH、0.001IU/mL LH、$1\mu g/mL$ E_2、0.1mM半胱胺，可显著提高马鹿非繁殖季节卵母细胞的体外成熟效果和受精卵的质量，但体外受精率和不可发育成桑囊胚的现状均未改变。

在繁殖季节，马鹿的卵母细胞具有较高的体外成熟率，利用牛羊的体外成熟体系均可获得较好的效果，见图6-4。

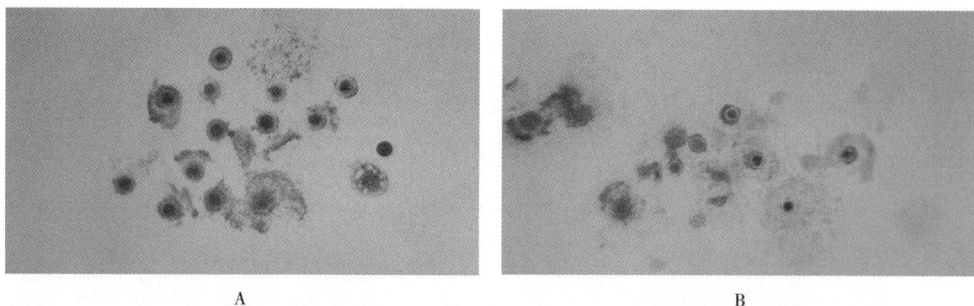

A   B

图6-4 非繁殖季节马鹿卵母细胞体外成熟效果图。A：卵母细胞在0.02IU/mL LH条件下的成熟效果；B：卵母细胞在0.001IU/mL LH、0.1mM半胱胺条件下的成熟效果。

（二）精子的体外获能

精子在通过雌性生殖道的过程中，经历一系列生理、生化变化而获得受精能力的过程称为精子获能（Sperm Capacitation）。精卵结合之前，精子在雌性生殖道或体外培养液中需停留一段时间获能以后，使精子质膜发生生化变化，从而引起顶体反应，才能保证精子穿过透明带，进入卵细胞质。顶体反应包括精子质膜与顶体外膜融合和破裂，及顶体酶的外排反应。顶体反应可能与精子超激活运动同步发生，正常情况下在透明带附近或在透明带上发生。

精子体外获能的实质就是模仿体内获能的环境和条件。经获能处理后的精子方具有体外受精的能力。

鹿细管冻精的解冻步骤跟牛羊等反刍动物的一致，在37℃水中解冻30s左右即可。用于体外受精的冻精，解冻后的活力最好能达到70%及以上。

1. 精子的洗涤

精液中含有大量的精浆，其中就包括精子获能的抑制因子，在体外受精前必须将其去掉。此外，冷冻的试管精液中还含有防冻保护剂、蛋黄、死去的精子和细菌等成分，留在受精液中将不利于卵母细胞受精的完成，也得去除。因此，精子的洗涤（预处理）是体外受精的一个重要步骤。

牛羊等反刍动物精子洗涤的常用方法有Percoll密度梯度法、上浮法、离心洗涤法等。

Perooll密度梯度法是通过平衡分离精子，离心后精子按密度大小分布于不同密度的梯度中。这种方法的前提是形态好的精子比差的密度大，可在高密度区获得。常用的Percoll梯度为30%和45%，平衡离心10min；也有人使用45%和90%，平衡离心25min。Percoll是一种用聚乙烯吡咯酮包被胶体硅形成的介质，可先配制90%Percoll等渗液备用，其保存温度为2~8℃，保存时间为1个月。再向90%的等渗Percoll中加入受精液/精子洗涤液，可配制成不同密度梯度的等渗Percoll液（如45%Percoll：2mL90%Percoll+2mL受精液/精子洗涤液）。两层不连续Percoll密度梯度离心法：在锥形离心管内依次加入1.5~2.0mL90%、45%Percoll液，再将1.5~2.0mL精液加到45%Percoll液界面上，注意每层之间的界面要清楚。300g离心15~25min，弃去上层液体，留沉淀物，加3mL受精液/精子洗涤液，混匀后，200g离心5~10min。留沉淀物，根据需要加入受精液/精子洗涤液来调整精子的使用密度。

上浮法是将0.5mL精液慢慢置于含有2mL左右获能液或者受精液的试管底部，45°角倾斜，在培养箱中孵育30~60min后，吸取上层液体，而后离心洗涤1~2次，可获得高活力的精子。

离心洗涤法是取0.1~0.2mL的精液置于离心管中，然后加入5~10mL的获能液或受精液，离心5~10min，弃上清，再加入5~10mL的获能液或受精液离心洗涤1次，即可用于受精。

2. 获能因子

精子必须获能才能受精。获能后的精子具有发生顶体反应的能力，但无明显形态变化。精子的获能与顶体反应有着本质的区别，前者是可逆的，主要表现为质膜的稳定性下降、通透性增加，极易与顶体外膜融合而发生顶体反应，但一旦与稳定质膜的去能因子结合又能发生去能作用。而顶体反应是不可逆的，发生顶体反应后，顶体脱落，精子也就再也不能恢复到其原有的完整状态。精子在体内的获能过程是：母畜生殖道内的获能因子中和精子表面的去能因子，并促使精子质膜的胆固醇外流，导致膜的通透性增加。而后Ca^{2+}进入精子内部，激活腺苷酸环化酶，抑制磷酸二酯酶，诱发cAMP的浓度升高进而导致膜蛋白重新分布，膜的稳定性进一步下降，精子获能即告完成。因此任何导致精子被膜蛋白脱除，质膜稳定性下降，通透性增加和Ca^{2+}内流的处理方法，均可能诱发精子的获能。

目前可用于牛羊等反刍动物精子体外获能的因子很多，如肝素、BSA、咖啡因等，这些因子单个或联合使用都具有较好的获能效果。但在鹿上，除日本北海道梅花鹿和北美马鹿外，这些经典的获能方式效果却并不佳，其效果均极显著低于20%发情绵羊血清（ESS）。受精液中添加20%ESS或其他血清也是当前鹿精子体外获能与受精的主流方式。

在日本北海道梅花鹿的体外胚胎生产上，试验显示（体外受精与培养均在SOF液+5%O_2，5%CO_2，90%N_2条件下进行），用BSA作为获能因子时，鹿的囊胚发育率高于10%发情羊血清，但低于10%非发情羊血清。这说明BSA可以用于日本北海道梅花鹿精子体外获能的因子。另有学者在梅花鹿的体外受精上，对TALP液+20%SS、TALP液+2%SS、TALP液和TALP液+10μg/mL肝素的受精效果进行了对比。结果显示TALP液+10μg/mL肝素的受精率最低，和TALP液组一样，显著低于TALP液+2%SS，极显著低于TALP液+20%SS组。但该研究因使用的是TALP受精液，未能获得桑囊胚胎。与上述日本北海道梅花鹿的研究结合可以看出，使用SOF液时或可用BSA、肝素等获能因子进行梅花鹿的体外获能，但使用TALP液时20%的羊血清效果极显著高于肝素等的效果。

此外，北美马鹿的体外胚胎生产是可完全参照牛的体系（TALP液）进行，但其他马鹿却不可以。据完整的试验报道，当用肝素作为获能因子时，其他马鹿的受精率表现的非常低（20%），且无论卵母细胞是体外成熟还是体内成熟的，其受精卵的体外发育均无法突破到16-cell阶段。我国有许多学者对马鹿精子的体外获能进行了探索，无论肝素、血清还是BSA，均显示具有较好的获能效果，但这些试验不是仅限制于获能研究，就是后续的受精卵发育没有突破16-cell阶段。鉴于马鹿体外胚胎生产各环节条件比较苛刻且关联性较强，我国马鹿体外受精部分是否可用肝素、BSA等作为获能因子从事后续桑囊胚胎的生产值得进一步探索。

3. 气象条件

鹿精子的体外获能一般都是在三气（5%O_2、5%CO_2、90%N_2）培养环境下进行的。但也有试验报道，5%CO_2环境下体外受精，再在5%O_2、5%CO_2、90%N_2环境下体外培养，也可获得较好的囊胚率。根据我国相关的马鹿精子体外获能研究，及本课题组在鹿体外胚胎生产上研究来看，我国马鹿精子的体外获能或许可在5%CO_2环境下进行，但稍后受精卵的体外培养必须在5%O_2、5%CO_2、90%N_2环境下进行孵化。而梅花鹿的体外获能最好在5%O_2、5%CO_2、90%N_2环境下进行。

4. 获能液

梅花鹿获能液的使用均为SOF液。据报道，梅花鹿在TALP液+20%ESS三气培养环境条件下体外受精，然后在SOF液+5%O_2环境条件下体外培养，卵裂率可达49%，但无法发育到囊胚阶段；而相同试验条件下，改用SOF液+20%ESS三气培养环境体外受精时，就可获得较好的囊胚发育率。此外，用改良的BO液对非繁殖季节梅花鹿精子进行体外获能和受精，然后在CR1aa+输卵管上皮细胞单层条件下体外培养，不仅卵裂率极其低下，受精卵还被阻滞在4-cell阶段。这表明，牛主流用的TALP受精液和BO受精液在梅花鹿体外桑囊胚胎生产上的应用效果均不佳。

马鹿获能液的使用除北美马鹿可以使用TALP液外，其余均为（改良）SOF液。目前尚未发现有使用其他获能液而成功生产出体外囊胚的报道。在我国，虽然许多学者都证实了BO液和TALP液在马鹿精子的体外获能上具有较好的效果，但均未能生产出马鹿的体外囊胚。因此，马鹿精子的体外获能，仍以SOF液的使用为主。

（三）体外受精

1.培养方法

体外受精的培养方法有很多种，如微滴法、四孔板法、六孔板法、单卵受精培养法等。除四孔板法外，其余受精培养方法均需覆盖石蜡油。当前鹿的体外受精培养方法主要为微滴法，其余所有操作均与牛羊等的一致。

2.气象条件

当前用于牛羊等反刍动物体外受精的气象条件主要有$5\%CO_2$和$5\%O_2$、$5\%CO_2$、$90\%N_2$两种。在牛羊等反刍动物上，$5\%CO_2$气象条件的受精效果要比$5\%O_2$、$5\%CO_2$、$90\%N_2$的好，但在鹿上，使用的基本都是$5\%O_2$、$5\%CO_2$、$90\%N_2$的气象条件。

据国内学者报道，在$5\%CO_2$气象条件下，马鹿卵母细胞（繁殖季节）不管是在BO液、TALP液还是SOF液中均具有较高的体外受精率。但这些研究均未能获得桑囊胚胎。由于这些研究所获得的体外受精卵，也均在$5\%CO_2$气象条件下孵化的，因此尚不能确定受精环节的$5\%CO_2$气象条件，是否是其不能发育到桑囊胚的原因。据国外相关报道，梅花鹿卵母细胞在$5\%CO_2$+SOF液+20%SS条件下体外受精，然后在$5\%O_2$、$5\%CO_2$、$90\%N_2$+SOF液条件下体外培养，可获得较好的囊胚率。且梅花鹿卵母细胞在$5\%O_2$、$5\%CO_2$、$90\%N_2$+SOF液+20%SS条件下体外受精，然后在$5\%CO_2$+SOF液条件下体外培养，也能发育到囊胚阶段。综合这些研究可以看出，$5\%O_2$、$5\%CO_2$、$90\%N_2$气象条件可能不是梅花鹿卵母细胞体外受精的必要条件，但梅花鹿卵母细胞的体外受精或受精卵的体外发育必须要有$5\%O_2$、$5\%CO_2$、$90\%N_2$气象条件的参与。具体情况还需进一步探索。

本课题组曾探索过非繁殖季节梅花鹿和马鹿的体外胚胎生产，受精液为

IVF-100（商用BO液），培养液为CR1aa，且均在5%CO_2气象条件下进行。结果梅花鹿的体外受精卵仅有一个卵裂（1/42）的，而马鹿的有2个卵裂（2/24）的。梅花鹿卵母细胞的体外受精并不受季节影响，但非繁殖季节马鹿卵母细胞的体外受精率要极显著低于繁殖季节的。因此本课题组认为，我国梅花鹿卵母细胞的体外受精最好在5%O_2、5%CO_2、90%N_2气象条件下进行；而马鹿卵母细胞的体外受精可在5%CO_2气象条件下进行，但后续受精卵的体外发育最好在5%O_2、5%CO_2、90%N_2气象条件下进行。

3. 体外受精

鹿体外受精的所有操作步骤均与牛羊等反刍动物的一致。除北美马鹿的体外受精液使用的是TALP液外，其余梅花鹿和马鹿的体外受精均使用（改良）SOF液。北美马鹿的体外受精可以完全按照牛的体系进行，但也得在繁殖季节开展。

梅花鹿体外受精的使用温度多为38.5℃，也有38.8℃的。在马鹿方面，体外受精的使用温度在38～39℃时，精子的体外获能效果差异并不显著，但以38.5℃最佳。

梅花鹿和马鹿体外受精中，精子的最终使用浓度均为0.4×10^6/mL。但梅花鹿精子的使用浓度也常用1×10^6/mL的，据试验显示，梅花鹿体外受精时，使用1×10^6/mL浓度精子的受精率要显著高于0.5×10^6/mL浓度的，但多精入卵率亦显著，可达22%。马鹿也有多精入卵的现象，使用最佳浓度0.4×10^6/mL进行体外受精时，多精入卵率可达15%。尚未见其他鹿类的相关研究。但多精入卵是否是鹿类的共性，对胚胎发育又产生怎样的影响，还需进一步研究。

（四）受精卵的体外培养

鹿受精卵的体外发育与牛羊等反刍动物的基本一致，从受精卵孵化到致密桑椹胚或囊胚需要6～10d的时间。鹿卵母细胞体外受精结束后，需移入培养液中继续培养，并于受精开始后48h观察卵裂情况。

1. 培养方法

鹿受精卵的体外培养多采用微滴法，一般3～10μL/枚或5～10枚胚胎/100μL微滴培养，有利于活性因子的分泌及相互促进发育。培养过程中要求每48～72h换1次培养液（也可不换液），同时去除停止发育的胚胎。发育至桑囊胚时进行移植或冷冻保存。

2. 气象条件

鹿受精卵的体外培养系统基本使用的都是5%O_2、5%CO_2、90%N_2的气象条件，O_2含量也有使用7%的。据相关试验报道，马鹿体外桑囊胚胎的发育率随着培养环境中O_2含量的提高先上升后下降，在5%O_2处桑囊胚率最高，在5%～15%O_2囊胚率无差异，但桑囊胚率逐渐下降。当O_2含量达到20%时，也即5%CO_2的气象条件下，囊胚发育率已极显著的降低。因此当前鹿受精卵的体外培养基本均使用5%O_2、5%CO_2、90%N_2的气象条件。但梅花鹿的孤雌激活胚，则可在5%CO_2的气象条件下较好发育（图6-5）。一般而言，同等条件下，孤雌激活胚比体外受精胚具有更好的桑囊胚率。但鹿的这种孤雌激活胚和体外受精胚对气象条件所需的不同，其机制值得相关人员的进一步探索。

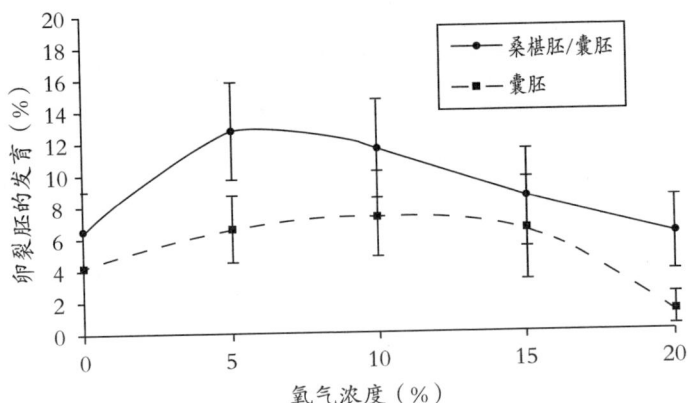

图6-5　马鹿受精卵的体外发育与O_2浓度间的关系（Berg DK，et al. 2003）

3. 体外培养

梅花鹿和马鹿受精卵的体外培养所有操作步骤，均与牛羊等反刍动物的一致。培养液均为（改良）SOF液。本课题组曾用CR1aa培养液对非繁殖季节梅花鹿和马鹿的体外受精卵进行过孵化，气象条件均为5%CO_2，梅花鹿取得了约2.4%（1/42）的卵裂率，马鹿取得了约8.33%（2/24）的卵裂率。根据非繁殖季节马鹿受精卵不可发育至囊胚而梅花鹿的可以这一现象，本课题组认为，CR1aa等其他培养液或也能用于马鹿受精卵的体外孵化，但需进一步验证。

鹿受精卵的体外孵化温度基本均为38.5℃，梅花鹿上也有使用38.8℃的。培养过程中的添加物有10%FCS、10%FCS+输卵管上皮细胞单层共培养、10%FBS等的，均能取得较好的囊胚发育率。据报道，鹿类胚胎与其他反刍动物一样，也有发育阻滞现象，而输卵管上皮细胞单层共培养系统，能有效促进胚胎的进一步发育。此外，卵母细胞的成熟质量以及体外受精过程也与受精卵的发育有着密切的关联。

三、鹿体外受精胚胎生产技术的发展现状

我国目前尚未有成熟的鹿体外胚胎生产体系，梅花鹿和马鹿的体外胚胎生产均止步于4-cell阶段。但在国外，梅花鹿卵母细胞的体外成熟率已达51%～80%，卵裂率已达75%～90%，囊胚率已达27%～36%。马鹿体外卵母细胞发育成囊胚的概率也在3%～25%。相比之下我国鹿体外胚胎生产体系还有待进一步的发展。

第二节　鹿体外孤雌激活胚胎的生产

孤雌激活指处于第二次减数分裂中期的成熟卵母细胞不经过精子受精作用，在某些理化因素的刺激下恢复并完成第二次减数分裂，并发生卵裂形成早期胚胎的过程。由雌性配子经孤雌激活产生后代的生殖过程称为孤雌生殖。哺乳动物卵母细胞的孤雌激活是研究核移植胚胎激活发育的关键环节，同时可对胚胎的体外培养体系进行对比研究。

一、孤雌激活的常用方法

孤雌激活与精子激活卵母细胞的机制类似。当体内卵母细胞发育到MII期时，因为卵母细胞内持续高水平的成熟促进因子（MPF）和细胞静止因子（CSF）维持作用，卵母细胞会出现发育停滞。卵母细胞在受精或人工激活作用下，细胞内游离Ca^{2+}呈多次有规律的脉冲升高，使MPF和CSF的水平降低而导致减数分裂恢复，排出第二极体，并形成原核，随后发生卵裂完成激活。目前，卵母细胞孤雌激活常用的方法有物理激活、化学激活和物化联合激活法。

物理激活多为电刺激法，其原理是给卵母细胞提供瞬间高压刺激，细胞膜

就会形成很多可恢复的微孔，那么细胞外介质中的Ca^{2+}进入胞内就会引起Ca^{2+}浓度升高，通过模仿正常受精状态下精子入卵，引发卵母细胞内Ca^{2+}脉冲式升高的过程，使用多次电刺激以诱导卵子中Ca^{2+}浓度呈脉冲式升高，从而使卵母细胞被激活。电刺激激活法的激活效率与电场强度、脉冲间隔时间、电场强度、卵龄等有很大关系。

化学激活法是指用乙醇处理、Ca^{2+}载体及蛋白质抑制剂进行处理等。乙醇能使膜的稳定性发生改变，诱导内源Ca^{2+}释放和外源Ca^{2+}渗入，从而激活卵母细胞。Ca^{2+}载体可促使Ca^{2+}的内流，使胞内的Ca^{2+}增加，导致MPF活性降低或消失，从而使卵母细胞发生活化。但其激活的卵母细胞无原核形成，必须与其他蛋白合成抑制剂联合使用效果才好。常用的Ca^{2+}载体多为离子霉素，其激活引起的Ca^{2+}波动较为平缓，效率也较好。常用的蛋白抑制剂为放线菌酮（CHX）和6-DMAP，能够抑制蛋白激酶，防止卵母细胞内MPF水平的增高，启动有丝分裂和加速原核的形成，从而提高卵母细胞激活效率。虽然放线菌酮和6-DMAP对卵母细胞均有激活作用，但其机制不同，CHX为蛋白合成抑制剂，6-DMAP为蛋白磷酸化抑制剂。

试验中单独使用一种化学制剂进行激活，效果往往不太理想，因而常将电激活与化学激活联合使用。然而不同激活方式和不同激活剂对不同物种的激活效果有很大差异，在试验过程中应注意根据不同的实验对象选择合适的激活试剂和激活方式，使用离子霉素+6-DMAP方法处理牛、绵羊卵母细胞可取得较好的激活效果。因鹿也是反刍类家畜，其体外受精胚胎的生产可按照羊的体系进行，因此其孤雌激活或也可参照牛羊的方法。

二、鹿卵母细胞的孤雌激活

鹿卵母细胞的孤雌激活当前仅见我国吉林梅花鹿方面的报道，该试验所用卵母细胞为屠宰场回收的繁殖季节梅花鹿卵巢。

卵母细胞体外成熟后，在38.5℃、5%CO_2条件下，于含0.2%透明质酸酶的TCM-199溶液中孵化5min，然后用3~5min的时间用移液枪通过吸液的方式去除其周围的颗粒细胞。挑选出胞质均匀且无卵丘细胞的成熟卵母细胞，置于成熟培养液中并于38.5℃、5%CO_2条件下备用。激活前，卵母细胞于H199（HEPESbuffffered medium 199）+10%FBS溶液中洗3遍。

（一）电刺激激活法

将洗涤后的卵母细胞转移于激活液（0.3M甘露醇，50μM CaCl$_2$，100μM MgCl$_2$，500μM HEPES和0.05%（V/V）BSA，pH = 7.3）中，于室温下用ECM 200（BTX，San Diego，CA，USA）设备提供的双直流脉冲于2.2～2.6kV/cm条件下激活15μs。电激活后，将卵母细胞于H-DSOF液（100mM NaCl，6.0mM KCl，0.6mM MgSO$_4$·7H$_2$O，20mM HEPES，5mM NaHCO$_3$，0.33mM pyruvate，3.0mM L-lactic acid hemicalcium salt，1mM glutamine，1%非必需氨基酸，2%必需氨基酸和3mg/ml BSA）中洗涤3遍，然后转移于DSOF培养微滴（100mM NaCl，5.0mM KCl，0.7mM MgSO$_4$7H$_2$O，1mM Na$_2$SO$_4$，25mM NaHCO$_3$，3.0mM L-lactic acid hemicalcium salt，0.33mM pyruvate，0.1mM glucose，1mM glutamine，1%非必需氨基酸，2%必需氨基酸和2mg/mL BSA）中于38.5℃、5%CO$_2$条件下培养2d，第3天再转移于DSOF+10%（V/V）FBS微滴中继续培养至第7天。对照组的卵母细胞在激活液中孵育2min后转至DSOF培养液中进行体外培养，其余操作均与试验组一致，见表6-1。

表6-1　不同电压对梅花鹿发情期卵母细胞孤雌发育的影响（Y Yin等，2012）

电压（V/mm）	重复次数	卵子数	卵裂数（%）	桑椹胚数（%）	囊胚数（%）
0	3	61	3（4.8±2.8）a	0（0.0±0.0）a	0（0.0±0.0）a
220	3	65	30（45.7±5.4）b	3（4.7±0.3）b	0（0.0±0.0）a
230	3	70	42（60.3±4.2）c	8（11.7±2.0）b	5（7.3±1.8）b
240	3	75	41（56.0±4.6）bc	6（8.0±4.6）b	2（2.7±1.3）c
250	3	66	35（53.0±4.0）bc	5（7.6±1.5）b	2（3.0±1.5）bc
260	3	70	36（52.7±5.2）bc	5（7.4±1.6）b	1（1.7±1.7）c

注：同一列数值右侧不同小写字母表示差异显著（$P<0.05$）。

（二）化学激活法

1. 乙醇+6-DMAP法

将洗涤后的卵母细胞转移于含7%乙醇的DSOF溶液中于38.5℃、5%CO$_2$条件下共孵化7min，然后转移到含2mM 6-DMAP的DSOF溶液中继续共孵化4h。孵化结束后将卵母细胞转移到DSOF微滴中进行体外培养。从卵母细胞开始激活算起，第3天再转移于DSOF + 10%（V/V）FBS微滴中继续培养至第7天。

2. 离子霉素+6-DMAP法

将洗涤后的卵母细胞转移于含5μM离子霉素的DSOF溶液中于38.5℃、5%CO$_2$条件下共孵化5min，然后转移到含2mM 6-DMAP的DSOF溶液中继续共孵化4h。其余操作均与上述乙醇+6-DMAP法相同。

对照组为卵母细胞在TCM-199溶液中孵化5min或在不含化学物质的溶液中共孵化4h，然后转移到DSOF微滴中进行体外培养，见表6-2。

表6-2　不同化学激活法对梅花鹿发情期卵母细胞孤雌发育的影响（Y Yin等，2012）

激活方法	重复次数	卵子数	卵裂数（%）	桑椹胚数（%）	囊胚数（%）
对照组	3	121	6（5.0±0.4）a	0（0.0±0.0）a	0（0.0±0.0）a
乙醇+6-DMAP法	3	134	82（61.1±2.3）b	40（29.7±1.8）b	24（17.8±1.5）b
乙醇+6-DMAP法	3	139	101（72.7±2.5）c	61（43.9±1.9）c	45（32.4±2.5）c

注：同一列数值右侧不同小写字母表示差异显著（$P<0.05$）。

从试验结果可以看出，离子霉素+6-DMAP法可获得较好的梅花鹿孤雌激活囊胚率。该方法下的卵母细胞卵裂率及囊胚率均与Y. Locatelli（2012）等在梅花鹿体外受精胚胎生产上所获数据相近。一般而言，孤雌激活胚胎具有比体外受精胚更高的体外发育效果。该两者在液体的使用上，均为（改良）SOF液，最大的区别在于孤雌激活胚胎的体外培养条件为5%CO$_2$，而体外受精胚胎的体外培养条件为5%O$_2$、5%CO$_2$、90%N$_2$。或许可以说明，三气培养也有助于梅花鹿体外胚胎的发育。此外，梅花鹿的孤雌激活胚仅在5%CO$_2$气态环境下就能发育到囊胚阶段，这表明5%O$_2$、5%CO$_2$、90%N$_2$并不是梅花鹿体外胚胎发育的必要条件。结合前面的体外受精胚胎的生产，可以得出，5%O$_2$、5%CO$_2$、90%N$_2$气态环境或对梅花鹿卵母细胞的体外受精环节影响较大，但需进一步验证。

第三节 鹿克隆胚胎的生产

动物的克隆包含体细胞克隆（Somatic cell nuclear transfer，SCNT）和胚胎细胞克隆两种，目前以SCNT为主流。克隆技术与传统育种技术相结合，可快速培育出大量遗传性能稳定的良种家畜，大大缩短育种年限。克隆技术还为拯救濒危动物和种质资源的保护开辟了新途径。通过异种核移植的方法，如将狼的体细胞注入犬的去核卵母细胞中获得狼犬种间重构胚胎，可达到对珍稀物种拯救的目的。通过对良种家畜体细胞的保存与克隆胚胎的生产，可达到对良种家畜种质资源的保护和利用目的。

鹿的克隆也早已实现，主要集中于马鹿和梅花鹿方面。据报道，Berg等（2007）利用马鹿鹿茸干细胞及其分化细胞成功克隆了8头马鹿，克隆效率为10%（8/84）。我国学者徐静等（2010）与殷玉鹏等（2012）对我国梅花鹿体细胞的克隆进行了研究，成功实现了我国克隆梅花鹿的生产，其方案及操作大致如下。

一、梅花鹿成体耳部成纤维细胞系和胎儿成纤维细胞系的建立

（一）成体耳部成纤维细胞的获取

采集梅花鹿耳部组织放置于-20℃冰盒中，4h内带回实验室。带回后首先用手术刀片将鹿耳部上的毛轻轻地剔除干净，注意不要切到表皮。再用灭菌生理盐水冲洗3～5遍，接着用碘酊棉擦拭鹿耳的表面，随即用75%酒精棉进行脱碘处理，再用灭菌PBS冲洗3～5遍置于事先准备好的90mm皿中。用新的手术刀片将鹿耳的边缘组织切下来备用，将鹿耳边缘组织用手术刀切碎，碎片放入50mL离心管中，用0.25%的胰酶在37℃培养箱中消化30min左右，间隔2～3min轻轻吹打1次。直到组织碎片呈絮状。用含10%血清的DMEM终止消化。将离心管在转速为1000r/min下离心10min，如果絮状物不能充分沉淀，则再重复离心10min，直到絮状物充分沉淀，小心去除上清液。用含10%血清的DMEM悬浮絮状沉淀后将悬浮液接种到培养皿中在38.5℃，5%CO_2，饱和湿度的培养箱中培养过夜。24h后给细胞换液去除悬浮的细胞，2～3d后细胞可铺满培养瓶底面积

的80%～90%，此时为汇合状态可进行冻存（冻存细胞为第0代）或传代培养。

（二）胎儿成纤维细胞的获取

采集妊娠30～40d的梅花鹿胎儿。胎儿放置于-20℃冰盒中，4h内带回实验室。用消毒后的剪刀和镊子小心剥离胎膜和胎盘，将分离出的胎鹿置于灭菌的PBS中洗涤多次至无血色，用剪刀去除头、尾及四肢，用镊子分开腹腔将内脏去除干净，最后剥离肋骨及脊椎骨，剩下的躯干部分用灭菌的PBS冲洗干净后，置于90mm皿中，使用手术刀将躯干进行组织剪碎，碎片放入50mL离心管中，用0.25%的胰酶在37℃培养箱中消化30min左右，间隔2～3min轻轻吹打1次。直到组织碎片呈絮状沉淀。用含10%血清的DMEM终止消化。将离心管在转速为1000r/min下离心10min，如果絮状物不能够充分沉淀，则再重复离心10min，直到絮状物充分沉淀，小心轻轻去除上清液。用含10%血清的DMEM悬浮絮状沉淀后将悬浮液接种到培养皿中在38.5℃，5%CO_2，饱和湿度的培养箱中培养过夜。24h后给细胞换液去除悬浮的细胞，2～3d后细胞可铺满培养瓶底面积的80%～90%，此时为汇合状态可进行冻存（冻存细胞为第0代）或传代培养。

（三）成体耳部成纤维细胞和胎儿成纤维细胞的冻存

在细胞长满平皿底至汇合状态时，用适量的0.25%的胰酶消化培养皿底部成纤维细胞，终止消化后细胞悬浮液移入50mL离心管，然后用含10%血清的DMEM对成纤维细胞进行离心洗涤，离心转速为1200r/min，离心5min。离心后弃上清液。用冻存液（90%血清+10%DMSO）悬浮细胞，轻轻吹打，细胞充分吹散后移至冻存管（密度约为1.0×10^6个/mL）。冻存管先在4℃放置1h，然后移入-20℃放置4h，然后在-80℃放置8h，最后将冻存管投入液氮。

（四）成体耳部成纤维细胞和胎儿成纤维细胞的解冻

将冻存管从液氮中取出，迅速投入40℃的水浴中进行解冻。解冻后用移液器吸出冻存管中的细胞悬液，将悬浮液移入50mL离心管中，加入5mL含10%血清的DMEM，离心洗涤2遍，弃上清液。用含10%血清的DMEM悬浮细胞，轻轻吹打，使细胞充分吹散，调整密度约为1×10^5个/mL，接种培养皿中，于38.5℃，5%CO_2，饱和湿度的培养箱中进行培养。

（五）成体耳部成纤维细胞和胎儿成纤维细胞的传代

耳部成纤维细胞和胎儿成纤维细胞在培养皿底部生长到汇合状态时对其进行传代，先用1mL移液器吸去培养皿中的DMEM培养液，然后用PBS清洗2~3遍，吸掉PBS。然后用适量的0.25%的胰酶消化培养皿底部细胞，在38.5℃的热台上消化1min。培养皿底部大部分细胞由梭形变为球形时，加入少量含10%血清的DMEM终止消化，轻轻吹打培养液使其成纤维细胞从培养皿脱落。然后移入50mL离心管中，离心5min（1200r/min）洗涤2次，弃净上清液。用含10%血清的DMEM将细胞调整到适当密度后，将成纤维细胞接种到两个培养皿中，在38.5℃、5%CO_2、饱和湿度的培养箱中继续培养。

梅花鹿体细胞传到第5~10代用于核移植。在移植前3h，利用常规方法消化，离心洗涤，最后加1mL显微操作液（DSOF/M199）重悬细胞沉淀备用。

二、受体卵母细胞的去核

利用盲吸法对成熟的梅花鹿卵母细胞进行去核。把供体细胞以及成熟卵母细胞同时转入操作液微滴中，于38.5℃、5%CO_2、饱和湿度的培养箱中平衡5min左右。然后在显微操作仪上用持卵针轻微吸住卵母细胞，用去核/注射针轻轻拨动卵母细胞使第一极体处于钟表1点钟/5点钟位置。持卵针吸紧卵母细胞，去核/注射针从3点钟位置进入透明带吸取第一极体及其附近10%~20%可能含有卵母细胞核的胞质。

三、移核

挑取直径为10~15μm的形态圆滑胞质均匀的细胞吸入注射针中，从去核切口放入卵周隙，用注射针点压透明带，使供体细胞与受体卵的胞膜接触紧密，每批操作30个左右卵母细胞。移核后将重构胚转移到DSOF等胚胎培养液中，于38.5℃、5%CO_2、饱和湿度的培养箱中恢复30min左右。

四、重构胚的融合与激活

将恢复好的重构胚分批转移到融合液中平衡3min。将融合槽放入平皿中，置于体式显微镜上，将融合液倒入融合槽平皿中，使融合液盖过融合槽。将平衡后的重构胚放入融合槽的两个电极之间，每次放入5枚重构胚胎，用圆头玻璃针拨动胚胎使其转动，调整供体核细胞与卵母细胞接触的切面和电极平行。用ECM2001融合液施加一个$80 \sim 100\mu s$、1.2.kV/cm的直流电脉冲诱导融合。融合后将重构胚移入培养液中洗$3 \sim 5$遍，然后立即放入覆盖石蜡油的DSOF等培养液微滴中，于38.5℃、5%CO_2、饱和湿度下培养30min $\sim$ 1h后观察融合率。核供体细胞在卵周隙中消失，融入胚胎中为融合成功。将融合好的重构胚于含$5\mu M$离子霉素的胚胎培养液中，于38.5℃、5%CO_2、饱和湿度下激活5min，再于含2mM 6–DMAP的胚胎培养液中培养4h，最后转入胚胎培养液中继续培养。

五、移植

受体鹿的同期发情与供体梅花鹿的处理一致，撤栓后的10h开始试情。在发情开始的第2天（发情日为第0天），手术移植体外培养的重构胚（此时重构胚基本为1–cell）。手术具体操作与梅花鹿的手术法活体采卵相一致，将子宫角和输卵管拉出后，观察卵巢上的黄体发育情况并记录，挑选黄体较多的一侧进行输卵管伞移植，每只移植胚胎$1 \sim 2$枚。桑囊胚于第6天移植，手术移植于卵巢上有黄体侧的子宫角。

第四节　鹿胚胎移植

胚胎移植技术可以克服自然条件下动物繁殖周期和繁殖效率的限制，使其繁殖后代的速率十倍甚至几十倍的增加，从而短时间内提高良种动物数量。其意义：提高优秀个体的繁殖力；提高鹿的双胎率；简化和优化良种鹿的引种操作，群体改良及快速扩群；有利于种质资源保存，建立基因库，降低种质资源保存的成本；缩短种鹿的选育时间等。

在双胎的生产上，该技术最好限制于梅花鹿。据报道，梅花鹿的自然发情+人工输精受胎率平均在70%左右，同期发情+人工输精受胎率平均在40%～50%，同期发情+体内鲜胚移植受胎率平均在85.71%左右，同期发情+体内冻胚移植受胎率平均在61.54%左右。而同期发情+人工输精技术虽然受胎率较低，但双胎率可达20%左右，这预示着同期发情在鹿的繁殖上具有较好的双胎效果。此外，体外胚胎在家畜的繁殖上，不管是多胚胎移植还是输精后单/双胚移植，均具有较好的双胎率。因此在鹿的繁殖上，采用同期发情+双胚移植或同期发情+人工输精+单/双胚移植或可达到高双胎率兼具高受胎率的效果。这也预示着体外胚胎在梅花鹿的繁育上具有较大的潜力。

而在马鹿上，该技术的双胎生产效果可能不佳。据调查，马鹿不管是自然发情+人工输精、同期发情+人工输精还是同期发情+双胚移植等，均很难见到产双胎的现象，且双胎的存活率极低，若不经人工辅助饲养一般仅会存活一只。其中缘由还有待进一步探索。

另，马鹿体外2~4cell胚胎的鲜胚移植受孕率为33%，体外8~10cell胚胎的鲜胚移植受孕率为7%，体外囊胚的冻胚受孕率为60%，体内受精体外培养的鲜胚移植受孕率为50%，体内鲜胚移植的成功率为52.8%，体内冻胚移植的成功率为40.0%。且马鹿体外卵母细胞发育成囊胚的概率在3%~25%，冲胚可获桑囊胚约4.3枚/（只·次）。因此在非双胎利用上，马鹿的胚胎移植仍潜力巨大。

一、移植的基本原则

（一）移植前后胚胎所处环境的同一性

胚胎的发育阶段与母体生殖道的发育进程必须保持一致。从供体母畜的输卵管或子宫内采集到的胚胎，必须移植到性周期阶段相同的受体母畜相应的生殖道内，即受体母畜与供体母畜的性周期阶段要同步（二者的排卵时间只允许相差±12h以内。实践证明，受体母畜排卵时间提前12h以内效果较好）。

（二）胚胎必须在受体母畜的周期黄体开始退化以前，即在妊娠识别发生前进行移植

这样可保证移植的胚胎（2~7日龄）有机会利用受体母畜的子宫接受性。通常在供体发情配种后3~8d内收集和移植胚胎。

（三）必须选择质量合格的胚胎用于移植

胚胎在移植前要进行严格的质量评定，只有质量好的胚胎才有正常的发育能力，并在移植后有可能顺利地与受体母畜发生妊娠识别。

（四）要讲究胚胎移植的经济效益或科研价值

应慎重选择供体母鹿和受体母鹿，核算移植成本以及移植产生的效益（评

价其效果和价值）。

二、技术程序

梅花鹿的胚胎移植多为手术法移植，程序与羊的基本一致。马鹿多为非手术移植，程序与牛的基本一致。

（一）腹腔内窥镜法胚胎移植

首先，在乳房前方腹中线两侧各切开一个1cm长的小口，一侧插入打孔器和腹腔镜，通过腹腔镜观察同期发情的受体母鹿的卵巢状态，记录黄体数目，并挑选有黄体且黄体发育良好的母鹿作为移植受体。然后，在另一侧插入宫颈钳。将含有1~3个黄体的卵巢一侧的子宫角取出，在子宫角的上1/3部位穿刺，连接上结合有1mL注射器的移植套管针。之后细心地将含有1~2枚胚胎的0.3~0.5mL胚胎保存液通过1mL注射器注入子宫角。然后缓慢拔出移植套管针。最后，对受体母鹿进行伤口缝合，一般左右创口各缝1针。

（二）手术法胚胎移植

手术部位在离乳房前端约2cm处，腹中线的两侧均可。术前24h禁食禁水。对母鹿进行麻醉，侧卧或仰卧保定。去毛范围约20cm×20cm，用肥皂水清洗手术部位后将毛刮干净。用2%~4%碘酊消毒，用75%酒精棉球脱碘处理。盖上手术创布并固定。避开血管，用手术刀将手术部位纵向切开3~5cm长的刀口，将皮下结缔组织分离，暴露肌膜。用手术刀将肌膜轻轻切开，暴露肌肉层，再用刀柄后端将肌肉层和腹膜钝性分开。在骨盆腔找到子宫，挑选有黄体（红体）且黄体发育良好的一侧用于移植。用移植器先吸一段约0.5cm长的保存液，吸一段约0.3cm的空气，然后吸取含胚胎的保存液0.5cm，吸0.2cm空气，然后再吸取0.3cm保存液。输卵管内移植时，将有黄体侧的输卵管伞部拨开，找到管口，把装有胚胎的移植器从管口插入2~3cm，然后将胚胎轻轻推出即可。子宫内移植时，将有黄体侧的子宫角取出，用尖端磨钝的16号针头在子宫壁上扎一小孔，把装有胚胎的移植器从此孔插入子宫腔内，伸至子宫角尖端后将胚胎轻轻推出即可。创口采用两层缝合法，即腹膜与肌肉进行缝合，皮肤进行结节缝合，针角间距1cm。在肌肉与皮肤间撒适量青霉素粉。

（三）非手术法胚胎移植

选择同期发情明显的受体母鹿，用"鹿眠宝3号"等麻醉或进行安静处理（可参照马鹿的B-OPU部分进行）。麻醉处理一般采用左侧卧方式，处理后用直肠把握法将移植枪通过子宫颈，送至有黄体侧子宫角上1/3处（大弯或大弯深处）植入胚胎，然后缓慢抽回移植枪即可。

三、胚胎的检查与鉴定

鹿胚胎的分级标准可参照牛羊等反刍动物的，如表6-3所示。不同阶段的正常形态胚胎如表6-3和图6-6所示。

可用胚胎指可用于移植的胚胎，包括A、B和C级胚胎。通常用0.25mL的胚

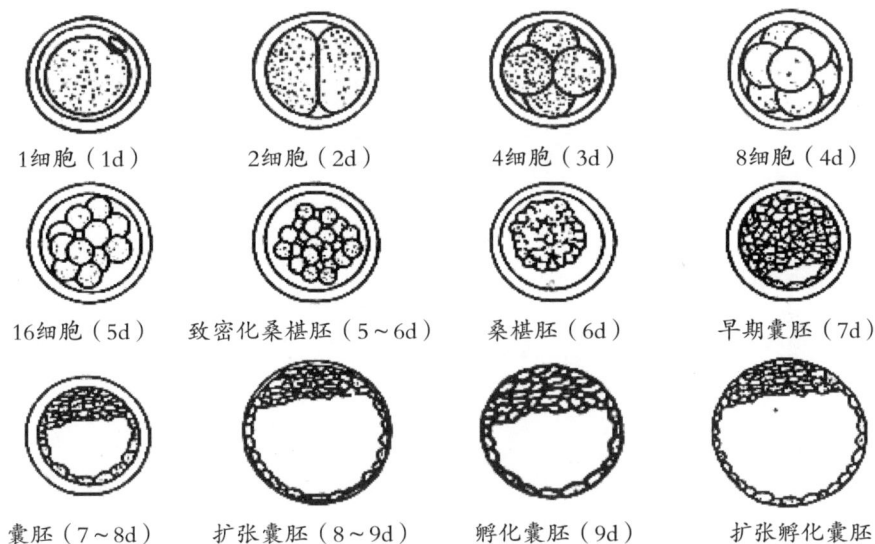

1细胞（1d）　　2细胞（2d）　　4细胞（3d）　　8细胞（4d）

16细胞（5d）　致密化桑椹胚（5~6d）　桑椹胚（6d）　早期囊胚（7d）

囊胚（7~8d）　扩张囊胚（8~9d）　孵化囊胚（9d）　扩张孵化囊胚

图6-6　不同发育阶段的正常牛胚胎

胎管进行分装。装管一般步骤为，先吸入少许培养液，吸1个气泡，然后吸入含胚胎的少许培养液，再吸入1个气泡，最后再吸入少许培养液，见图6-7。

移植胚胎一般在受体母鹿发情后第6~9天进行。用手术法或直肠把握法将胚胎注入在有黄体一侧子宫角的上1/3~1/2处。如有可能，则进行子宫角深部移植效果较好。

表6-3　胚胎的分级标准

级别	评定标准
A级 （优秀）	胚胎的发育阶段与其发育速度相符；形态完整、正常；卵裂球轮廓清晰、大小均匀，细胞内结构紧凑，细胞间连接紧密；卵裂球色调正常、透明度适中；没有或只有少量的变性细胞（变性细胞的比例不超过10%）
B级 （良好）	胚胎的发育阶段与其发育速度基本相符；形态完整、轮廓清晰；细胞间连接略显松散；卵裂球色调和透明度适中；外周的卵裂球有少量变性（变性细胞的比例为10%～20%）
C级 （不良）	胚胎的发育阶段滞后1～2d；轮廓不清楚；卵裂球大小不均匀；色调过于明亮或太暗；细胞间连接松散；有游离细胞（比例达20%～50%），变性细胞的比例为30%～40%
D级 （畸形）	未受精；胚胎发育滞后2d以上；形态不正常；细胞碎裂，细胞间有气泡；变性细胞的比例超过50%

注：A级和B级胚胎可用于鲜胚移植或冷冻保存，C级胚胎只能用于鲜胚移植，D级胚胎一律废弃不用。

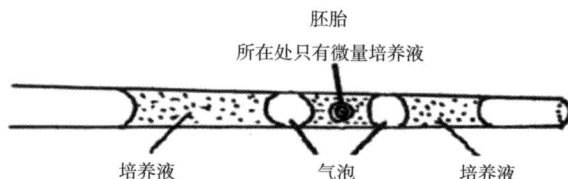

图6-7　胚胎在移植管中的位置

四、胚胎的保存

　　鹿胚胎的保存理论可参照牛羊等反刍动物的，有常规保存（鲜胚移植）和冷冻保存两种。

　　据报道，胚胎在5～20℃环境中能保存数天，且胚龄越小、保存的温度越低，就越易受到低温的打击而难以存活。装管后的胚胎需在3～6h内完成移植。鲜胚还可移植到兔输卵管或鸡胚羊膜囊中作短期保存（胚胎不会继续发育），可供运输后进行异地移植，但需对胚胎作"二次回收"。

　　冷冻保存有常规冷冻法和玻璃化冷冻法。常规冷冻法解冻后的胚胎存活率高，适于体内生产的胚胎冷冻；需有专用的冷冻设备（程序冷冻控制仪）并需分段降温，操作程序复杂，冷冻过程耗时长。玻璃化冷冻法无须冷冻仪，操作简单，也适于体外受精胚胎的冷冻；但冷冻液的配制难度较大，冷冻操作的环节性强且须严格控制。

　　当前鹿胚胎的冷冻主要表现在梅花鹿和马鹿方面。据王梁等（2010）研究及其他相关报道，鹿胚胎的冷冻与牛羊鼠等胚胎的冷冻一致。有关鹿胚胎冷冻试验的部分具体做法如下，可参考利用。

（一）程序化冷冻

1. 冷冻溶液

以PBS为基础溶液配制1.5mol/L的Ethylene glycol（EG）和Glyerol（Gly），即为冷冻液。①预处理液Ⅰ：1mL 1.5mol/L的EG或Gly+2mL PBS；②预处理液Ⅱ：2mL 1.5mol/L的EG或Gly+1mL PBS。③解冻液Ⅰ：2mL 1.5mol/L EG或Gly+2mL1mol/L Sucrose（Su）+2mL PBS。④解冻液Ⅱ：2mL 1mol/L Su+4mL PBS；各种溶液中添加0.3（%w/v）BSA。

2. 冷冻

胚胎依次放入预处理液Ⅰ中平衡5min，预处理Ⅱ中平衡5min，冷冻液中平衡5min，然后开始将胚胎装入细管，每支细管装入1枚胚胎，并保证胚胎在冷冻液中的总时间小于30min。待全部胚胎装管完成后，将细管放入冷冻仪中，开始冷冻。冷冻仪的降温程序为：20～-7℃，降温速度为1℃/min；-7℃时植冰，并停留10min，在此期间检查植冰情况；-7～-35℃，降温速度为0.33℃/min，并在-35℃时从冷冻仪中取出细管投入液氮中冷冻保存，如图6-8A所示。

3. 解冻

室温25℃（±0.5℃）条件下，从液氮中取出细管浸入25℃（±0.5℃）水浴中平行晃动10s，待细管内的蔗糖溶液融化后剪开细管的封口端，将细管内的溶液推入一个干净的培养皿中，迅速在显微镜下回收胚胎，然后将胚胎依次放入解冻液Ⅰ溶液中平衡5min，解冻液Ⅱ溶液中平衡5min。最后胚胎用PBS清洗3次，进行移植或放入37℃，5%CO_2，饱和湿度的CO_2培养箱中培养，48h和72h分别观察并记录胚胎的囊胚发育率和孵化率。

（二）玻璃化冷冻（管内解冻法）

1. 冷冻溶液

①预处理液：以PBS为基础溶液，加入体积分数为10%的EG溶液配制而成。②玻璃化溶液（EFS30和EFS40）：体积分数为30%的聚蔗糖和0.5mol/L蔗糖于PBS溶液中混匀即为FS液；然后用EG和FS液分别按体积比3∶7和4∶6的比例混合均匀，即制成EFS30和EFS40。③解冻液：0.5mol/L蔗糖溶液+0.3%（V/V）

BSA。

2. 冷冻

室温25℃（±0.5℃）条件下，将胚胎移入预处理液（10%EG）中5min，再移入预先配置好的细管内的EFS30或EFS40液中平衡40～60s，细管封口后直接投入液氮中冷冻。管内冷冻液与解冻液比例小于1/6，如图6-8B。

3. 管内解冻

室温25℃（±0.5℃）条件下，从液氮中取出细管，浸入25℃（±0.5℃）水浴中平行晃动10s，待细管内的蔗糖溶液融化后，通过来回甩动细管，将管内的溶液混匀。待胚胎在管内混合液中的停留时间达5min后，剪开细管，将管内溶液推入干净的培养皿中，在显微镜下回收胚胎用于移植或体外培养，48h和72h分别观察并记录胚胎的囊胚发育率和孵化率。据研究，该方法具有更好的解冻效果。

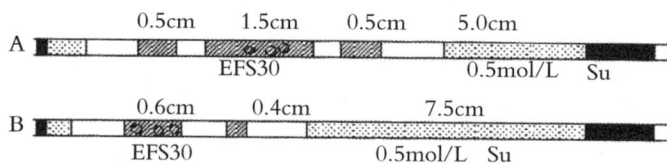

图6-8 程序化冷冻的装管方法（杨中强等，2006）

注：A为管外解冻的装管方法，棉栓端蔗糖溶液的长度约5.0cm，装载胚胎的一段EFS30长约1.5cm，其两边各有一小段EFS30（约0.5cm）。B为管内解冻装管方法，棉栓端蔗糖溶液的长度约7.5cm，装载胚胎的一段EFS30长约0.6cm，在胚胎和蔗糖溶液之间还有一小段EFS30（约0.4cm）

（三）一步法胚胎玻璃化冷冻保存

将葡聚糖（Dextran）和海藻糖（Trehalose）用PBS液稀释成30%和0.5mol/L浓度的混合液，然后与乙二醇8∶2（或7∶3或6∶4）（V/V）混合后配制成EDT20（或EDT30或EDT40）玻璃化溶液。在室温（20～25℃）下，将胚胎移入含有EDT20（或EDT30或EDT40）玻璃化溶液的0.25mL塑料细管中平衡0.5～1min，封口后直接投入液氮中冷冻保存。将冷冻保存的细管由液氮中取出后直接浸入20～25℃水浴中，约10s完成解冻程序。

第七章
鹿的育种

养殖鹿时要想获得较高收益，除提供营养丰富的日粮，进行科学先进的饲养管理外，还要做好种群繁育工作，通过优选、培育，不断扩大鹿群中优秀鹿的数量，使鹿群整体生产力不断提高，为鹿群生产能力和高产鹿总数的提高提供保障。

第一节　鹿的选育目标

育种的第一步是确定选育的目标，鹿的主要育种指标有，繁殖力（发情率、受胎率、产仔率、繁殖成活率）、生产力（产茸量、产肉量等）、生长发育的体尺体重指标、体质外貌指标等。在确定鹿的选育目标时，还需要综合考虑以下几个因素。

一、符合市场需求

根据市场的需求，确定鹿的选育方向。例如，如果市场上对某种鹿的特定产品（如鹿茸、鹿肉、鹿皮等）需求量大，那么选育目标可以专注于提高该产品的产量或质量。

二、适应当地条件

每种鹿都有其独特的生物学特性、环境适应性以及基因特点。选育时也需要充分考虑品种的特点，确保选育出的鹿种能够适应当地的自然环境和生态条件。

三、保持遗传多样性

保持遗传多样性是选育过程中需要考虑的重要因素。过度追求某一特性可能会导致遗传多样性的丧失，从而使得整个种群的适应性与抗病力降低。因此，选育目标也应当注意全面的性状选择，要保持和发扬原有畜禽的特点。

四、经济效益

鹿的选育也应当考虑经济效益。选育出的鹿种应当具有较高的生产效益和经济价值，从而提高养殖者的收益，便于利用与推广。

第二节 鹿的选种

选种是优良品种繁育的基础，它的科学性与准确性直接影响育种的成效。选择的种鹿必须具备生产性能高、体质外貌好、生长发育正常、繁殖力强、合乎品种标准、种用价值高6个基本条件，缺一不可。目前对种鹿的选择主要是依据个体表型的传统选种，而分子标记辅助选种，仍处于起步阶段。

一、根据表型选种

表型选种就是依据性状表型值的高低进行选择，也是鹿选种中最基本的方法。通过观察个体的形态和生产成绩判断其育种价值。这种方法对茸重、茸型等遗传力高，在个体又能直接度量的性状最有效。表型选种需要综合考虑个体产茸性能、年龄、体质外貌、遗传性能、繁殖性能等因素，才能选育出优质的种用资源。

（一）产茸性能

产茸性能是种公鹿选择的核心标准。公鹿的鹿茸产量、茸形角向、茸皮光泽、毛地及产肉量等，都应作为选择种公鹿的重要条件。种公鹿的产茸量应比本场同年龄公鹿的平均单产量高20%～35%。种公鹿茸形要求美观整齐，角叉排列匀称，左右对称，各部位比例适当，茸体粗大，长短适中，嘴头肥嫩，茸皮细嫩，茸毛稀短，皮色鲜艳。

（二）年龄

以3～7岁的成年公鹿群作为选种的主要基础，将经过系统选择的后裔鉴定选出的优良种公鹿，在不影响其本身健康和茸产量的前提下，应尽量利用其配种效能，以获得更多的优良后代。一般可适当延长配种利用年限1～2年。我国茸用鹿的生产利用年限不宜超过15年。三至九锯的公鹿三叉茸和二杠茸产量会随着年龄的增长而增加，当公鹿九锯时则基本达到最大值，此后则表现为逐年减少。种公鹿最优年龄为四至七锯，大于八锯原则上不参与配种。所以种公鹿应选择年龄在二至六锯的，个别优良的也可选择七至九锯的作为种鹿。母鹿应选择4～9岁的壮龄母鹿作为种母鹿，并且结实、健康、营养良好、具有良好的繁殖性能。

（三）体质外貌

鹿的体形会直接影响其产茸性能，所以种公鹿要具有梅花鹿的典型特征，体形匀称，体质健壮、结实，精力充沛，有坚强的骨骼和强健的肌肉，全身皮肤紧凑，富有弹性，生殖器官发育良好，睾丸对称，大小适中。母鹿应外形优美，结构匀称，品种特征明显，躯体宽深，身躯发达；腰角及荐部宽，乳房和乳头发育良好，位置端正，四肢粗壮，皮肤紧凑，被毛光亮，后躯发达。

（四）遗传性能

种公鹿不仅要求其本身优良，其祖辈和后代也应该是优良品种，依据后代的表型来评定种公鹿的遗传性能会更为准确，故选种时要确保系谱清晰。

（五）繁殖性能

梅花鹿是季节性发情动物，发情盛期在每年的9月中旬至10月中旬，种公鹿应性行为正常，无恶癖，精子活力高，配种及繁殖成活率高，仔鹿生长发育良好。良好的种母鹿应性情温驯、母性强，发情、排卵、妊娠和分娩机能正常，泌乳量大，繁殖力高，无难产或流产记录。

二、根据群体资料选种

对于一些中低遗传力的性状，即使父母代的表型值较高也未必能很好地遗传给后代，虽然依据表型值进行选种也能获得一定的进展，但速度较慢，效果也是不稳定的。因此在表型选择的基础上，还可以结合鹿群中的各种群体资料作为信息进行选种。选择方法有系谱选择、家系选择、同胞选择，半同胞选择、后裔测定等。

（一）系谱选择

即通过追溯系谱的形式来预测两个个体选配后代的表现。选择出那些父母代或祖代各方面成绩好的后代作为种鹿候选对象，祖代生产性能高，同等条件下，其遗传基础也较好，那么它们的后代表型值通常较高。

（二）家系选择

它是根据家系表型的平均值选择种鹿的一种方法，即一头公鹿及其全部后代构成一个家系，其后代的性状所表现的平均值为家系表型平均值。由于家系表型平均值接近于家系平均育种值，因此，家系表型平均值可以代表整个家系内的遗传基础的好坏，即育种值的高低。繁殖力等遗传力较低的性状采用家系选择方法效果较为明显。

（三）同胞或半同胞选择

它利用同父同母或同父异母的兄弟姐妹的生产性能来判断本身遗传基础的好坏。对于正在驯化的鹿来说，在父母或子代资料不易获得的情况下，该方法是一种实用有效的选种方法。

（四）根据群体的后裔测定成绩来判断种鹿的好坏

这种方法只适用于公鹿，特别是开展人工授精和精液冷藏工作以后，这种方法更加行之有效。先将精液采出并冷冻，待通过小范围人工授精，确认该公鹿为优良种公鹿后，再利用该公鹿的精液进行大规模授精。

现在人们利用统计学方法将性状的表型值进行剖分，并从中估计出可以真实遗传的部分，即育种值，从而提高了选种的准确性和效率。而动物模型BLUP方法的应用，使得育种值的计算中可以考虑亲本之间的亲缘关系，那么无论是半同胞、全同胞都可以计算BLUP值，可以更加科学、准确地选种。

三、基因组选种

由于梅花鹿尚未完全驯化，仍具有一定野性，导致生产性能测定难度极大，并且大多数养殖场系谱记录混乱甚至无系谱记录，传统的表型选种存在选择强度低、周期长、效率低等问题。近几年育种基因库和良繁体系的建立，使鹿的选种由表型选择逐渐向基因型选择过渡。

以分子标记为基础的分子标记辅助育种，可以从分子水平上直接对目标性状进行选择，极大地提高了育种效率。通过PCR分析筛选具有较高变异性且能稳定遗传的，可用于遗传标记研究的特异性DNA片段，并对其进行克隆。再利用RAPD引物的筛选技术，按生产性能的高、中、低进行DNA指纹分析，进而确定性状的特异性DNA条带作为遗传标记。此外中国农业科学院特产研究所和北京康普森生物技术有限公司联合研制开发了国内首款鉴别梅花鹿种源的基因分型芯片。该芯片能够筛选梅花鹿、马鹿中种属特异并能稳定遗传至杂交子代的SNP位点集合，也可以用于纯种梅花鹿的精确鉴别。

基因组选种的优势在于能够降低测定难度以及利用全基因组的标记位点构建亲缘关系替代系谱，提高育种值估计的准确性，缩短时代间隔。随着梅花鹿由小户散养向集约化养殖的转变，基因组选种是提高整体生产水平的最佳选择。

第三节　鹿的选配

选种只是鹿品质的选择，还需要通过选配来巩固选种的效果。选配就是对鹿的配对加以人工控制，使优秀个体获得更多的交配机会，并使优良基因更好地重新组合，促进鹿群的改良和提高。按其着眼对象的不同，选配可分为个体选配和群体选配。群体选配则主要考虑配偶双方所属种群的特性，以及它们的异同在后代中可能产生的作用。

一、个体选配

（一）品质选配

主要是指鹿的一般品质，包括体质外貌、生物学特性、产品质量和生产性能等，考虑交配双方品质对比的选配，包括同质选配和异质选配两种。同质选配就是选用性状相同、性能表现一致或育种值相似的优秀公、母鹿来交配，以期获得相似的优秀后代。它的主要作用是使亲本的优良性状稳定地遗传给后代，并得到保存、巩固和提高。就鹿的育种来讲，有时为了固定和发展某些优良性状，可针对这些性状进行同质选配。另外，在杂交育种工作的后期，鹿群的外貌和生产性能往往参差不齐，分化很大，此时，在确定选育方向后，也可应用同质选配手段使群体尽早趋于一致。

在使用同质选配时，值得注意的一点是，不要把"同质"单纯理解为"相似的配相似的"，进而出现"一般的配一般的"拉平现象，更不能将有相同缺点的公、母鹿交配。异质选配可分为两种情况，一种是选择具有不同优异性状的公、母鹿交配，以期将两个优异性状结合在一个个体上，来获得兼有双亲不同优点的后代；另一种情况是选择同一性状，但优劣程度不同的公、母鹿交配，即所谓以好改坏、以优改劣，使后代能取得较大的改进和提高。在鹿的育种工作中，如果发现鹿群中存在某种缺陷或某一性状的表现不很理想时，可有针对性地选用或引进能克服该缺陷的种鹿，以交配一方的优点纠正另一方的缺点。另外，在杂交育种的初期或品系繁育后期，可采用此种交配方式，以便达到理想的组合。一般来说，采用异质选配所生的后代，无论是在生活力、生长速度、繁殖力及抗病力上都有明显提高。同质选配和异质选配，既有区别又有联系，使用时应根据具体情况灵活运用，不可始终长期地使用任何一种，应交替进行。如果只强调同质选配，长期下去的结果会使鹿群的生活力、抗病力下降；如果只强调异质选配，又很容易造成鹿群品质杂乱无章，达不到应有的选育效果。

（二）亲缘选配

亲缘交配是考虑交配双方亲缘关系远近的选配方式。如果双方有较近的亲缘关系，就是近亲交配，简称近交；反之称为远亲交配，简称远交。

近交容易给鹿群带来衰退现象，主要是指近交后代的生活力及繁殖力减退、生长发育缓慢、死亡率增高、体质变弱、适应性差和生产性能下降等现象。因此，在配种时都尽量避免近交，但近交也有其特殊的作用，近交能提高种鹿某些基因的纯合度，在表型性状上可出现高产性能及优良的体形外貌。在品种固定阶段或在鹿群中固定某头种鹿的优良特性时，用近交可迅速达到预期的目的。它可以加速优良性状的固定，淘汰有害基因，提高鹿群的同质性，最有效地保持优良祖先的血统。使用近交时必须严格掌握和控制近交的程度和选择后代，加强饲养管理，有不良者出现时必须严格淘汰或立即停止近交。

远交的优点是可以避免近交衰退现象，在鹿群中很少出现生产性能和生活力极端不良的个体，也使一些隐性的有害基因得以掩盖而不起作用。远交也是亲缘育种中有计划地进行血液更新的一种方法。但是，在远交鹿群中生产性状的改进和提高较慢，也很少出现极优秀的个体，而且优良性状也不易固定。

二、群体选配

（一）纯种繁育

纯种繁育简称为"纯繁"，又称本品种选育。纯种繁育是当一个鹿群的生产性能基本能满足经济生产需求，不必作大的方向性改变时，同一品种内公母鹿之间进行交配繁殖的选育方法。其作用和目的：一是可巩固遗传性，使种群固有的优良品质得以长期保持，并迅速增加同类型优良个体的数量；二是提高现有品质，使种群水平不断稳步提升。

品系繁育是纯种繁育最常用的一种方法，通常是挑选某方面性状表现突出的同质公母鹿或者同一优秀种鹿的后裔组建基础群，只在基础群内选择公母鹿进行繁殖，逐代把不合格的个体淘汰，每代都按品系特点进行选择。亲缘交配在品系形成中是不可缺少的，一般只做几代近交，以后转而采用远交，直到特点突出和遗传性稳定的纯种品系育成。一个品种内有计划地建立若干个各具特色的品系，然后通过品系间杂交，就可使整个鹿群得到多方面的改良。所以，品系繁育既可达到保持和巩固品种优良特征、特性的目的，又可使这些优良特征、特性在个体中得到结合。

建立品系的首要问题是培育和选择系祖。系祖公鹿必须具有卓越的优良性能，而且能将其本身的优良特征和特性遗传给后代。在尚未发现具备系祖特性的公鹿时，不应急于建系，应通过定向选配（如从种母鹿群或核心群中选出若干符合品系要求的母鹿与较理想的公鹿选配）的方式培育公鹿，并经后裔测定证明是最优者，方可作为系祖来建立品系。一般情况下，为提高遗传稳定性，系祖公鹿都含有一定的近交系数。近交系数以不超过12.5%为宜。

有了优秀的系祖公鹿，就可与经严格选择的同质母鹿进行个体选配。这些同质母鹿必须符合品系的要求，并且要有一定的数量。一般建系之初的品系基础母鹿群至少要有100~150头成年母鹿。供建系用的基础母鹿头数越多，就越能发挥优秀种公鹿的作用。

品系建立后，为继续保持，要积极培育系祖的继承者，一般情况下品系的继承者都是系祖公鹿的后代。继承者也必须按照培育系祖的要求，经后裔测定证明确是卓越的种公鹿。

采用纯种繁育容易出现近亲繁殖的缺点，尤其是规模小的鹿场，鹿群数量小，很难避免近亲繁殖，长此以往会引起后代的生活力和生产性能降低，体质变弱，发病死亡率增多，茸重和体重下降等现象。因此纯繁鹿群每隔几年应引进体质强健、生产性能优良、具有一致遗传性，但来源不相接近的同品系种公鹿进行血缘更新。

（二）杂交育种

杂交育种是采用不同品种、品系、类型的鹿进行交配、繁殖培育的方法。杂交主要有两方面的作用：一是使基因和性状重新组合，产生新的遗传型；二是产生杂种优势，即杂交产生的后代在生活力、适应性、抗逆性及生产力等方面，都比纯种有所提高，杂交后代的基因型往往是杂合子，遗传基础不稳定，初代杂种鹿不能直接作为种鹿。但杂种鹿具有许多新变异，又有利于选择。生产水平较低的鹿场，为了改变群体的遗传基础，可从外地鹿场引入优良种鹿，进行适当杂交，能使当地的鹿群质量得到迅速改良和提高。

杂交育种分为品种间杂交、系间杂交和远缘杂交。不同品种和品系公、母鹿个体间的交配是最常见的杂交方法，而远缘杂交是指分类学上不同种或不同属间的交配。在我国，梅花鹿和马鹿间进行的有计划的杂交，其茸重性状和繁殖成活率性状的杂种优势率非常显著。花马和马花之间进行的种间的远缘杂交，其后代F1杂交鹿产茸、产肉性能呈现了显著杂种优势，并且适应性强，耐粗饲，饲料报酬高，有明显经济效益，公母都有繁殖能力，可以育成新品种。

目前我国已先后开展了东北梅花鹿与东北马鹿、东北马鹿与天山马鹿、水鹿与天山马鹿、塔里木马鹿与天山马鹿、东北梅花鹿与青海马鹿、东北梅花鹿与塔里木马鹿、东北梅花鹿与天山马鹿、白唇鹿与东北梅花鹿、白唇鹿与马鹿、水鹿与东北梅花鹿、东北马鹿与双阳梅花鹿、东北马鹿与阿勒泰马鹿、天山马鹿与阿勒泰马鹿等种间、亚种间的杂交试验。大部分杂种后裔产茸量、产肉量、生活力、抗病力、繁殖力显著提高。其中以东北梅花鹿（♀）×东北马鹿（♂）和东北马鹿（♀）×天山马鹿（♂）间杂交组合形式最佳。

三、选配计划的制订

制订选配计划必须深刻了解整个鹿群的历史和品种的基本情况，包括其系谱结构和形成历史，以及鹿群的现有水平和需要改进、提高的地方。

选配时，一是应分析即将参加配种的公、母鹿的系谱和个体品质（如体重、体尺、外形、体质类型、生产力、选择指数、评定等级、育种值等），清楚每一头鹿要保持的优点、克服的缺点、提高的品质。二是应分析以往的交配结果，查清每一头母鹿与哪些公鹿交配曾产生过优良的后代，与哪些公鹿交配效果不好，尽量选择亲和力好的鹿进行交配。三是一般情况下都应进行同质选配，在后代中巩固其优良品质。只有品质欠优的母鹿或为了特殊的育种目的才能采用异质选配。对改良到一定程度的鹿群，不能任意用本地公鹿或低代杂种公鹿来配种，这样易使改良进程后退。四是要考虑公、母鹿年龄，交配时，幼母鹿可与壮年公鹿交配，壮年母鹿可与壮年公鹿交配，老龄母鹿应与壮年公鹿交配。不宜用年幼的配年幼的，年老的配年老的，同时，年龄和体形差别太大的公、母鹿也不宜相互交配。五是要减少使用近交，只在育种有必要时使用，在一般繁殖群，要长期普遍的使用非近交。为此，同一公鹿在一个鹿群的使用年限不能过长，应注意做好种鹿交换和血缘更新工作。

计划中一般应包括每头公鹿与配的母鹿号（或母鹿群别）及其品质说明、选配目的、选配原则、亲缘关系、选配方法、预期效果等项目。

在选配计划执行过程中，如果发生公鹿精液品质变劣或伤残死亡等偶然情况，应及时对选配计划做出合理修改，对优良公鹿，应扩大其利用范围。选配计划执行后，在下个配种季节到来之前，应对上次的选配效果进行分析，坚持优胜劣汰，并对上次选配计划进行修改完善。

第四节　鹿的育种工作措施

一、建立育种记录档案

（一）编号与标记

1. 编号

鹿群不论大小，均应进行编号，以便管理。编号时要依据以下原则：一是编号应简便，容易识别；二是编号方案一旦确定，则不能轻易改变；三是从外地引的鹿，最好保持原有的编号，如果与本场鹿号相同，可另加一符号或数字以示区别。

编号方法有以下几种：一是按出生先后顺序。按鹿出生的先后顺序依次编号，编号时应根据鹿群大小，采用百位或千位。公、母鹿编号可用相同号数将其分开，也可用奇偶号数分别将公母分开。二是按出生年代。为便于区分鹿只年龄，每年都从1号开始编号，在编号之前冠以年代。如2008年出生的第5只仔鹿，即可编号为085号。三是按公鹿后代。为便于区别不同公鹿的后代，在编号之前可冠以公鹿号。如085号仔鹿为0125号公鹿的后代，则085号仔鹿可标记为0125/085。

2. 标记

目前大多数养鹿场采用剪耳编号法对鹿进行标记。仔鹿出生第二天即可进行"剪耳"，此方法是在鹿的左右耳的不同部位用特制的剪耳钳打缺口，每个缺口用相应的数字表示，其所有数字之和即为该鹿的号。剪耳编号法通常公鹿剪单号，母鹿剪双号，左大右小，即左耳上、下缘每个剪口分别为10与30，耳尖剪口为200，耳中间圆孔为800；右耳上、下缘每个剪口分别为1和3，耳尖剪口为100，耳中圆孔为400。一般每对耳朵可编排到1599号，也有少数鹿场，是按右大左小的原则剪耳标号。各年度的剪口最好是从1号与2号开始，逐年延续。剪口时间一般应在初生仔鹿吃过2~3次初乳以后进行。刻口的深度与部位必须适当，如果刻口的位置不当，很容易认错鹿号，一般缺口深度以0.5~0.7cm为宜。在下缘剪口时须尽量避开耳壳上两脊旁的两条血管，剪口时应注意剪口不要剪得太小，太小剪口易愈合或随着鹿龄增大耳毛长长时剪口不易辨认；剪口太大不仅易撕裂，而且在生长过程中亦易撕破，使耳号辨认不清，甚至耳壳变形。剪耳号时，要注意同时做好登记工作，记录好打号的日期、顺序和属于哪对父母的后代，做到每打一个耳号，就登记上表一个，以便作为以后拨出仔鹿的依据。

除了剪耳编号法外，在养鹿生产实践中还曾采用过其他几种标记法。耳内壳墨刺号法，一侧耳内壳刺年度，另侧耳内壳刺该鹿耳号数。由于须捕捉辨认标号，在生产中没有得到推广应用。也曾采用羊用的耳标法，在初生鹿的一侧耳的根部戴上打压号数和年度的铝制圆标牌。在幼鹿生长过程中，由于戴牌耳的圆孔边缘收缩，使孔增大，脱掉较多。此外，由于戴在耳根部，耳毛长密，亦很难辨认，在生产中也未推广应用。近年，有些鹿场试用"安乐福"耳标，这种方法是用打耳标钳将一印有组合数字的一凹与一凸的组件穿戴于鹿的耳朵之上，耳标牌上的组合数字，从正面看一目了然，并且由抗老化塑料制成的，坚固耐用，正确使用，寿命可达10年。目前正在鹿场推广使用。

不管何种标记法，其目的和作用在于登记种鹿的卡片，使各项试验、育种、生产记录清楚、准确可靠，为统计分析各种参数提供基础数据，以便总结生产、科研效果，找出规律。

（二）建立档案制度

建立档案可为育种工作提供科学依据。鹿场中的主要记录有个体登记卡、配种记录、产仔记录、生长发育记录、外貌评分记录、生产性能记录、诊断与治疗记录、饲养记录、鹿群饲料消耗记录、鹿场日志等。各项记录都应登记在每头鹿各自的卡片上（表7-1、表7-2）。切实做好上述各项记录，是育种工作的前提，它对检查生产计划的完成情况，各种饲养和繁殖技术实施的效果，合理组织鹿场生产和育种工作都有重要意义。

二、整顿鹿群和分级

为了正确地进行育种工作，鹿群在通过性能评定后，应加强分群整顿工作，根据鹿的类型、等级、确定的选育方向及鹿群内的亲缘关系等情况，判定等级标准，将鹿分为育种核心群、生产等级群和淘汰群。首先，把体形过小、产量较低、连续空怀、有恶癖及老弱公、母鹿淘汰掉。淘汰率一般在

表7-1　（　　）公鹿登记卡片

耳号		出生地点		出生时间		同父仔鹿数	
种类		初生重		调入时间		父号	母号

品质鉴定资料																
体质外貌					生产性能											总评
鉴定日期	活重(kg)	健康状况	营养情况	体形的优缺点	锯别		脱盘日期	收茸日期	茸别	主干长	主干粗	眉枝长	眉枝粗	茸色	茸重	等级	
															鲜	干	
					初角头锯	初生											
						再生											
						头茬											
						再生											
					二锯	头茬											
						再生											
					三锯	头茬											
						再生											
					四锯	头茬											
						再生											
					五锯	头茬											
						再生											
					六锯	头茬											
						再生											
					七锯	头茬											
						再生											

耳号		出生地点		出生时间		同父仔鹿数	
种类		初生重		调入时间		父号	母号

谱系							
母				公			
母		公		母		公	
母	公	母	公	母	公	母	公

配种成绩																
年度	交配母鹿		未孕总数	产仔母鹿总数	后代公鹿									后代母鹿		
	总数	耳号			耳号	初生重与健康	体质外貌	初角茸重	头据茸			二锯茸		耳号	初生重与健康	体质外貌	产子情况
									茸别	茸重	等级	茸别	茸重	等级			

表7-2 　（　　　）母鹿登记卡片

耳号		出生地点		出生时间		同产仔鹿数	
种类		初生重		调入时间		父号	母号

品 质 鉴 定 资 料											
体质外貌				繁殖情况							总评
鉴定日期	活重	健康情况	体形的优缺点	交配日期	与配公鹿号	分娩日期	公		母		分娩情况
							产仔数	耳号	初生重	耳号	初生重	

谱 系								
母				公				
母		公		母		公		
母	公	母	公	母	公	母	公	

8%～10%。在此基础上，再根据产茸或产仔、配种记录等所得到的公鹿的数量、年龄结构和鹿茸产量、母鹿的年龄和繁殖、体貌等情况，使整个鹿群有适宜的性别比和年龄结构，并将鹿只划分为特级、Ⅰ级、Ⅱ级、Ⅲ级等4个等级群，再分成育种核心群、生产等级群和淘汰群。

（一）育种核心群

育种核心群是整个繁育体系的育种基础，作为全群选育提高和遗传改进的骨干力量，为全群的选育提高打下牢固的基础。核心群的质量关系到繁育体系整体的生产性能和鹿场的长期发展，因此核心群的组建需遵循个体优秀、遗传基础广泛、并具备一定的规模等3个原则，以保证核心群持续选育有足够可利用的遗传变异。核心群鹿只数可占整个鹿群只数的15%～20%，它是由三至六锯特级、Ⅰ级种公鹿和2～6产特级、Ⅰ级种母鹿组成。二级以下的鹿一律不准进入核心群。组成核心群以后，必须切实抓好选种选配工作，逐步改善配种方式方法和配种的种公母鹿的比例，进行继代选育提高。配种方法必须是单公群母一配到底的方法，进而缩小留种率，提高选种标准。核心群配种的公母比例达到1∶20～25（梅花鹿）或1∶10（东北马鹿）、1∶10～15（天山马鹿）；用5～7岁经配的特级及少数Ⅰ级种公鹿交配育种核心群母鹿。若核心群鹿只较多，可分成几个品系群配种，为全群鹿只的选育提高打下良好的基础。

（二）生产等级群

在生产评定时，把所有的成年公鹿、育成公鹿和母鹿根据鹿场的圈舍情况、鹿群数量、性别、年龄、生产性能等一系列情况划分成若干个等级群，部分Ⅰ、Ⅱ、Ⅲ级公鹿和一般可繁殖母鹿组成生产等级群，并按优劣变化转群升降等级。用4～5岁Ⅰ级种公鹿配生产群和育成群母鹿。若尚余特级种公鹿，可用其配育成母鹿。配种方法也必须是单公群母，但对育成鹿群可适当扩大公母比例，即1∶30。这样既有利于生产的组织管理和生产力的发挥，也有利于鹿群选育工作的开展。

（三）淘汰群

除了把整个鹿群中8%～10%的低劣鹿只淘汰掉之外，对接近这批鹿的年老体衰、残疾病弱、产茸量低下、繁殖机能障碍和已空怀的鹿应列入淘汰群。淘汰群鹿只属于Ⅲ级以外的鹿。公鹿只要不失去产茸的经济价值，仍可继续饲养在淘汰群中，但决不能参加任何生产群的配种，更不能进入育种核心群；对于母鹿，用强壮的经配的六至七锯公鹿配种，若不空怀还可以得到较好的仔鹿，若仍空怀，证明已失去繁殖价值，就应淘汰。

（四）鹿群更新和周转

除了整顿好以上三大鹿群外，还应在日常育种工作中，随时注意全群的生产力、生活力、年龄和群体亲缘程度，发现问题及时控制和调整鹿群的血液更新，避免全群的退化。及时而合理的鹿群更新是不断提高鹿种质量和保持鹿群结构的必要条件，一般鹿场的母鹿每年更新率为10%～15%，对育种群的更新比例应更高，以加快育种速度。种公鹿的更新，一定要用经后裔测定证明为优良的个体来补充。另外，场际间交换种鹿，公鹿不低于一级，年龄应控制在4～5岁之间。在扩大鹿群时，选留的后备幼鹿必须合乎育种要求。为保持合理的鹿群结构，应根据分娩计划、选留计划等拟订出鹿群周转计划。

三、育种计划的编制

制订鹿群育种计划是育种工作的重要环节之一。在制订计划之前，必须对现有鹿群的基本情况进行详尽的了解，主要包括鹿群的历史与现状、鹿群的结构与组成、生产性能、繁殖性能、鹿群的血缘关系、现有的优点和缺点等内容。在鹿群调查的基础上，制订切实可行的育种计划。

第一要确定明确的育种目标，即通过育种所要达到的目的及所需的饲养管理水平等外界条件。第二是根据育种目标和原有鹿群特点确定选育方式，根据实际情况采用本品种选育或杂交改良。第三是确定选种和选配的方法和标准。第四是确定培育制度，制订适宜的饲养管理方案及幼鹿培育方法，只有合理的饲养管理才能使鹿的遗传潜力和生产潜力充分表现出来。第五是确定选育工作的范围及参加选育的重点场所，建立健全繁育体系，开展联合协作育种及群众性的育种工作。第六是根据遗传学原理和育种计划，估计遗传进展及其在生产上的经济效果，并制定育种成果的推广范围和具体措施。第七是要有相应的防疫措施。另外，还应有严格的选留和淘汰制度。育种计划一经确立，一般应坚决贯彻执行，不能任意更改中途废止。但也不能僵化，必须主动积极地不断研究和分析，根据进展情况及时解决出现的问题，使计划更加完善。

第八章
提高鹿养殖繁育水平的主要措施

　　母鹿18个月龄可参加初配，需饲喂足够的优质粗饲料，根据饲料品质实际情况，可适当补喂精饲料，以满足母鹿生殖器官发育的营养需要。受胎后，在分娩前2~3个月加强营养，从而满足胎儿快速增长和为泌乳贮备的营养需要，以维生素A和E、钙、磷为重点。妊娠后期饲喂品质优良的粗饲料，精饲料合理搭配，注意适口性。确定育成母鹿的初配期，应根据育成母鹿的出生月龄和发情状况确定其是否参加配种。配种前，需加强饲养管理，提高日粮营养水平，保证母鹿正常发情排卵，繁殖体况良好。保证母鹿有健康的体况、良好的种用价值和较高的繁殖力，巩固有益的遗传性，繁殖优良的后代，不断扩大鹿群数量和提高鹿群质量。

第一节　繁殖母鹿饲养管理要点

　　根据母鹿在不同时期的生理变化、营养需要和饲养特点，可将其生产时期划分为配种与妊娠初期、妊娠期、产仔泌乳期3个阶段。在生产中，可按上述3个阶段对母鹿实施不同的饲养管理技术措施。

一、配种与妊娠初期饲养管理要点

（一）配种与妊娠初期营养供给要点

　　配种期母鹿在生理上表现为性活动机能不断增强，卵巢中产生成熟的卵子，并定期排卵。母鹿性腺活动与卵细胞的生长发育都需要有足够的营养供给，特别是能量、蛋白质、矿物质和维生素，这是保证母鹿正常发情排卵的关键。日粮中的磷对母鹿繁殖力影响最大，缺磷会推迟性成熟，影响性周期，使受胎率降低。钙的缺乏及钙、磷比例失调，会直接或间接影响母鹿的繁殖。此外，钴、碘、铜、锰等微量元素对母鹿的繁殖与健康也有重要作用，是不可缺少的。维生素A与母鹿繁殖力有密切关系，维生素A不足容易使母鹿发情晚或不发情，或只发情交配不受孕，常造成空怀。配种期母鹿日粮的营养水平对加速配种进度，提高母鹿受胎率有重要作用。

（二）配种与妊娠初期饲养要点

重点是使参加配种的母鹿具有适宜的繁殖体况，能够适时发情，正常排卵，并得到有效的交配和受胎，进而提高繁殖率。配种与妊娠初期的母鹿，首先要使繁殖母鹿与仔鹿及时断乳，并提供足够的蛋白质、能量、矿物质和维生素，通过科学饲养做好追膘复壮。配种期母鹿日粮的配合，应以容积较大的粗饲料和多汁饲料为主，精饲料为辅。精饲料中应由豆饼、玉米、高粱、大豆、麦麸等按比例合理调制，多汁饲料以富含维生素A、维生素E和催情作用的饲料，如胡萝卜、大萝卜、大麦芽、大葱和瓜类为宜。精饲料按豆科籽实30%、禾本科籽实50%、糠麸类20%配比。圈养母鹿每天均衡喂精、粗饲料各3次；夜间补饲鲜嫩枝叶、青干草或其他青割粗饲料，10月植物枯黄时开始喂青贮饲料，日喂量为母梅花鹿0.5～1.0kg，母马鹿2.0～3.0kg。初配母鹿和未参加配种的后备母鹿正处于生长发育阶段，应在饲养中选择新鲜的多汁优质饲料，细致加工调制，增加采食量，促进其迅速生长发育。

（三）配种与妊娠初期管理要点

母鹿配种期的管理工作，主要应抓好以下环节。母鹿在准备配种期不能喂得过肥，应保持中等体况，准备参加配种；及时将仔鹿断乳分群，使母鹿提早或适时发情；将母鹿群分成育种核心群、一般繁殖群、初配母鹿群和后备母鹿群，根据各自生理特点，分别进行饲养管理，每个配种母鹿群以15～20只为宜；在配种期间，及时注意母鹿的发情情况，以便及时配种；加强配种期的管理，参加配种的母鹿群应设专人昼夜值班看管，防止个别公鹿顶伤母鹿；防止出现乱配、配次过多或漏配现象；配种后公、母鹿及时分群管理；根据配种日期及体况强弱，适当调整母鹿群；发现有重复发情的母鹿及时做好复配；饲养人员和值班人员要随时做好配种记录，为翌年预产期的推算和以后育种工作打好基础。

二、妊娠中、后期饲养管理要点

（一）妊娠中、后期营养供给要点

母鹿的妊娠期历时8个月左右，可分为胚胎期（受精至35日龄）、胎儿前期（36～60日龄）、胎儿期（61日龄至出生）3个阶段。母鹿受孕后由于内分泌的改变和胎儿的生长发育，胎儿和母鹿本身体重逐渐增加。胎儿的增重规律是：早期绝对增重有限，只有初生重的10%，但增长率较大；而胎儿后期绝对增重较大，在妊娠5个月后，胎儿的营养积聚逐渐加快，在妊娠期的后1～1.5个月内，胎儿的增重是整个胎儿初生重的80%～85%，所需营养物质高于早期。妊娠母鹿自身的增重是由于妊娠导致内分泌的改变，使母鹿的物质代谢和能量代谢增强。母鹿妊娠期的基础代谢比同体重的空怀母鹿高50%，母鹿在妊娠后期的能量代谢可提高30%～50%。因此，在饲养标准上初胎母鹿和第二胎母鹿各分别增加维持量的20%和10%，即使是成年母鹿，在妊娠期仍有相当的增重。母鹿的增重对补偿母鹿前一个泌乳期的消耗和为后一个泌乳期贮备营养都是必要的。胎儿前期是器官发生和形成阶段，此时期如果营养不全或缺乏，会引起胚胎死亡或先天性畸形。蛋白质和维生素A不足，最可能引起早期死胎。妊娠后期，胎儿增重快，绝对增重大，所需营养物质多，在胎儿骨骼形成的过程中，需要大量的矿物质，如果供应不足，就会导致胎儿骨骼发育不良，或母体瘫痪。此外，由于母体代谢增强，也需较多的营养物质。因此，妊娠期营养不全或缺乏，会导致胎儿生长迟缓、活力不足，也影响到母鹿的健康。

（二）妊娠中、后期饲养要点

妊娠期母鹿的日粮应始终保持较高的营养水平，特别是保证蛋白质和矿物质的供给。在配制日粮时，应选择体积小、品质好、适口性强的饲料，并考虑到饲料容积和妊娠期的关系，且应侧重日粮质优，容积可稍大些，后期在保证质优的前提下，应侧重饲料数量，且日粮容积适当小些。在喂给多汁饲料和粗饲料时必须慎重，防止由于饲料容积过大而造成流产。同时，在临产前0.5～1个月应适当限制饲养，防止母鹿过肥造成难产。舍饲妊娠母鹿的粗饲料日粮中应喂给一些容积小易消化的发酵饲料。母鹿在妊娠期应每天定时、均衡地饲喂精饲料和多汁粗饲料2~3次为宜，一般可在早晨4：00—5：00，中午11：00—12：00，傍晚5：00—6：00饲喂。如果白天喂2次，夜间应补饲1次粗饲料。日粮调制时，精饲料要粉碎泡软，多汁饲料要洗净切碎，并杜绝饲喂发霉腐败变质的饲料。饲喂时，精饲料要投放均匀，避免采食时母鹿相互拥挤。要保证供给母鹿充足清洁的饮水，越冬时节北方最好饮温水。

（三）妊娠中、后期管理要点

整群母鹿进入妊娠期后，必须加强管理，做好妊娠保胎工作。应根据参加配种母鹿的年龄、体况、受配日期合理调整鹿群，每圈饲养头数不宜过多，避免在妊娠后期由于鹿群拥挤而造成流产。要为母鹿群创造良好的生活环境，保持安静，避免各种惊动和骚扰。各项管理工作要精心细致，有关人员出入圈舍应事先给予信号，调教驯化时注意稳群，防止发生炸群伤鹿事故。鹿舍内要保持清洁干燥，采光良好。北方的养鹿场在冬季因天寒地冻，寝床应铺10~15cm厚的垫草，且垫草要柔软、干燥、保暖，并要定期更换，鹿舍内不能有积雪存冰，降雪后立即清除。每天定时驱赶母鹿群运动1h左右，以增强鹿的体质，促进胎儿生长发育。在妊娠中期，应对所有母鹿进行1次检查，根据体质强弱和营养状况调整鹿群，将体弱及营养不良的母鹿拨入相应的鹿群进行饲养管理。妊娠后期做好产仔前的准备工作，如检修圈舍、铺垫地面、设置仔鹿保护栏等。

三、产仔泌乳期饲养管理要点

（一）产仔泌乳期营养供给要点

母鹿分娩后即开始泌乳，仔鹿哺乳期一般从5月上旬持续到8月下旬，早产仔鹿可哺乳100~110d，大多数仔鹿哺乳90d左右。鹿乳浓度较大，营养丰富，干物质占比32.2%，其中蛋白质占比10.9%、脂肪占比24.5%~25.1%、乳糖占比2.8%，鹿乳中的这些成分均来自饲料，是饲料中的蛋白质、碳水化合物经由乳腺细胞加工而成的。其中乳球蛋白和乳白蛋白是生物学价值最高的蛋白质，饲料中供给的纯蛋白质，必须高出乳中所含纯蛋白质的1.6~1.7倍，才能满足泌乳的需要。如果蛋白质供应不足，不但影响产乳量，也降低乳脂含量，并使母鹿动用自身的营养物质，导致体况下降、体质瘦弱。当饲料中脂肪和碳水化合物供应不足时，将分解蛋白质形成乳脂肪而造成饲料浪费。为了促进仔鹿正常生长发育，保证母鹿分泌优质乳，必须在饲料中充分供给脂肪和碳水化合物。鹿乳中的矿物质，以钙、磷、钾、氯为主。因此，饲料中矿物质的供给量应适当，不足时会使乳质下降，出现缺乏症；但矿物质超过安全用量，会造成危害甚至中毒。由于鹿乳中钙、磷、镁含量及比例与乳脂率呈正相关性，因此，必须经常保证骨粉和食盐的充足供给。维生素A、维生素B族、维生素C、维生素E都对泌乳有重大影响。维生素B族和维生素C，在母鹿体内可以合成，一般不易缺乏，而维生素A必须由饲料内供给的胡萝卜素来补充，否则鹿乳中缺乏维生素A，对仔鹿的生长发育也不利。

（二）产仔泌乳期饲养要点

产仔泌乳期母鹿的日粮中各营养物质的比例要合理、适宜；饲料多样化，适口性强；日粮的容积应和消化器官的容积相适应；要保证日粮的质量和数量，除喂良好的枝叶，还应喂给一定数量的多汁饲料，以利于泌乳和改善鹿乳质量。鹿产仔后应充分供给饮水和优质青饲料，产仔母鹿的消化能力显著增强，采食量比平时增加20%～30%，哺乳母鹿应每天喂精饲料0.5～0.75kg，其日粮中的蛋白质应占精饲料量的30%～35%。在母鹿泌乳初期饲喂适量的麸皮粉粥、小米粥，或将粉碎的精饲料用稀豆浆调成粥样混合后再喂给母鹿，可更好地促进泌乳。母鹿产仔后1～3d最好饲喂一些小米粥、豆浆等多汁催乳饲料，舍饲母鹿在5—6月缺少青绿饲料时，每天应饲喂青贮饲料。圈养舍饲的泌乳期母鹿应每天饲喂2～3次精饲料，夜间补饲1次粗饲料。夏季潮湿多雨，饲料易发生霉烂，为了保证饲料的品质，青割饲料宜边收边喂，不宜堆积过久；根茎类应洗净切成3～5cm长的小段后再投喂；青枝叶类应放置在饲料台上供母鹿采食；注意保持饮水洁净、充足。

（三）产仔泌乳期管理要点

对分娩后的母鹿，应根据分娩日期先后、仔鹿性别、母鹿年龄将其分成若干群护理，每群母鹿和仔鹿以30～40只为宜。夏季母鹿舍应注意保持清洁卫生，加强消毒，预防母鹿乳腺炎和仔鹿疾病的发生。哺乳期对胆怯、易惊慌炸群的母鹿不要强制驱赶，应以温驯的骨干母鹿来引导。对舍饲的母鹿要结合清扫圈舍和饲喂随时进行调教驯化。在母鹿群大批产仔阶段往往会出现哺乳混乱现象，致使一些仔鹿吃到几头母鹿的乳汁，另外一些仔鹿则吃不到或者吃不饱。因此要求饲养员责任心强，工作细心，对有弱仔及时引哺或人工辅助哺乳，对缺乳或拒绝哺乳的母鹿注意护理，加强看管和调教，对有恶癖鹿要淘汰。

四、提高母鹿配种能力要点

（1）从系统的选择中，选择优良种雄鹿的后代，加以定向培育，而获得预选雌鹿，再经过一次繁殖加以选定。但大多数是在普通生产群中通过繁殖成绩和后裔鉴定，从经产雌鹿中选定。选定的标准也多注重外貌和年龄等条件。

（2）选择雌鹿适宜的配种年龄进行配种，对身体尚未完全发育成熟的青年鹿，过早配种会影响其生长发育及使用年限，繁殖后代弱小，发育差。因此，应在雌鹿体重达到标准体重的70%才能配种。比如梅花鹿在2岁左右，马鹿4岁左右，开始配种繁殖最为适宜。

（3）种母鹿群应有最佳年龄结构，老幼鹿比例过高，甚至连续几年没有2～6岁较佳繁殖年龄的母鹿，不仅会直接影响母鹿群的繁殖力，而且对育种影响更大。因此，应根据系谱选留繁殖力强、乳房大、历年产仔早的保姆鹿、双胎母鹿后裔和产雄鹿多的母鹿留作种用。

（4）合理的营养水平。母鹿过肥、过瘦均会影响其繁殖力，一般在7月至断奶前1周，应给予足够的蛋白质、维生素及无机盐类饲料，直到11月中旬的发情配种期间。

（5）充分利用杂交优势引进种雄鹿或精液，与本场母鹿进行种间或前系类型间杂交，采用现代繁殖技术手段，如人工授精技术、同期发情技术和相应的查漏补配技术等，做好母鹿保胎产仔的各种工作，可有效地提高繁殖率、成活率、双胎率等。

（6）配种前清除鹿群中不育、有恶癖、年龄过大及有严重疾病无饲养价值的母鹿。并按血缘关系、年龄段及健康状况等，组成种用核心群、一般繁殖群、初配母鹿群。一个配种群宜由15～30只母鹿组成。母鹿的体膘情况对加快配种进度与提高受胎率有重要影响，配种期母鹿膘度以中等为好。营养良好的母鹿群，发情早，受胎率和双胎率高。

（7）正确安排母鹿配种，母鹿1.5岁时达性成熟，但适宜的配种年龄应在2.5岁。鹿的繁殖适期是8月下旬至11月。母鹿每隔18～24d发情1次，每次持续1～4d。种公鹿应选择生长快、产茸多、抗病力强、遗传性稳定的健壮个体，一般每15～20只母鹿放1头种公鹿。母鹿发情后，应及时放对配种，并接连交配2～3次。

可繁殖母鹿的饲养。

（1）妊娠母鹿的饲养。妊娠母鹿饲养的好坏，不仅涉及母鹿本身的健康，还会影响到胎儿的生长发育、母鹿的正常分娩和哺育仔鹿。仔鹿弱生的重要原因，是妊娠期母鹿饲养的不好引起的。所以，饲养好11月至翌年4月妊娠期母鹿十分重要。

妊娠母鹿代谢旺盛，食量增加；妊娠期处在冬季时，不需要特殊的饲养。关键问题是粗饲料一定要数量足质量优，尽量做到两三种同时喂饲。梅花鹿精饲料量每只每天0.7～1.0kg，其中玉米面50%～60%，豆饼20%～30%，麸皮10%～15%，食盐15g，骨粉15～20g，马鹿饲喂量比花鹿增加1倍。每天保证饮水，北方饮温水。

3—5月是母鹿妊娠后期，是胎儿快速发育阶段，胎儿体重80%以上是在分娩前1～1.5个月增长的，这时可喂青贮，但青贮水分大，酸度大，不宜多喂，最好与其他粗饲料混合喂给。精料每天增加到0.75～1.1kg，其中豆饼占30%～35%，可喂鱼粉，每天10～15g。

对于初产母鹿，不仅要保证胎儿发育，还要维持自身的生长。饲料中蛋白质含量可略比成年母鹿高，可用鱼粉来调节。维生素A是妊娠母鹿不可缺少的营养素，喂胡萝卜或青贮料即可解决，每天喂0.1～0.2kg。

（2）哺乳母鹿的饲养。5—8月哺乳期母鹿的饲养，关系到仔鹿的生长发育和母鹿再生产能力。母鹿哺乳期一般60～90d，即5月下旬到8月上中旬，正是仔鹿快速生长期，每天增重0.40～0.51kg。仔鹿的营养主要来自母乳，母鹿每天泌乳700～1000mL，而鹿乳特别浓厚，含干物质32.2%，蛋白质10.9%，脂肪17.1%，所以哺乳期母鹿食欲特别旺盛，需从饲料获得营养物质。但这时期母鹿膘情明显下降，变得消瘦。

青绿饲料含水分多，不要限制喂给量，夜间最好饲喂1次其他粗料，如黄柞叶、玉米秸秆等。因雨天多，地面泥泞，粗饲料要添在饲槽内。

精饲料要保证营养丰富，每天喂1～1.25kg，其中豆饼占30%～40%，玉米面占45%～50%，麸皮占10%～15%，还可给鱼粉10～20g，盐15g，骨粉15～20g，精料日喂3次，粗料日喂4次，保证饮水充足。

（3）配种母鹿的饲养。配种母鹿最容易饲养，此期母鹿刚刚结束对仔鹿的哺育，性活动能力不断增强，卵巢开始生成成熟的卵子，所以要给予足够的营养物质。如果配种期母鹿过瘦，则会出现发情晚、不发情或不孕。过去东北马鹿产仔率徘徊在30%，原因之一就是母鹿营养不足。

配种期母鹿应以青绿饲料为主，如柞树叶、杨树叶、果树叶、胡枝子、苜蓿、三叶草、野山草、青刈玉米和青刈大豆等，这些饲料容易满足配种期母鹿的需要。

每天每只梅花鹿喂精料0.7～0.8kg，马鹿是其3倍上下。其中豆饼占30%(马鹿占35%～37%)，玉米面60%，麸皮10%，盐15g，马鹿的加倍，骨粉15g，还要喂给大麦芽、胡萝卜和大葱等。

五、哺乳仔鹿的饲养管理

哺乳仔鹿的饲养管理有一套严格科学的做法，其管理的成功与否不仅关系着仔鹿的成活，而且关系着仔鹿今后的生产性能及水平，直接影响着生产的经济效益与鹿业发展。由于养鹿业有着高而稳定的经济效益，但鹿相对种群较小，鹿的培育是养鹿业发展的瓶颈。现将哺乳仔鹿的饲养管理要点综述如下。

（一）接生

一般健康母鹿均能正常产仔，管理人员只需做好卫生防疫工作，在产仔圈铺上干草。对于难产母鹿要进行人工助产，一般也可顺利产仔。接生时应尽量减少机械损伤，对有机械损伤的鹿应注射一定量的抗生素，以防仔鹿及母鹿的感染。仔鹿出生后要及时将其全身擦拭干净，特别应及时清除口及鼻孔中的黏液，以免仔鹿窒息死亡。出生1～2d应做好记录，用碘酊消毒耳部，打号钉牌，同时消毒好脐部，防其发炎。

（二）吃初乳

同其他哺乳动物一样，初乳对仔鹿非常重要。初乳营养丰富，含有许多常乳缺少的营养物质，这些物质可提高仔鹿的抗病力，促进仔鹿肠胃系统的发育，仔鹿出生后要尽早吃到初乳。对于被母鹿遗弃或母鹿死亡的仔鹿，可用牛羊的初乳代替，最好是新鲜的，当然冻贮的也可，如实在没有，可用新鲜蛋黄代替。

（三）人工哺乳

对于母鹿死亡或被弃的仔鹿，可进行代养或人工哺乳。人工哺乳可用牛羊乳，对1～4周龄的仔鹿应进行少量多次喂给，喂量逐渐增加，5周龄后随着补食量的增加可逐渐减少。1～8周龄乳量分别为每天800mL、1000mL、1200mL、1400mL、1200mL、1000mL、800mL、500mL。人工哺乳应注意定时、定质、定量喂乳，乳温在40℃左右。在生产中，对仔鹿进行早期人工哺乳可减少仔鹿死亡，仔鹿肠胃疾病及母鹿乳量不足造成的仔鹿营养不良等问题，提高仔鹿的成活率和断乳重。

（四）补饲

仔鹿2周龄后可补饲精料，一日3次，自由采食。其补料配方如下：玉米面50%，豆饼36%，麦麸10%，食盐1%，磷酸氢钙2%，微量元素及多种维生素1%。青草或树叶任其自由采食。

（五）勤于观察、加强调教驯化

管理人员应勤于观察，防止母鹿咬、拨、打仔鹿，同时应进行调教驯化，圈养仔鹿应每天定时驱群，以使其充分运动，加速其消化运动机能的发育。对1月龄的仔鹿进行驯化，与人多接触，为以后放牧及管理打下基础。

（六）卫生和疾病防治

仔鹿抗病力低，其圈舍应保持干净卫生，做到经常消毒和更换垫草，保持圈舍干燥，阴雨天特别要注意，可在水中添加适量抗生素药物，以减少疾病的发生。仔鹿常见病及其治疗方法：①仔鹿脐炎：用碘酒擦拭脐部，肌注庆大霉素或青霉素。②仔鹿肠炎：口服氟哌酸、痢菌净等抗菌药物，肌注庆大霉素或青霉素，严重时静脉滴注，加大药量。③仔鹿肺炎：由感冒等引起的呼吸道及肺部感染的仔鹿，静脉滴注庆大霉素或青霉素，搞好护理工作。④仔鹿白肌病：在缺硒地区仔鹿易患白肌病，引起大量死亡，预防方法是在补充料中加适量的矿物元素添加剂，同时要适量加入维生素E，对已发病的鹿除上面补加外，要肌注亚硒酸钠与维生素E针剂。

第二节　种用公鹿饲养管理要点

公鹿的生理和生产随季节更替而明显变化。在春、夏季节，公鹿食欲良好，代谢旺盛，一般3—4月开始脱盘生茸，并逐渐开始换毛。随着饲料条件的改善，公鹿体况逐渐增强，被毛光亮，生茸旺期体况最佳。秋季公鹿性活动增强，争偶角斗频繁发生，食欲减退，同时种用公鹿因配种活动而消耗能量，明显消瘦。配种期结束后到第二年1月，公鹿的性活动处于相对静止状态，性欲减弱并逐渐消失，同时食欲开始增强，采食量大大增加，体况逐渐恢复。因此，种用公鹿配种期的饲养管理是重点。

种公鹿和生茸公鹿及非配种公鹿的饲养。

（1）种公鹿的饲养。种公鹿在配种期性冲动激烈，食欲下降，要特别注意饲养。种公鹿在收茸之后要单独组群，而超特级的采精公鹿要单圈饲养。精料要保证有高质量的蛋白质，因为此时公鹿食欲大减，所以要少而精，注重饲料质量而不是数量。日粮组成是豆饼、玉米、鱼粉、麸皮，甚至喂给鸡蛋、奶粉，使公鹿产生优良的精子并有旺盛的配种力；要喂给优质骨粉或磷酸氢钙，因为钙、磷的不足会降低公鹿性欲。在配种期内还要喂给催情饲料，如大葱、胡萝卜、大麦芽等；喂给喜食的鲜嫩饲料，如鲜树枝叶、青割玉米、青割大豆、苜蓿、三叶草等。这些饲料不但蛋白质含量高，而且赖氨酸含量也高；精、粗饲料可以不限量，但要在饲喂10min后将剩料清除，其目的一是防止酸败，二是使鹿有饥饿感，下顿食欲旺盛。以上是对单圈或小圈定时放对配种种公鹿和对大圈人工采精公鹿的饲养。

（2）生茸公鹿的饲养。鹿以粗饲料为主，但家养鹿不能采食到蛋白质含量高的野生鲜嫩饲料，所以补充豆粕、谷类饲料。也因为如此，家养鹿比野生鹿产茸量高且嫩。生茸期公鹿新陈代谢快，食欲旺盛，体重增加，还需要生长鹿茸，应给予大量的蛋白质、维生素矿物质饲料，其中，高产公鹿在生长上冲嘴头的20多天，应显著增加矿物质饲料量。粗饲料要尽量多样化，青贮、绿树枝叶、青草、苜蓿、三叶草等搭配喂给。有的鹿场粗饲料只喂给青贮，因青贮水分大，营养不足，最好能与玉米秸秆和草粉等搭配。四锯以上完全体成熟梅花鹿精饲料日喂量每只2.0～2.75kg，其中豆饼占45%～50%，玉米占30%～40%，麸皮10%，盐和骨粉各15～35g；头二锯生茸期精饲料的日喂量每只1.4～2.25kg，豆饼占50%～60%；三锯及以上鹿的是2～2.5kg，豆饼占50%～60%；马鹿的日喂精饲料量每只是梅花鹿的2～3倍；花、马杂交杂种鹿的日喂精饲料量是梅花鹿的1～1.5倍。

增加精料要逐渐进行，如成年梅花鹿，2月精料量每天1.5kg，4月初2kg，30d增料1kg，根据情况每周增料150～200g，或每5天增料100g，这样才能保证生茸期鹿有理想的膘情体况和产茸量。

添加剂饲料，应视本场地域和粗饲料种类的实际情况而定，缺什么添什么。不要乱添，不购伪劣品。

（3）非配种公鹿的饲养。鹿与其他家畜不同，公鹿占鹿群结构的65%～70%，甚至达到80%，它们是鹿场财富的创造者，一定要养好。非配种公鹿饲养分为配种期和越冬期，配种期重在管理，越冬期重在饲养。配种期饲养应设法降低公鹿性欲，减少顶斗，避免伤亡。因此，在成年公鹿锯头茬茸后可减少精料或在喂全株青玉米时可不喂精料，主要是通过减少蛋白质摄取量来控制性欲，能收到一定效果。粗饲料以鲜嫩为主，不浪费喂给，北方鹿场在10月中下旬开始喂饲精料。

公鹿越冬期饲养仍然以粗料为主，不论任何粗料，当然以样数多为好，一定要喂饱，不剩或少剩为原则。如喂玉米秸秆，以将"叶裤"吃掉一半为正好。如叶裤没吃，说明粗料给得多；如叶裤吃完，则说明粗料给得少。梅花鹿每只精料量每天0.5～1.0kg，豆饼20%，玉米70%，麸皮10%，盐和骨粉各10g。为了节省蛋白质饲料，可适当喂给尿素。马鹿的日喂精料量每只约1.5kg；花、马杂交杂种鹿的处于二者之间。日喂3次，夜间应给1次足够的粗饲料，它是一天中量最多的，另外，北方天寒时要给鹿饮温水。

一、配种期营养供给要点

精液品质好、性欲旺盛、配种能力强、使用年限长是判断种公鹿繁殖力的主要指标。种公鹿的繁殖力除受遗传因素和环境因素影响外，还受日粮营养水平的影响。精液中含有大量的蛋白质，这些优质蛋白质直接或间接来源于饲料。另外，亚麻酸、亚油酸、花生油酸等不饱和脂肪酸，是合成种公鹿性激素的必要物质，饲料中这些物质不足时，将影响公鹿的繁殖能力。维生素A能够促进精子成熟，参与性激素的合成，必须全部从饲料中获得，不足时公鹿的精液品质差，性欲不强。维生素E（也称为生育酚）是维持动物正常性功能和性规律所必需的物质，如果缺乏，公鹿生殖上皮和精子的形成将发生病理变化，导致繁殖功能紊乱。维生素B_{12}在机体内同叶酸的作用相互关联，影响机体所必需的活性甲基的形成，从而直接影响蛋白质的代谢和造血机能。如果缺乏，易造成贫血、生长停滞、公鹿睾丸萎缩、性欲减弱、繁殖力降低。维生素C也是维持种公鹿性机能的营养物质。微量元素硒与维生素E有相似作用。饲料中缺磷，将影响精子的形成，缺钙也降低繁殖力。日粮中必须保证蛋白质全价，矿物质丰富，维生素充足，脂肪及碳水化合物含量适宜，才能保证配种公鹿的精液品质和旺盛的性机能。另外，还要防止种公鹿过肥，以利于提高其繁殖力。处于配种期的生产群公鹿，要通过减少或停饲精饲料等限制性饲养措施，控制膘情，维持适宜体况，降低性欲，减少顶撞伤亡，准备安全越冬。

二、配种期饲养要点

饲养种公鹿的目的是保证其健壮的体质，充沛的精力，产生大量优良品质的精液，延长使用年限，并且能将其优良性状稳定地遗传给后代。由于精子从睾丸中形成到在附睾中发育成熟要经过8周的时间，因此，在配种期到来之前2个月（生茸后期）就应加强对公鹿的饲养，促进精子的形成与成熟，使种公鹿在配种季节达到良好的膘情，具有良好的精液品质和旺盛的配种能力。由于受性活动的影响，公鹿在配种期，食欲急剧下降，争偶角斗时常发生，同时由于配种负担较重，公鹿体力和能量消耗很大，经过配种期后其体重减少15%～20%。因此，饲养管理技术和日粮营养水平特别重要，在拟定配种期日粮时，要着重提高饲料的适口性、催情作用和蛋白质的生物学价值，力求饲料多样化、品质优、无腐败，确保营养的全价性。实践证明，配种期的公鹿喜欢采食一些甜、苦、辣或含糖及维生素丰富的青绿多汁饲料。为此，粗饲料以鲜嫩为主，应投给苜蓿草、瓜类、根茎类、鲜枝叶、青割全株玉米等优质的青绿多汁饲料和大麦芽等催情饲料。精饲料以豆粕、玉米、大麦、高粱、麦麸等合理搭配成混合料较好。实际投喂时根据种公鹿的膘情调整饲喂量，如果膘情好，可少喂精饲料以避免过肥，也有利于保持其配种能力；如果膘情差，粗饲料质量又低，就必须多喂精饲料。精饲料在投喂30min后，需要将剩料清除。饲喂优质的粗饲料和混合精饲料，粗蛋白质含量达到12%即能满足需要；如果粗饲料品质低劣，粗蛋白质含量需达到18%～20%。矿物质和维生素对精子的形成、精液品质及对公鹿的健康都有良好作用，必要时可补喂矿物质和维生素添加剂。

三、配种期管理要点

种用公鹿和非种用公鹿应分别进行饲养和管理，以避免锯茸时出现混乱状态，从而稳定鹿群。配种期间，水槽应设盖，以便控制饮水，防止公鹿在顶架或交配后过度喘息时马上饮水，因呛水造成伤亡或丧失配种能力、降低生产性能。此外，配种期的公鹿常因磨角争斗损坏圈门出现逃鹿或串圈现象，并经常扒泥戏水，容易污染饮水。因此，配种开始以前要做好圈舍检修，配种期间对水槽定期洗刷和消毒，保持饮水清洁。圈舍要经常打扫，保持地面平整，及时维修圈舍地面和饲养设施，定期进行鹿舍消毒，防止坏死杆菌病的发生。在配种初期，处于统治地位的"鹿王"会顶撞和损伤其他公鹿，后期"鹿王"因体力消耗、机体消瘦而影响配种效果，将受到其他公鹿的威胁。将败阵的"鹿王"拨出单圈饲养或养在幼鹿群中。

四、提高公鹿配种能力要点

（1）选择适宜的繁殖年龄。一般梅花鹿雄鹿生后36月龄即满3周岁、二锯雄鹿即可参加配种，最好是三锯时配种。马鹿正常配种年龄相应地比梅花鹿推迟1年。

（2）控制混群时间。一般在北方8月底至9月初，雌雄鹿群开始配种繁殖，但实际发情配种要晚半个月左右，比如梅花鹿比马鹿要晚10d左右，而育成鹿或初配鹿还要晚10d左右。

（3）加强调教。控制试情配种放对时间，为充分发挥种雄鹿的配种能力，加速鹿群的改良速度，提高繁殖力，种雄鹿从1岁初配时开始就要加强调教。一般于8月下旬锯完再生茸以后，从雄鹿有性行为表现时起，按照放对试情配种的次数和时间，由专人给予固定的口令或喊声，训练和控制其不良行为，引导其有益于配种放对的行为和条件的建立，保证放对配种的顺利进行。

（4）定时放对配种。在种鹿配种旺盛时期，每天要保证4次试情配种，每次放对时间不少于30min。在配种前期和末期，应保证上、下午都有放对时间。交配结束后再把种雄鹿拨出来。如同时有几只雌鹿发情，可用几只不同的种雄鹿配种。配种时要保持环境安静，严防惊吓刺激。

梅花鹿冬季鹿的饲养管理。

梅花鹿在冬季虽然不生茸产仔，但这时管理好与坏，却和下一年的生茸和产仔关系密切。每年9—11月公鹿和母鹿配种结束后，鹿便进入冬季的休养生息阶段。在冬季若不提供良好的饲养管理条件，也就不会有夏季的高产。因此，搞好鹿的梅花鹿冬季饲养管理是提高养鹿经济效益和安全顺利越冬的重要一环。

1. 公鹿的饲养管理

公鹿的越冬期包括配种恢复期和生茸前期，从11月上旬到第二年3月下旬，正处于寒冬季节，鹿既不配种也不生茸，处于非生产季节。

（1）逐渐恢复营养，确保安全越冬。鹿到12月后性欲渐减，食欲渐增，由于处于寒冬，体能消耗也较大，鹿场应逐渐提高精料的补加，补加量一般成年梅花公鹿1.1～1.4kg，马鹿2.0～2.5kg，同时供给充足的粗饲料。冬季缺少青绿粗饲料，可饲喂树叶、秸秆、青贮料等，同时保证饮水，最好是温水。在生茸前期还应适当增加精料喂量，为鹿的脱盘生茸做好准备。

（2）调整鹿群，淘汰老弱低产鹿。冬季是考验鹿体况的季节，鹿场应根据实际情况，对老弱及产茸太低的鹿适当淘汰，对产茸好但老弱的鹿应单独组群，防止因老弱鹿吃不到饲料而死亡的现象发生。

（3）防潮保温，保持卫生。冬季雨雪多，潮湿寒冷，鹿场应及时清扫圈舍，保持圈舍清洁干燥。以防鹿滑倒摔伤，造成不必要的伤亡；有条件的应在圈舍铺干燥垫草，营造温暖舒适的环境，同时应在晴天驱群，让鹿适当运动，保持健康旺盛的生命力。

2. 妊娠期母鹿的饲养管理

12月至第二年4月，是母鹿妊娠和胚胎在母体子宫内生长发育为成熟胎儿的时期。这一时期母鹿除维持自身的体能需要外，还必须供给胎儿各种营养物质，使胎儿能健康地成长发育。

（1）分期加强营养。在妊娠前期，母鹿的营养需要主要是注重质量，生产中应选用多种饲料原料进行饲料配制，平衡调配，使能量、蛋白质、矿物元素及维生素营养均能满足母鹿及胎儿的需要。妊娠后期应保证体质饲喂精料，并加大喂量，同时应考虑日粮容积，防止鹿采食过多而挤压胎儿。还应保持适宜的体况，以防过肥而造成难产。

（2）营造舒适的生活环境。每圈不宜养殖太多母鹿，以免造成拥挤，甚至流产；妊娠期鹿场应保持安静。圈舍要保持清洁干燥。

（3）适当运动，做好产前工作。妊娠母鹿在冬季运动减少，应每天定时驱群，进行驯化。在妊娠后期应设置护仔栏、检修圈舍、加铺垫草等，为母鹿顺利产仔做好准备。

3. 日常管理要点

（1）做好鹿只饲喂工作。①精饲料调制冬季天气寒冷，"生水生料"上槽易冻料，鹿吃后消化不良，上膘慢。要抓好精饲料的调制，实行冬季喂温粥。温粥制作方法，将70%的玉米面或高粱面掺入30%的碎豆饼，加入适量的盐水，平均每只鹿用盐量20~30g，搅拌后煮熟。喂温粥易消化，不过料，可减少体内热能的消耗，增强鹿的抗寒能力。

②粗饲料精加工饲喂将玉米秆粉碎成草粉喂鹿，不但能提高粗饲料的利用率，而且能增加鹿的采食量。每天喂鹿要贯彻少给勤添、保证足量、喂饱的原则。

③饲喂次数、时间和顺序冬季全天喂3次，分别在8：00、16：00和23：00时进行。夜间最好喂热料，饲喂次数和时间定下来后，应保持相对稳定。饲料饲喂顺序是先给精饲料，待鹿吃净了再给粗饲料，每天每次饲喂的饲料量要相对固定。鹿每次吃完饲料后（1h左右）应取出料槽内剩余饲料。

（2）做好鹿舍的保温工作。鹿虽然不怕冷，但过冷的环境会消耗鹿体内大量的热能。为增加体热来御寒，于是鹿增加了食量，造成饲料的浪费和生产成本的增加。幼鹿和育成鹿对环境温度反应比较敏感，若冬季舍内过于阴冷，不但会影响鹿的生长发育，而且易导致鹿发生感冒、肺炎，有的还会造成死亡。目前各地采取用暖圈养牛、养猪提高生产效益的方法已被人们所接受，同样，鹿在冬季采取暖舍饲养也是一项重要技术措施。

①冬季可在圈舍内的地面上铺放锯末，作为垫料，其好处是既能保温，又可吸附粪尿，便于搞好舍内环境卫生。

②封堵鹿舍墙壁风孔，防止贼风侵袭。

③冬天下雪后应及时清扫舍内外的积雪，既可保温，又可防止鹿滑倒造成骨折。

④冬季应当供给温热的饮水，傍晚可将槽内的剩水放净，防止鹿饮冰水和冻裂水槽。

⑤农户养鹿，可在舍门上挂上草帘、布帘、塑料布等用以保温。也可晚上在舍门处立放几捆柴火，白天去掉。

（3）做好防疫卫生工作。鹿舍内应保持干燥、清洁。每天打扫舍内的粪便，每7d换1次垫草并消毒1次，水槽每3d刷洗1次。投喂饲料前清理食槽，不喂酸败和冰冻的饲料。病死鹿要进行焚烧、深埋等无害化处理。

第三节　鹿饲养场主要传染病的免疫规程

一、术语和定义

（1）肠毒血症是由魏氏梭菌的毒素引起的急性毒血症。主要以胃肠出血，尤其以小肠出血为主要特征。

（2）黏膜病是由黏膜病毒引起的病毒性腹泻。黏膜病主要表现为腹泻、急、慢性黏膜病，母畜流产、不孕、产死胎、木乃伊胎或畸形胎等。

（3）小反刍兽疫是由小反刍兽疫病毒引起的一种急性病毒性传染病，主要感染小反刍动物，以发热、口炎、腹泻、肺炎为特征。

二、鹿结核病免疫规程

1. 免疫对象

应按GB/T 32945或GB/T 27639规定执行，仅能接种检测结果为阴性的鹿。

2. 疫苗

参考应用卡介苗（BCG）。

3. 用量

仔鹿、幼鹿和成鹿每头每次0.75mg，用1mL稀释液稀释后接种。

4. 接种时间

连续3次接种：第一次出生后24h接种，第二次在当年8月中下旬仔鹿断奶分群时接种，第三次在出生后第二年4—5月接种。

5. 接种部位

接种前用75%酒精消毒颈部或臀部。

6. 接种方法

皮内或皮下接种。

7. 免疫期

终身免疫。

8. 要求

（1）疫苗保存于2~10℃普通冰箱中，防止阳光直接照射。

（2）使用前发现疫苗用安瓿瓶出现裂纹、过期或失效，则放弃使用。

（3）接种鹿必须详细登记栋号、鹿号、性别和年龄，疫苗名称、制造单位、批号、接种日期等。

（4）疫苗稀释，若为冻干苗则需用灭菌注射器和针头吸取随产品附带的稀释液1mL稀释疫苗，使之充分混匀，不应用其他稀释液；若为液体苗可直接使用。

（5）疫苗应在半个小时内用完，防止污染。

（6）接种疫苗用注射器和针头要专用，不应使用注射其他药品，一鹿一针头。

（7）凡是确诊结核病鹿和疑似急性传染病和皮肤病患鹿严禁接种。

（8）用过的注射器、针头和安瓿瓶立即无害化销毁。

三、布鲁氏杆菌病免疫规程

1. 免疫对象

接种前需按GB/T 18646规定执行，检测结果为布鲁氏菌病阴性鹿方能接种。

2. 疫苗

参考应用布鲁氏菌病活疫苗（S2株）。

3. 接种方法

口服接种，亦可肌肉注射。

4. 用量

口服，不论年龄大小每头按2只份使用，怀孕母畜口服不受影响，间隔1个月，再口服1次。

皮下或肌肉注射每只鹿按1只份使用，间隔1个月，再注射1次。

5. 接种时间

各饲养场自行规定。

6. 免疫期

24个月。

7. 要求

（1）该疫苗为活菌疫苗，要冷冻保存，拌水饮服应用凉水。

（2）拌入饲料中时，应避免使用含有抗生素的饲料、发酵饲料或热饲料。

（3）疫苗稀释后，应当日用完。

（4）疫苗对人有一定的致病力，使用时，应注意个人防护。

（5）注射疫苗时应做局部消毒处理，不能用于妊娠母鹿。

（6）用过的疫苗瓶、器具和未用完的疫苗应进行无害化处理。

四、口蹄疫免疫教程

1. 口蹄疫免疫规程

免疫对象，健康的梅花鹿、马鹿。

2. 疫苗

口蹄疫O型、A型二价灭活疫苗。

3. 接种方法

肌肉注射。

4. 用量

成年鹿1mL/只，仔鹿0.5mL/只。

5. 接种时间

每年仔鹿断奶分群时注射，成年鹿在配种前1个月注射。

6. 免疫期

6个月。

7. 要求

（1）疫苗应在2～8℃下冷藏保存，不能冻结，避光直射。

（2）疫苗使用时，应充分摇匀，并恢复至室温，夏季2h，冬季4h用完。

（3）接种时严格遵守操作规程，接种人应更换衣服、帽，消毒后，方可进行疫苗接种。注射器和注射部位应严格消毒，每只鹿更换1个针头，注射到足够深度，以免影响免疫效果。

（4）对于出现严重过敏的鹿，应及时使用肾上腺素等药物进行抢救，同时采用适当的辅助治疗措施。

五、肠毒血症

1. 免疫对象

健康的梅花鹿、马鹿。

2. 疫苗

建议参考应用魏氏梭菌-巴氏杆菌二联苗或三联四防疫苗。

3. 接种方法

皮下或肌肉注射。

4. 用量

应用魏氏梭菌-巴氏杆菌二联苗，仔鹿每只2.5mL/只，成年鹿5mL/只。

应用三联四防疫苗，仔鹿每头1mL/只，成年鹿2mL/只。

5. 接种时间

成年鹿每年春季、秋季各1次，仔鹿出生后或断奶分群时注射1次/年。

6. 免疫期

6个月。

7. 要求

（1）疫苗应在2～8℃下冷藏保存，不能冻结，避光直射。

（2）使用时均应充分摇匀，并恢复至室温，限当日用完。

（3）疫苗注射器和注射部位应严格消毒，每只鹿更换1个针头。

（4）对于体质瘦弱及怀孕母鹿不宜注射。

六、炭疽病

1. 免疫对象

发生过炭疽病或受炭疽病威胁的鹿场的鹿只。

2. 疫苗

建议应用无荚膜炭疽芽孢疫苗。

3. 接种方法

皮下注射。

4. 用量

仔梅花鹿、仔马鹿0.25mL/只，成年梅花鹿0.5mL/只，成年马鹿1mL/只。

5. 接种时间

每年秋季。

6. 免疫期

12个月。

7. 要求

（1）使用前，先将疫苗恢复至室温，并充分摇匀。

（2）本品宜秋季使用，在剧烈运动或气候骤变时，不应使用。

（3）接种时，应做局部消毒处理。

（4）用过的疫苗瓶、器具和未用完的疫苗等应进行无害化处理。

七、黏膜病

1. 免疫对象

感染过黏膜病或受黏膜病威胁的鹿场的鹿。

2. 疫苗

建议应用牛病毒性腹泻/黏膜病–传染性鼻气管炎二联灭活苗。

3. 接种方法

肌肉注射。

4. 用量

2mL/只。

5. 接种时间

仔鹿出生后1个月首免1次，间隔1个月后加强1次免疫；成年鹿每6个月免疫1次。

6. 免疫期

6个月。

要求

（1）疫苗应在2～8℃下冷藏保存，不能冻结，避光直射。

（2）疫苗使用时，应充分摇匀，并恢复至室温，限当日用完。

（3）接种时严格遵守操作规程，接种人应更换衣服、帽，消毒后，方可进行疫苗接种。注射器和注射部位应严格消毒，每只鹿更换1个针头，注射到足够深度，以免影响免疫效果。

（4）对于出现严重过敏的鹿，应及时使用肾上腺素等药物进行抢救，同时采用适当的辅助治疗措施。

八、小反刍兽疫

1. 免疫对象

感染过小反刍兽疫或受小反刍兽疫病毒威胁的鹿场的健康鹿。

2. 疫苗

建议应用小反刍兽疫活疫苗。

3. 接种方法

颈部皮下注射。

4. 用量

成年鹿1mL/只。

5. 接种时间

无特殊要求。

6. 免疫期

24个月。

7. 要求

（1）在-15℃以下保存。

（2）稀释后的疫苗避免阳光直射，气温过高时在接种过程中应冷水浴保存。

（3）稀释的疫苗应在3h内用完。

（4）免疫前后10d不能使用抗生素及磺胺类药物。

（5）仅接种健康的鹿，老、弱、病、幼、孕鹿暂不免疫。

（6）应单独免疫，不与其他疫苗联合使用，与其他疫苗的间隔时间至少在10d以上。

（7）用过的疫苗瓶、剩余疫苗无害化处理，接种注射器均应严格消毒处理。

第九章
鹿常见繁殖疾病及其防治

第一节　常见的繁殖系统疾病

一、子宫内膜炎

子宫黏膜的炎症称子宫内膜炎。本病多发生于产后。炎症向深层发展则转为子宫炎，若被化脓菌感染，则成化脓性子宫炎。临床上子宫炎和子宫内膜炎常常混合发生。该病以屡配不孕、不育为特征。该病对母鹿繁殖力有巨大的不良影响。炎症程度影响子宫内膜再次修复时间、影响子宫内膜腺体以及输卵管环境。影响到卵泡发育和发情，最终导致不孕不育，严重影响鹿群繁殖，导致鹿群经济效益下降。

（一）病因

（1）病原微生物感染。从被感染子宫中分离到的病原微生物，通常在鹿场、鹿舍的环境中也可发现，且能感染其他器官和组织，故子宫被感染多数是非特异性的。感染子宫的病原微生物种群十分复杂，在感染子宫的复杂微生物中，最多见的是化脓性放线菌和一种厌氧菌（如坏死梭菌）。二者共同作用，引发严重的子宫感染。

（2）母鹿营养不足。母鹿日粮中缺乏维生素、微量元素及矿物质（或比例失调）时，其抗病力下降，易发生本病。如土壤中钴、镁、锰和其他微量元素缺乏的地域，多数鹿易发生胎衣不下和子宫内膜炎。有人在产前给鹿注射硒和口服维生素E，可减少本病和卵巢囊肿的发生。缺乏蛋白质的鹿也易发生本病，尤其易感染化脓性放线菌和坏死梭菌。

（3）其他疾病的影响。患难产、胎衣不下的鹿，本病的发病率高。

（4）产房和助产时的卫生条件恶劣，可促进本病的发生。

（5）助产或剥离胎衣不当。助产过程中，术者手指或器械损伤子宫黏膜。

（6）个体差异体弱、年老母鹿易患本病。

有研究表明，鹿免疫系统的功能差异，可能是最重要的原因。建议患此病的母鹿尽早淘汰，治疗后大多数预后不良或再次患病，影响种群繁殖。

（二）症状

本病的特征是屡配不孕。当炎症程度轻微时，多无明显的体征。当发展为化脓性子宫炎时，阴门流出脓性分泌物，且恶臭。同时伴有母鹿精神不振、体温升高、食欲不振。

（三）治疗

（1）局部治疗。传统的局部治疗是向子宫中灌注抗生素或0.1%的雷夫奴尔（利凡诺）溶液冲洗2～3次，间隔1周左右。目前研究证明对内环境有不良影响，可抑制子宫的防御机能。故现主张用全身疗法。

（2）全身疗法。肌肉注射前列腺素可溶解黄体，促进子宫清除感染，且代谢迅速。对患细菌性子宫内膜炎的子宫内注入大肠埃希菌脂多糖可刺激子宫提高防御机能，恢复生育。红花、益母草、干姜、白芍、黄芩适量，产前拌入饲料中内服，有预防本病的作用。

二、卵巢囊肿

卵巢囊肿是卵泡囊肿和黄体囊肿的总称。卵泡囊肿是因卵泡上皮变性，卵泡壁结缔组织增生变厚，卵细胞死亡，卵泡液未吸收或增加而形成。黄体囊肿是因未排卵的卵泡壁上皮黄体化而形成，或是正常排卵后由于某种原因黄体不足，在黄体内形成空腔，腔内积聚液体而形成。

（一）症状

（1）卵泡囊肿。病畜发情不正常，发情期延长，发情周期变短，有时出现持续而强烈的发情现象，成为"慕雄狂"。母畜极度不安，大声哞叫，食欲减退，排粪、排尿频繁，经常追逐或爬跨其他母畜。病畜性情凶恶，有时攻击人、畜。直肠检查卵巢上有一个或数个大而波动的囊泡，有的囊泡壁薄（囊肿位于卵巢浅表层），有的囊泡壁较厚（囊肿位于中央）。当卵泡中有许多小囊泡时，触摸卵巢表面可感到有许多有弹性的小结节。若囊肿的大小与正常的卵泡相同，则较难鉴别，须隔2～3d再重复检查，才能把它们区别开。

（2）黄体囊肿。发情周期停止，母畜不发情。直肠检查可发现卵巢体积增大，多为一个囊肿，大小与卵泡囊肿相似，但囊壁较厚而柔软，不那么紧张。血浆孕酮含量较高。

与其他疾病的区别：

（1）持久黄体是卵巢体积较大，性周期停止，母畜不发情，血浆孕酮含量较高。不同处是卵巢表面有或大或小的黄体，触摸子宫则无变化，有时松弛下垂，也无反应收缩。黄体囊肿卵巢上有囊肿，卵泡囊肿发情不正常。

（2）卵巢功能不全（多为发情周期延长）是发情周期延长。不同处是发情及性欲不明显；直肠检查卵巢萎缩，并常伴有子宫萎缩，卵泡不形成囊肿。

预防：加强饲养管理，日粮的精、粗比例要平衡，无机盐、维生素的供应都应均衡。严禁追求产量而过度给鹿饲喂蛋白质饲料。在配种期饲料中应有足够的维生素；适当增加运动，但在发情旺盛（卵泡迅速发育）、排卵和黄体形成期，不要剧烈运动。不要过多应用雌激素，对子宫、卵巢疾病应及时治疗。对正常发情的家畜，及时进行交配和受精。

（二）治疗

1. 西药疗法

（1）卵泡囊肿的治疗。肌肉注射促黄体释放激素类似物400～600μg，每天1次，连用3～4次，但总量不超过3000μg。一般用药后15～30d，囊肿逐渐消失而恢复正常发情排卵；或每次肌肉注射绒毛膜促性腺激素1万IU；或每次肌肉注射促黄体素100～200IU，一般用药3～6d囊肿形成黄体化，症状消失，15～30d恢复正常发情周期；或先肌肉注射促排3号200～400μg，促使卵泡黄体化，15d后再肌肉注射前列腺素F2α2～4mg，早晚各1次。

（2）黄体囊肿的治疗。肌肉注射15-甲基前列腺素F2α2mg，用药后3～5d发情；或每次肌肉注射脑垂体后叶素注射液50IU，隔天1次，连续2～3次；或每次肌肉注射催产素200万IU，每2h1次，每天连注2次，总量为400万IU。

2. 中药疗法

以活血化瘀、理气消肿为治疗原则。消囊散：炙乳香、炙没药各40g，香附、益母草各80g，三棱、莪术、鸡血藤各45g，黄柏、知母、当归各60g，川芎30g，研末冲服或水煎灌服，隔天1剂，连用3～6剂。

三、子宫脱

子宫翻转脱出于阴道内或阴道外称为子宫脱。根据脱出程度分为子宫内翻和完全脱出两种。该病通常发生在母鹿产后数小时。

（一）症状

（1）子宫完全脱出。子宫外翻完全脱出时，阴门外部垂挂鲜红色肉状物。起初母鹿表现不安，频频努责，时间久了，脱出的子宫淤血和水肿。当母鹿趴卧或走动导致子宫损伤及感染后，可继发大出血和败血症。

（2）子宫内翻。子宫内翻不易发现。母鹿表现为分娩后极度不安，频频努责，时时举尾，回头顾腹。只有经直肠检查才可确诊，子宫角内翻于子宫内、子宫颈或阴道内。不能尽快复原时，导致浆膜粘连和顽固性子宫内膜炎，引起不孕。

原因：①人工助产时，用力过猛、拖曳时与母鹿努责频率不一致及方向不对。②母鹿分娩后因疼痛而持续性强烈努责。③妊娠期饲养不良，营养不均衡及微量元素缺乏。④老龄鹿子宫迟缓、瘦弱、运动不足等均可引起。

（二）治疗

（1）子宫内翻。将母鹿站立保定，呈前低后高姿势。术者手臂消毒后，伸入母鹿阴道内，轻轻向前（头部方向）推压内翻部分，左右摇动并向前推进，常可使其复原。然后向子宫内灌注无菌蒸馏水，借助水的压力和重力使子宫角复原。整复后向子宫内注入青霉素100万IU。同时肌肉注射垂体后叶素，促进子宫收缩。

（2）子宫完全脱出。也是采取站立保定，前低后高姿势。先洗干净脱出的子宫，先用0.1%的高锰酸钾溶液洗净，再用1%～2%的明矾水、无菌蒸馏水冲干净，然后涂布碘甘油。水肿严重时，用针刺破，放出水肿液，以使脱出的子宫缩小，以利于复位。子宫黏膜有创口应缝合。术者戴一次性外科手术手套，用塑料布先将子宫兜起，然后按照先子宫角、再子宫体的顺序，趁努责的间隙顺着阴门两侧一小部分、一小部分的交替用拳头推送。此程序需要两个人配合。当子宫完全送入阴道后，继续缓慢推，一直推入腹腔，使之复位。然后向子宫内投送抗生素10g，同时肌肉注射子宫收缩药，缝合阴门，以防重新脱出。百会穴注射0.5%普鲁卡因10mL，防止努责再次将子宫脱出。实践中百会穴注射比后海穴注射效果要好。等15～30d以后，母鹿完全恢复健康了，有条件的，可以用手持式小型兽用B超诊断仪观察整个子宫恢复情况。

第二节　引起鹿繁殖疾病的传染病和寄生虫病

一、布鲁氏菌病

布鲁氏菌病（Brucellosis）简称布病，是由布鲁氏菌属的细菌侵入机体引起的一种人畜共患急性（或慢性）、传染性、变态反应性疾病。布病流行世界各地，传播途径多、传染性强、感染率和发病率较高，是一种人畜共患病，危害大。主要侵害动物生殖器官，导致生殖功能障碍，流产。人感染后治疗不及时可导致终生不育，严重者丧失劳动能力。鹿布病多数为隐性型，呈慢性经过。鹿的布病多由布病羊和布病牛引起。在防护不当时，助产和护理病畜都易造成传染。人食用处理不当的鹿肉和内脏也可以感染。母鹿多在孕后5～7个月发生流产、早产、胎衣滞留、胎盘糜烂并有臭味，或有灰白色坏死灶。流产胎儿多为死胎，呈败血症变化，浆膜和黏膜有出血斑；皮下结缔组织发生浆液出血性炎症；脾和淋巴结肿大；肺发生支气管炎；胎儿水肿、脱毛、腐烂。公鹿发生膝关节炎、腕关节炎、跗关节炎、黏液囊炎和附睾炎。有的产畸形茸或变态茸。仔鹿后肢麻痹，行走困难。我国的马耳他布鲁氏5号弱毒活苗（M5苗）可用于鹿的免疫。疫苗注射量，成年马鹿1头的用量约等于1头牛的用量（3mL），成年梅花鹿每头的用量约1mL。每次12个月。但种鹿不建议使用。为预防鹿的布病传染人，在鹿的生产过程中，无论母鹿是否有布病，接生人员一定要戴好长臂一次性防护手套或外科手术手套，以防感染布病。

二、口蹄疫

口蹄疫（FMD Foot and mouth disease）是口蹄疫病毒（FMDV）引起偶蹄兽的一种急性、热性、高度接触性传染病。该病毒可分为O、A、C、亚洲Ⅰ（Asia 1）、南非Ⅰ（SAT₁）、Ⅱ（SAT₂）、Ⅲ（SAT₃）7个不同的血清型。鹿的临床症状，通常潜伏2～5d，体温40～41℃。食欲不振，精神沉郁。口腔黏膜发炎，流涎。口唇、舌面、齿龈、软腭、颊部黏膜及蹄冠、蹄踵和趾间的皮肤出现大小不等的水疱，内含透明液体。水疱偶尔见于鼻镜、乳房、阴唇等部位。经过1～2d后水疱破裂，表皮脱落，形成浅表的、边缘整齐的红色病灶。若继发性细菌感染可致蹄匣脱落。仔鹿感染时水疱不明显，主要表现为出血性肠炎和心肌麻痹，死亡率较高。

剖检：口腔黏膜和蹄部见有水疱和烂斑。咽喉、气管、支气管和前胃黏膜有可见到圆形烂斑和溃疡。真胃和大小肠黏膜可见出血性炎症。肠黏膜溃疡灶，瘤胃有单个的坏死性溃疡；发生于仔鹿的溃疡并常见穿孔；在网胃的窝间发现细小的黄褐色痂块，类似的变化也见于肠内。真胃黏膜有斑痕化深层小溃疡灶，有时并见裂隙状面和出血。心脏有心肌炎病变，心肌软，心肌切面有灰白色或淡黄色斑点或条纹，如老虎身上的斑纹，故称虎斑心，肝脏与肾脏也呈同样景象。

依据鹿的流行病学特点、临床症状及剖检变化，可作出初步诊断。酸和碱、阳光对口蹄疫病毒有明显的杀灭作用，1%～3%氢氧化钠（火碱）、3%热草木灰水、1%～2%甲醛溶液有良好的杀灭作用。发生口蹄疫时，应立即上报疫情，划定疫点、疫区。对病鹿及同群鹿扑杀。隔离、封锁、彻底消毒。

防疫：每年春秋各1次。牛、羊口蹄疫O型、A型、亚洲Ⅰ型，二联或三联灭活疫苗肌肉注射。成年鹿1～3mL/只。鹿第一次注射疫苗时准备肾上腺素急救（抗过敏、抗休克），以防个别鹿对疫苗反应强烈。选择适合本地区血清型的疫苗。

三、结核病

结核病（Tuberculosis）是由结核分支杆菌引起的人畜共患慢性传染病。

本病不仅感染多种动物，并且感染同一动物的多种器官和组织，衍生出同一病原的各种疾病，如肠结核、肺结核等。临床特征是病程长、渐进性消瘦、咳嗽、衰竭，并在多种组织器官中形成特征性肉芽肿、干酪样坏死和钙化的结节性病灶，是一种人畜共患病。该病广泛流行于世界各国，世界卫生组织发布的《2022年全球结核病报告》，2021年全球约有1060万结核病患者。中国疾控中心公布的信息显示2021年我国估算的结核病新发患者数为78万。我国结核病患者数量整体平稳下降。结核病发病率为55/10万。这种人畜共患病给人类和养殖业造成巨大身体损害和经济损失。鹿感染本病后造成产茸量下降、不育。

结核分支杆菌分3个型，即牛型、人型和禽型。以上3型均可感染鹿，但主要是牛型和人型。病鹿是主要的传染源，开放性结核病人也是传染源。所以鹿的饲养员等经常接近鹿的人员必须体检，不能患有结核病。本病主要通过呼吸道以及饲草、饲料、饮水、皮肤和乳头被污染后经消化道感染，也通过交配感染。仔鹿的感染主要是吮吸带菌奶而引起。

结核检疫：通过结核菌素皮内变态反应确诊。鹿颈中部上1/3处剪毛，剪毛后用游标卡尺测量原皮厚度，75%酒精消毒。皮内注射牛型结核菌素0.2mL；3月龄以内仔鹿0.1mL；3月龄～1岁仔鹿0.15mL。注射后分时间段24h、72h、96h观察局部肿胀面积并测量增厚毫米数来判断（局部有弥漫性水肿，热、痛，皮差≥8为阳性。水肿不明显，5～8为疑似。无热痛、无界线明显的结节且5≤为阴性）。或用牛结核菌素（也可同时用禽结核菌素）点眼，24h后观察眼分泌物情况,白色分泌物较多的可确诊。

仔鹿结核病预防：鹿用冻干卡介苗，出生24h内打1针，皮内注射0.1mL（一安瓿瓶）。1岁时打1针，头锯时再打1针。每年定期进行环境消毒。消毒药为20%石灰水或20%漂白粉悬液。也可用3%苛性钠（火碱）全场消毒（有一定腐蚀性，用过后须大量清水冲洗干净）。鹿舍及运动场应每月定期消毒。白及、百部、黄芩等中草药对该菌有一定程度的抑制作用。

四、炭疽

炭疽（Anthrax）是由炭疽杆菌引起的人畜共患的一种急性、热性、败血性传染病。最常见的临床表现是败血症，病畜以急性死亡为主，脾脏高度肿大，皮下和浆膜下有出血性胶冻样浸润，血液凝固不良呈煤焦油样，尸体极易腐败等；破损的皮肤伤口感染可形成炭疽痈。对养殖业及相关产业加工人员造成严重影响。草食动物对炭疽杆菌最易感，其中绵羊和牛最易感，鹿等次之。潜伏期一般为1～5d，最长为14d。临床分为最急性型、急性型、亚急性型。鹿通常表现为最急性型。主要表现败血症变化。体温高达42℃，精神不振或兴奋不安，食欲、反刍停止，全身抽搐，呼吸困难，可视黏膜发绀，呈蓝紫色或有小出血点。气喘，昏迷，虚脱而死。死后可见血液凝固不良，天然孔黑色出血症状。脾出血并肿大2～5倍，脾软化如糊状，切面呈樱桃红色。尸僵不全，胃肠膨胀。病程短者数小时，长者1～2d。炭疽病例不得剖检死亡动物。

炭疽杆菌芽孢的抵抗力很强，在干燥状态下，可存活50年以上。150℃干热60min才能被杀死，而鬃毛上的芽孢121℃需15min才能被杀灭。煮沸10min不能杀死芽孢。炭疽杆菌在未剖开的尸体骨髓中可存活1周。现场消毒常用20%漂白粉，2%～4%甲醛，此外，过氧乙酸、环氧乙烷、次氯酸钠等都有较好的消毒效果。

本病的主要传染源是患病动物。其排泄物、分泌物及尸体中的病原体形成芽孢，污染周围环境、畜圈、运动场、河流、牧场、草场后，可在土壤中长期存活而成为长久的疫源地，随时可传播给易感动物。炭疽杆菌芽孢形成的疫源地一般难以根除，目前在许多国家和地区中仍然有该病的流行。

本病感染途径主要经消化道，及饮水而感染，也由多种昆虫吸血时通过皮肤感染。此外，附着在尘埃中的炭疽芽孢可通过呼吸道感染易感动物。多为散发，有时呈地方性流行。一年四季均可发生，其中以夏季多雨、洪水泛滥、吸血昆虫活动时更为常见。有不少地区暴发本病是因从疫区输入患病动物产品，如肉类、血粉、骨粉、皮革、屠宰下脚料、羊毛等而引起。

潜伏期一般为1～5d，最长为14d。不同动物的临床表现有一定差异。局部炭疽常见于肠、咽及肺等处。

在未排除炭疽前不得剖检死亡动物，防止炭疽杆菌遇空气后形成芽孢。镜检取濒死期鹿的末梢血液或脾脏。

炭疽沉淀反应是诊断炭疽简便而快速的方法。

对炭疽疫区内的易感动物，每年应定期进行预防接种。常用菌苗有，无毒炭疽芽孢苗（一岁以下皮下注射0.5mL，一岁以上1mL。）和炭疽Ⅱ号芽孢苗（皮下注射1mL或皮内注射0.2mL）。接种后14d产生免疫力，免疫期为1年。应用时应严格按照疫苗使用说明操作。

当发生炭疽时，应立即上报疫情，划定疫区，封锁发病场所，禁止一切物资、人员出入。病畜乳、肉等产品一律销毁。现场兽医等人员要穿戴防护服、护目镜、呼吸器等防护装备。动物尸体依法焚烧。对周围假定健康群，立即进行紧急免疫接种。对周围假定健康群和可疑动物用药物防治，可选用青霉素（每千克体重1000~2000IU，每3~4hh肌注1次）、链霉素及磺胺类药（磺胺嘧啶钠口服，每kg体重0.1~0.2g），每日全场进行彻底消毒。把污染地面挖去15~20cm厚的表层土，加入20%漂白粉溶液混合后深埋。污染的饲料、垫草、粪便焚烧处理。圈舍地面和墙壁用20%漂白粉溶液，或10%烧碱水喷洒3次，每次间隔1h，然后认真冲洗，干燥后火焰消毒。

根据感染途径的不同，人炭疽病主要有以下3种类型：

皮肤炭疽主要是畜牧兽医工作人员和屠宰场职工，表现为，感染处先有蚤咬样红肿小块，随后变为痛性麻木丘疹，再变成浆液性或血性水疱，最后结成暗红色痂皮。周围组织红肿，并有多数水疱，附近淋巴结肿大、疼痛。患者通常伴有头痛、发热、关节痛、呕吐、乏力等症状。

肠炭疽常因食用病畜肉、乳等所致。发病急，有发热、呕吐、腹泻、血样便、腹痛、腹胀和腹膜炎表现。

肺炭疽多发生于羊毛、鬃毛、皮革等工厂工人，由于吸入带有炭疽芽孢的尘埃引起。病程急促，早期有恶寒、发热、咳嗽、咯血、呼吸困难、发绀等症状。救治不及时可引起死亡。

人感染炭疽均可继发败血症及脑膜炎。一旦发生应及早救治。炭疽疫源地应每年定期监测。

五、巴氏杆菌病

巴氏杆菌病（Pasteurellosis）是由多杀性巴氏杆菌引起的鹿的一种败血性传染病。本病多呈急性经过，特征是败血症变化，故称之为出血性败血症。俗称"出败"。急性型表现为败血症和炎性出血等，慢性型表现皮下、关节以及各脏器的局灶性、化脓性炎症。由于本病发病率、死亡率较高，不易早期发现，给养鹿业造成了重大经济损失。

根据细菌的荚膜抗原将该菌分为A、B、D、E、F5个型；根据菌体抗原将该菌分为1~16型，两者结合起来形成更多的血清型。近年来发现，该菌对抗菌药的耐药性在逐渐增强。

易感动物是牛、鹿、猪、兔、羊、鸡、火鸡和鸭。患病和带菌动物为主要传染源，健康动物上呼吸道也能带菌。

主要经消化道和呼吸道传染，也经损伤的皮肤、黏膜和吸血昆虫叮咬感染；健康带菌者在机体抵抗力降低时可发生内源性传染。

本病一年四季均可发生。但以冷热交替、气候剧变、闷热、潮湿、多雨时期多发。诱发因素如营养不良、寄生虫感染、长途运输、饲养管理条件不良、应激反应等可促进本病发生。

本菌侵入动物机体后，很快通过淋巴进入血液形成菌血症，并可在24d内发展为败血症而死亡。

症状和病变主要表现在呼吸系统和消化系统。根据临床表现分为四型。

①急性败血型。由该菌引起全身性急性感染所致，病鹿临床表现体温突然升高到41~42℃，精神沉郁，食欲废绝，呼吸困难，黏膜发绀，鼻流带血泡沫，腹泻，粪便带血，一般于24d内因虚脱而死亡，甚至突然死亡。剖检往往无特征性病变，只见黏膜和内脏表面有广泛性点状出血。

②肺炎型。最常见。病畜呼吸困难，有痛性干咳，鼻流无色或带血泡沫。胸部，一侧或两侧有浊音区；听诊有支气管呼吸音和啰音，或胸膜摩擦音。严重时，呼吸高度困难（头颈前伸，张口伸舌），病畜迅速窒息死亡。幼畜多伴有带血的剧烈腹泻。

③水肿型。病畜胸前和头颈部水肿，严重者波及腹下，肿胀部硬固热痛。舌、咽高度肿胀，呼吸困难。皮肤和黏膜发绀，眼红肿、流泪。病畜常因窒息而死。也可伴发血便，死后可见肠黏膜肿胀部呈出血性胶样浸润。

④慢性型。由急性型转变而来，病畜长期咳嗽，慢性腹泻，消瘦无力。剖检，尸体消瘦，皮下胶冻样液体浸润，纤维素性胸膜肺炎，肝有坏死灶。

诊断：采集急性病例的心、肝、脾或体腔渗出物，以及其他病型的病变部位、渗出物、脓汁等做病料，进行检查。

镜检取病鹿静脉血或病死鹿的心血、水肿液、各器官组织（以上任取一项）。只有从多个脏器和血液中检出该菌，才可确诊为本病。因为健康动物本来就有该菌寄生。

根据该病的流行和发病特点，平时预防应加强饲养管理，注意通风换气和防暑防寒，避免过度拥挤，减少应激反应或消除降低机体抗病能力的因素，并定期进行鹿舍及运动场消毒，杀灭环境中存在的病原体。坚持全进全出的饲养制度。

新引进的动物要隔离观察1个月以上，证明无病时方可混群饲养。鹿可按计划每年定期进行相应菌苗的免疫接种。

一般情况下可用青霉素、链霉素、磺胺类、四环素类等抗菌药，也可选用高免或康复动物的抗血清。

特别提示：在使用菌苗紧急预防接种时，被接种动物应于接种前后至少1周内不得使用抗菌药物，否则会影响抗体的产生。

六、疯鹿病

慢性消耗性疾病，是继羊痒病和疯牛病之后，在鹿科动物中新发现的一种传染病。

本病是鹿科动物（麋鹿、黑尾鹿、白尾鹿等）发生的一种传染性海绵状脑病，也称朊病毒病，俗称疯鹿病。其临床特征和病理变化是进行性消瘦、中枢神经细胞退行性变化和脑干灰质空泡化。1967年，本病首次在美国黑尾鹿中发现，1978年定性。我国尚未有本病的报道。调查显示，本病在病原学、流行病学、临床症状等很多方面与疯牛病和羊痒病极为相似，尚不能排除该病传染人的可能性。

该病的病原因子是朊病毒。该病毒对各种理化因素作用的抵抗力极其强大。耐热、耐辐射、耐紫外线。常规消毒法和消毒剂也对它无效。本病的潜伏期很长，从数月到数年（3～4年）不等。

鹿与鹿之间通过唾液、尿液、粪便和被病原污染的饲料、饮水进行传染。母—仔胎盘传播。

鹿只通过交易传播（日本和韩国发生过输入性疯鹿病）。

病鹿和被病原污染的场地是主要的传染源。病鹿表现不明原因的进行性消瘦，伴有行为异常，主要症状是，沉郁，垂头，表情淡漠，无目的地走动，厌食，口渴，多尿。磨牙，唾液增多，流涎，头部震颤，知觉过敏，共济失调及表现广踏肢势。麋鹿有兴奋和神经质的表现——兴奋奔跑。病鹿呈恶病质状态，在无其他并发症的情况下，病程可持续1年左右，最终以死亡告终。

尸检观察，病鹿全身通常无肉眼可见的炎症反应和病理变化。有些病鹿的脑脊液有不同程度的增多现象。组织病理学检查，病变集中于中枢神经系统，大脑灰质的神经元细胞出现空泡变化，星形胶质细胞数量相对增多，大脑灰质中分布散在的空泡，空泡通常大小均匀，呈对称分布，并随病程长短不同大小有所差异。用电镜观察，在病死鹿中枢神经系统或淋巴结内，可见到异常聚集的SAF（管丝状颗粒含有单股DNA，中心有一螺旋状的原纤维核，大小为4～6nm）。

朊病毒与其他细菌和病毒不同，不能用常规分离培养方法进行鉴定，而且它不引起宿主的免疫反应，故无抗体可查，不能用检测抗体的方法进行确诊。对鹿进行死后脑组织切片检查，是目前确诊本病的主要手段。本病的脑细胞病变与绵羊痒病、疯牛病、人的库贾氏症和库鲁病极其相似，它们的病原是否属于同一病原，是否相互传染，有待研究。

七、耶尔森氏病

耶尔森氏病（Yersiniosis）是近年来国外养鹿业中危害较为严重的一种细菌性传染病。其主要特征是水样腹泻，脱水，体况急剧下降而死亡。

该病曾流行于新西兰，常与恶性卡他热同时发生。国内未见该病的报道。

病原为耶尔森氏杆菌，过去称伪结核棒状杆菌和伪结核巴氏杆菌。该菌为阴性菌，分6个血清型和8个亚型。幼龄鹿较成年鹿易发此病。人也能感染该病。

主要传染途径是消化道。粪便在传染上起重要作用。鼠类是本病的自然宿主，病畜与健康动物直接接触也可传染。

寒冷、潮湿、长途运输、营养不良、饲养管理失调，以及其他疾病能诱发该病发生。鹿多急性发作死亡。病程稍长者，可见厌食，有绿色、恶臭、水样腹泻，脱水，体况迅速下降，躺地直至死亡。患鹿通常不发热。有不同程度的出血性胃肠炎变化。确诊最好在未用抗生素之前取病料，死后迅速取肝、脾、肠系膜淋巴结，细菌涂片镜检。

预防本病尚无特异性方法。保持圈舍和运动场卫生。断乳后仔鹿要注意饲料种类及调剂方法，防止过食精料和饲料质量不良。对病鹿要及时隔离和治疗。对圈舍和污染物要彻底消毒处理。大型天然鹿场、半天然鹿场做好鼠类天敌（如猫头鹰）的培养工作，以减少鼠类。

药物治疗可用四环素和链霉素，有良好效果。同时，须进行补液疗法，否则来不及用药鹿即死亡。大群给药可将上述抗生素放于饲料中喂服，用药7~10d。

人也能感染该病，发生阑尾炎和败血症，故饲养人员、兽医、配种员应注意个人防护。

八、流行热

流行热（Bovine epizootic fever）是由牛流行热病毒引起牛、鹿的一种急性、热性传染病。其临床特征是鹿突发高热，流泪，流涎，鼻漏，呼吸促迫，后躯强拘或跛行。由于大批鹿发病，故对养鹿业危害很大。

本病广泛流行于非洲、亚洲及大洋洲。我国鹿的流行热病首次报道于1955年。鹿（白尾鹿最易感）不分年龄均易感。

病牛、鹿是该病的主要传染源。通过吸血昆虫（蚊、蠓、蝇）叮咬而传播。该病的发生和流行有明显的季节性，主要出现于蚊蝇滋生的夏季，北方地区于7—10月，南方在7月以前发生。

该病的传播能力强、传播迅速，在短期内可使很多牛、鹿发病，呈流行性或大流行性，但通常于发病初期传播较为缓慢，发病1周后才出现流行高峰；该病呈跳跃式传播，3~6年流行1次，在大流行的间歇期常发生较小的流行。

潜伏期2~11d，一般为3~7d。鹿发病突然，体温升高达39.5~42.5℃。精神沉郁，目光呆滞，反应迟钝。食欲减退，反刍停止。流泪，畏光，眼结膜充血，眼睑水肿。多数病鹿鼻流浆液性或黏液性鼻涕。口腔发炎，流涎，口角有泡沫。心跳和呼吸加快，呈腹式呼吸，呼吸时发出哼声。运动时四肢强拘，肌肉震颤，有的患鹿四肢关节水肿、硬、疼痛，出现跛行，少立多卧。皮温不整，特别是角根、耳、肢端有冷感。有的病鹿便秘或腹泻。发热期尿量减少，尿液呈暗褐色、混浊。妊娠母鹿发生流产、死胎，泌乳量下降或停止。

多数病例为良性经过，病程3～4d，很快可恢复。病死率一般不超过1%,但部分病鹿常因跛行或瘫痪而被淘汰。

病理变化：胸、颈和臀部肌肉间有出血斑点。胃肠黏膜淤血，呈暗红色。各实质器官浑浊、肿胀。心内膜及冠状沟脂肪有出血点。胸腔积多量暗紫红色液体。肺充血、水肿，有间质性气肿现象，气肿肺高度膨隆，压迫有捻发音，切面流大量暗紫红色液体，间质增宽，内有气泡和胶冻样物浸润。气管内积有多量泡沫状黏液，黏膜呈弥漫性红色，支气管管腔内积有絮状血凝块。淋巴结充血、肿胀和出血。根据临床表现、流行病学特点可作出初步诊断，确诊需进行实验室检查。病原检查采高热期病鹿的血液。

发现病鹿立即隔离，严格封锁，彻底消毒。杀灭场内及其周围环境中的蚊、蝇等吸血昆虫。中国农业科学院哈尔滨兽医研究所已研制出该病的疫苗。

治疗原则是抗菌消炎（防止并发症和继发感染）、清热解毒、对症治疗。抗菌消炎可用青霉素160万IU，链霉素1d，卡那霉素20万IU；退热药可用30%安乃近注射液、柴胡注射液、鱼腥草注射液；同时强心、补液；呼吸困难时应及时输氧。自然病例恢复后，病鹿在一定时期内具有免疫力。

中药疗法：

①大青叶100g，板蓝根100g，羌活60g，连翘50g。水煎给马鹿内服，梅花鹿减半。有清热解毒、发表作用。②板蓝根100g，金银花40g，连翘40g，黄芩70g，生石膏300g。先煎石膏后煎其他药，煎后给马鹿内服，梅花鹿减半，有清热、解毒，流感高热不退。③荆芥50g，防风35g，羌活50g，独活35g，柴胡50g，苏叶40g。高热加黄芩60g，板蓝根100g；咳嗽加白前40g，桔梗35g，杏仁25g。水煎给鹿内服。荆芥、防风、苏叶辛温解表、发散风寒；柴胡和解表里、解肌清热；板蓝根去热解毒。

九、蓝舌病

蓝舌病（Bluetongue）是由蓝舌病病毒引起反刍动物的急性病毒性传染病。

主要发生于鹿和绵羊。临床特征是发热，白细胞减少，口、鼻、唇和胃黏膜的糜烂性炎症，蹄叶炎及心肌炎等变化。由于舌、齿龈黏膜充血肿胀、淤血呈青紫色而得名。病鹿消瘦、产茸量下降，孕鹿流产、胎儿畸形。特别是仔鹿发病后长期发育不良而导致死亡，造成极大的经济损失。该病遍布于世界各地，1955年发现于鹿。该病主要通过吸血昆虫传播，库蠓是本病的主要传染媒介。本病的发生有明显的地区性和季节性。本病多发生于湿热的晚春、夏季和早秋，特别多见于池塘、河流多的低佳地区及多雨季节。

（一）临床症状

潜伏期为5~12d。病初体温升高到40.5~41.5℃，稽留2~4d。体温升高后不久，表现厌食、委顿、离群。口鼻症状嘴唇水肿且蔓延到面部、耳根和颈部。口腔黏膜呈青紫色，随后唇、齿龈、颊、舌黏膜糜烂（致使吞咽困难），随病情发展，在溃疡部渗出血液，流红色唾液。由于继发感染而致黏膜坏死，口腔恶臭。鼻流黏性分泌物，并在鼻孔周围结痂，阻碍空气流通引起呼吸困难和鼾声。蹄冠、蹄叶充血和水肿，尤以后蹄严重，导致跛行和斜卧。后期消瘦，衰弱，常因继发细菌性肺炎或胃肠炎而死亡，病程为6~14d。幸存者，经6~8周蹄部可康复。病毒因经胎盘感染胎儿，故造成流产、死胎或胎儿先天性异常。

（二）病理变化

主要病变在口腔、瘤胃、心、肌肉、皮肤与蹄部。舌、齿龈、硬腭、颊与上唇黏膜糜烂，且呈深红色并水肿，表皮脱落形成溃疡；瘤胃黏膜有深红色区和坏死灶，重者消化道黏膜坏死或溃疡，心外膜有点状或斑状出血；蹄冠周围皮肤有线状充血带，有时有蹄叶炎变化，脾脏肿大，淋巴结和肾脏充血、肿大；呼吸道黏膜有出血点。

（三）诊断

根据本病典型症状与病理变化可作出临床诊断。

（四）防制措施

该病是世界性分布的动物疫病，许多国家将其列为重点检疫对象之一。为防止本病传入，严禁从有该病的地区和国家引入牛、羊、鹿。阳性者予以扑杀。同时做好冷冻精液、胚胎的检疫等，是控制本病传入的有效措施。

有本病发生的地区，定期对鹿进行药浴，每年在媒介昆虫库蠓活动之前做好灭虫工作。

流行地区的鹿，可用鸡胚化弱毒蓝舌病单价和多价苗免疫接种。每年在昆虫开始活动前1个月注射疫苗。弱毒苗的免疫期可达1年。母鹿可在配种前或妊娠3个月后接种。病鹿应立即扑杀。

十、传染性脓疱

传染性脓疱（Contagious ecthyma）俗称羊口疮、传染性脓疱性皮炎，是由羊口疮病毒引起绵羊、山羊和鹿的一种急性传染病。临床以唇、鼻、眼睑、乳房、四肢皮肤及口腔黏膜发生丘疹、水疱、脓疱、痂皮为特征。本病属全球性分布。在我国，该病在哺乳羔羊、仔鹿、育肥羔羊中经常发生，使其生长发育缓慢和体重下降，给养羊业、养鹿业造成较大经济损失。本病可感染与病羊直接接触过的人。本病也感染山羊、鹿和人。传染源和传染途径主要是病羊。通过直接与间接接触传染。病毒存在于污染的圈舍、饲槽、栏杆、垫草、饲草中，通过受伤的皮肤、黏膜而感染。圈舍潮湿和拥挤，饲喂带芒刺或尖硬的饲草，均可促使本病发生。

本病多发生于每年的秋初和早春，新生仔鹿多发。

潜伏期2～3d。病畜唇部、口角、鼻镜或眼睑皮肤出现散在或融合性丘疹、水疱、脓疱与痂皮。水疱持续时间较短，常难以察觉。脓疱呈暗黄色且易破溃，约经1周脓疱表面形成一层坚硬的褐色痂皮，突出皮肤表面呈结节状，强行剥离痂皮后留下易出血的浅粉红色乳头状真皮，呈"桑椹样"外观。散在性脓疱经2～3周可康复，不影响采食。融合性脓疱则引起病畜唇部严重疼痛与厌食，病羔由于饥饿衰竭而死亡。严重病例可波及口腔黏膜，引起舌、齿龈、咽部的水疱、脓疱和烂斑，常由于继发感染坏死杆菌而造成局部化脓与坏死，病羔流恶臭唾液，个别病例出现掉牙和部分舌面脱落。仔鹿、羔羊死亡多由坏死杆菌引起肺、肝脓肿所致。少数病畜在外阴、蹄叉和蹄冠以及母羊的乳房、乳头上出现水疱、脓疱与结痂，病畜表现跛行和拒绝羔羊吮乳，个别母羊伴发乳房炎。

在唇、鼻、口腔和眼睑上出现特征性脓疱与痂皮不难诊断。确诊可取痂皮通过电镜直接检查病毒，也可用血清学方法诊断。

及时隔离病羊、仔鹿，做好环境消毒。隔离后给病灶涂抹碘甘油或广谱抗生素软膏，同时肌肉注射抗生素以防继发感染。

新生羔羊和仔鹿的保护目前尚无有效方法。鹿场应远离羊场，饲养过羊的场圈不宜养鹿。

由于本病以细胞免疫为主，抗血清的治疗作用有限，且疫苗产生免疫力较慢，因此和动物接触后的人员注意消毒，以防感染本病。

十一、弯曲杆菌性腹泻

弯曲杆菌病原名弧菌病，是由弯曲杆菌属细菌引起不同动物多种疾病的总称。除可引起多种动物的腹泻外（弯曲杆菌性腹泻），还可造成牛、鹿、羊、犬流产以及不孕、乳房炎。本病也是人类多种疾病的病原菌。在弯曲菌属中，引起动物和人疾病的主要病原菌是胎儿弯曲菌、空肠弯曲菌和大肠弯曲菌。

成年母畜大多有易感性，未成年动物稍有抵抗力。传染源为病母畜和带菌公畜及康复母畜。病菌存在于生殖道、流产胎盘及胎儿组织中。感染途径是本交或人工授精。本病多呈地方性流行或暴发。

公畜一般无明显临床症状，精液也属正常，仅包皮黏膜发生暂时性潮红，但精液和包皮带菌。母畜交配感染后，早期阴道黏膜发红，黏液分泌增多，有子宫内膜炎，胚胎早期死亡并被吸收而不育、假发情，若胎儿死亡较迟，则于怀孕5~7个月时发生流产。康复者能获得免疫，对再感染一般有抵抗力，即使与带菌公畜交配仍可妊娠。

弯曲杆菌性腹泻是由空肠弯曲杆菌寄生在动物肠内，而引起的以腹泻为特征的急性肠炎。鹿和牛均可发生，潜伏期2~3d。突然发病，特征性症状是排出水样稀粪，传染性很强。鹿群常在一夜之间大批发生腹泻。粪呈棕黑色、黄绿色或灰褐色，有腥臭味，且常伴有血和凝块。除少数严重病例外，多数病鹿体温、食欲无明显变化。后期呼吸困难，多于病后3~7d死亡。肠道呈不同程度坏死性及出血性肠炎病变。

加强对粪便、垫草的清理及无害化处理，对流行地区要严格执行消毒制度。

治疗主要用抗生素及中药配合治疗。常用药物有复方新诺明、庆大霉素等，疗程3～5d。对症治疗可口服肠道防腐剂及收敛药物。为改善脱水和补充电解质，可用复方盐水、5%葡萄糖、5%碳酸氢钠、维生素C按体重静脉注射。同时注意强心。中药可选白头翁散等。

十二、小反刍兽疫

小反刍兽疫（peste des petits ruminants）是由小反刍兽疫病毒引起小反刍动物的一种急性、接触性传染病。其临床表现与牛瘟相似，故也称伪牛瘟、羊瘟。其特征是发病急剧，高热稽留，眼、鼻分泌物增加，口腔糜烂，腹泻和肺炎。该病毒主要感染绵羊和山羊，鹿也易感。危害严重。

该病1942年首次发生于象牙海岸（今科特迪瓦共和国），现流行于非洲、中东各国和印度。目前我国也发现该病。

①易感动物自然发病主要见于绵羊、山羊、羚羊、美国白尾鹿等小反刍动物。山羊最易感，牛、猪通常为亚临床症状。

②该病的传染源主要为病畜和隐性感染者。

羊最为危险。病畜的分泌物和排泄物含大量病毒。该病全年均可发生，但以雨季和干冷季节为主。

潜伏期4～6d，一般在3～21d。自然发病仅见于山羊和绵羊。发病急剧、高热41℃以上，稽留3～5d；初期精神沉郁，食欲减退，鼻镜干燥，口、鼻腔流黏液脓性分泌物，呼出恶臭气体。口腔黏膜和齿龈以及下唇、下齿龈等处充血。颊黏膜广泛损害，导致大量涎液。随后黏膜出现坏死性病灶，严重者可见坏死病灶波及齿龈、腭、颊部及其乳头、舌等处。亚急性或慢性者，口鼻周围和下颌发生结节和脓疱（为晚期特有症状）。后期常出现血样水泻，病羊严重脱水，消瘦。常有咳嗽、胸部啰音和腹式呼吸。母兽发生外阴—阴道炎，或流产。幼年动物发病严重，发病率和死亡率都很高。

病理变化：尸体病变与牛瘟相似，有结膜炎、坏死性口炎等肉眼病变，重者可蔓延到硬腭及咽喉部。口黏膜多处糜烂，初为白色点状小坏死灶，之后汇合成片，被覆一层由浆液性渗出物、脱落上皮碎屑、多核白细胞混合构成的黄色浮膜，刮取浮膜可见红色糜烂区。咽喉和食道有条状糜烂。瘤胃、网胃、瓣胃很少出现病变。皱胃常见规则、有轮廓的糜烂病灶，创面出血呈红色。肠道糜烂出血，特别在结肠和盲肠结合处，常有特征性线状出血或斑马样条纹。淋巴结肿大，脾有坏死性病变，在鼻甲、喉、气管等处有出血斑，口鼻周围和下颌有结节。

诊断：根据流行病学、临床表现和剖检变化可作出初诊，确诊需进行实验室检查。该病可引起绵羊和山羊的临床症状，但被感染的牛不表现症状，因此仅限绵羊和山羊发病时，应首先怀疑为小反刍兽疫。该病对养殖业危害严重，为防止该病发生，应加强检疫和免疫，虽然我国目前尚未发现鹿有感染此病的，建议鹿的免疫参照羊。

十三、副结核病

副结核病（Paratuberculosis）是由副结核分支杆菌引起的一种慢性传染病，以顽固性腹泻和进行性消瘦、肠黏膜肥厚形成褶皱为特征。我国于1955年在内蒙古呼盟谢尔他拉牧场首次发现鹿副结核病。副结核病广泛流行于世界各国，幼龄动物最易感。其特点是潜伏期长（通常为两年），患病鹿长期大量排菌，传染性强。本菌在鹿体内主要存在于肠黏膜和肠系膜淋巴结中，主要感染途径是经口感染。该菌从受污染的成年鹿的粪便中排出，可在周围环境中存活数月之久。受感染的鹿即使无明显的临床症状，也可随粪便排出病原菌。新生仔鹿食入受污染的食物、饮水或垫草即可发生感染。该菌可随乳汁排出，所以感染母鹿的奶或被病鹿粪便污染的奶，是幼鹿的一种潜在感染源。患病母鹿的部分后代可经子宫发生感染。少数感染副结核的公鹿精液中，也携带有该病原菌。鹿和家畜之间也常发生交叉感染。表现呈散发流行，地方性流行。

该病潜伏期较长，呈慢性经过，病鹿精神萎靡，被毛乱，无光泽，食欲减退，可视黏膜苍白，顽固性腹泻，肛门松弛，间断排出稀糊状或稀液状恶臭粪便，甚至喷射状，便如水样，粪便中有时带血和灰白色黏液与脱落黏膜并夹杂高粱米粒大小的气泡。下痢初期为间歇性后变为持续性，病鹿减食呈贫血衰竭状态，母鹿泌乳量减少，身体各部位如颌下或腹下、胸垂、腋下乳房等处出现水肿，最后病鹿极度消瘦直至死亡。

死亡病鹿机体极度消瘦，肛门部和下肢被污秽粪便污染。病理变化主要表现在消化道和肠膜淋巴结。前肠系膜淋巴结肿大，周围结缔组织呈胶样水肿。淋巴结切面多汁、外翻、增生。空肠下段、回肠、回盲瓣和盲肠体黏膜苍白肥厚并有出血。肠系膜面淋巴管呈绳索状，浆膜显著水肿。

副结核病凭临床症状、临床经验和剖检可以作出初步诊断。

迄今为止，尚无有效的治疗副结核病的药物和菌苗。该菌对自然环境抵抗力较强，抗强酸强碱。很难净化，只能采取预防为主的防治措施。淘汰感染鹿，改善鹿场的环境卫生，加强饲养管理，给予鹿群足够营养，增强其抗病能力。彻底清扫粪便，铲除被粪便污染的泥土，并利用5%来苏儿、5%福尔马林、石炭酸（1∶40）等对鹿舍、运动场及器具进行消毒。感染副结核分枝杆菌的鹿群，幼鹿生下后应立即隔离饲养。一定要确保幼鹿转群时免受病鹿感染，对新生鹿群要定期进行抗体检测，发现病鹿就淘汰，以实现鹿群的净化。

十四、旋毛虫病

旋毛虫病是由旋毛虫的成虫或幼虫寄生，所引起的人畜共患寄生虫病。旋毛虫成虫寄生于人和多种动物（鹿也感染）肠内，称肠旋毛虫；幼虫寄生于同一寄主的横纹肌中，称肌旋毛虫或旋毛虫包囊。

病原：旋毛虫属毛首目、毛形科、毛形属。成虫细小，雌雄异体，雌虫比雄虫大1～3倍。幼虫蜷曲在包囊内，寄生于横纹肌细胞间。包囊幼虫对外界抵抗力很强，−15～−12℃保持活力57d至1年，在腐肉中能存活2～3个月，熏烤、腌制及暴晒等均不能杀死包囊。流行特点，旋毛虫为一种自然疫源性疾病，所有哺乳动物均易感。主要通过肌肉中的包囊幼虫在宿主间传播，旋毛虫游离的感染性幼虫也是本病的重要传染源。

鹿多由食入被鼠粪便污染的饲草而感染。人因吃生肉、半生肉或接触犬、猫等伴侣动物而感染。

症状：鹿自然感染轻者一般症状不明显，外观上基本看不出来。重者肌肉疼痛，运动障碍，咀嚼和吞咽不同程度障碍，体温升高、消瘦、毛焦等。人对旋毛虫感染较敏感，重症者可导致死亡。

诊断：动物在宰后肉检时，取膈肌（或腰肌、腹肌）左右角各一小块，剪成麦粒大小，用厚玻片做压片，用低倍镜（20～50倍）镜检，发现包囊或尚未形成包囊的幼虫可确诊。此外，皮内试验、玻片沉淀反应、间接血凝、间接荧光、补体及酶联免疫吸附试验等血清学方法，也常用于旋毛虫病诊断。

防治：防治本病要加强卫生检验检疫，大力灭鼠，定期给犬、猫、鹿驱虫。

治疗：鹿感染本病可按体重服用丙硫苯咪唑。

现在国内对鹿肉的消费量不断增加，烧烤、煎、煮等各种吃法。提倡吃熟食，不吃生肉及半生肉，预防感染此病。

养殖户们在生产实践中总结的顺口溜可供参考。梅花鹿不驱虫，全年利润一场空。鹿早晚干咳肺丝虫，低头转圈脑包虫，干吃不长肠道虫，下巴水肿肝片吸虫，肛门白点是绦虫。

第三节　引起鹿繁殖疾病的其他普通病

一、难产和助产

野生状态下，鹿难产发生的概率极低。即使有也自然淘汰了。人工、半天然圈养条件下，让母鹿在安静条件下自然产，减少人为干预，以利于母鹿的产后恢复和仔鹿的生长发育。由于遗传因素（产道狭窄等）、胎儿过大、运动量不足、饲料蛋白质过高、微量元素缺乏、青年鹿初产、老龄体弱鹿、分娩时受惊吓等多种原因易造成难产。难产接生时可将母鹿保定或麻醉，根据现场实际情况而定。由鹿熟悉的人员慢慢靠近正在努责的鹿助产，可不用麻醉。由于梅花鹿的体形较小，绝大多数成年人的手掌不能进入鹿的产道助产，所以助产时难免会对母鹿造成损伤。而马鹿由于体形较大，难产的情况不多见。如果羊水流出后，3~4h仍看不见胎儿的踪影，或只见部分肢体，可能是难产。鹿的生产过程时间较长，有的能达到10多个小时。需有丰富的经验而且要耐心观察。将手臂消毒，并戴好长臂防护手套，剪短并磨光指甲的手伸入产道（手型极小的人或马花杂交鹿体形较大的才可）触诊，确认具体详细情况如，胎儿是否存活、是否胎位（势）不正、是否应立刻助产等。鹿胎儿的特点是，头大而圆，颈细而长，在子宫内活动性较大。矫正胎位（势），不能过猛，要有耐心。为产道注入液体石蜡，润滑产道。将胎儿慢慢退回子宫内调整，同时也要确定脐带是否正常连接。如脐带已断，应马上助产，增加成活概率。如助产无效，需剖宫产手术营救。将助产后出生的仔鹿拎住两后肢头朝下，吸出鼻腔内及口腔内的黏液和羊水，同时轻轻拍打胸壁两侧，以帮助其恢复正常呼吸。防止产后窒息及异物性肺炎。助产后成活的仔鹿，应尽快喝到初乳及母乳，以提高免疫力。如母鹿麻醉后未清醒，可以用一次性灭菌注射器吸取初乳喂仔鹿；让母鹿尽快舔舐仔鹿身体以利于促进母鹿胎衣排出。若母鹿奶水少、母鹿不亲近仔鹿、母鹿死亡，则仔鹿须人工喂饲。科学饲养管理，对妊娠中后期的母鹿不能给过多精料，以防母鹿过肥、胎儿过大。加强运动、临产鹿环境安静等可以减少难产的发生。

梅花鹿人工输精是未来的发展趋势，是鹿良种繁育和获得高效益的必然手段。受限于梅花鹿的生理结构和输精时需要麻醉等原因，梅花鹿的人工输精还未大规模推广。大多数鹿场还是采取本交。养殖户实际操作过程中总结的经验，输精员握拳周径不能大于17cm。辽宁养殖户采取梅花鹿与清原马鹿、新疆天山马鹿或阿尔泰马鹿杂交，大幅提高产茸量。杂交F1代、F2代由于体形变大，性情温驯，人工输精情况有所改善。人工输精情期受胎率最高达到95%以上。

二、硒缺乏症

硒缺乏症（selenium deficiency）是因硒缺乏导致的动物骨骼肌、心肌、肝脏等组织以变性坏死为特征的营养代谢性疾病。主要发生于幼龄鹿。该病具有明显的地域性，黑龙江是缺硒最严重的省份。被侵害动物肌肉变白，故本病又称白肌病。土壤含硒量低是缺硒症最根本的原因。硒对动物的影响主要通过土壤-植物体系发生作用。饲料含硒量低源于土壤。饲料中含硒量低于0.02mg/kg，血液中含硒量小于0.05μg/mL，被毛含硒量小于0.25μg/g，必然发病。硒在动物体内的主要作用是抗氧化能力，与维生素E有互补效果。适量补硒对改善动物的生长、繁殖、提高免疫力等方面有良好作用。

该病主要发生于5～30日龄的仔鹿。共同症状是，运动障碍、生长缓慢、排稀粪、消瘦、贫血、心功能不全。病鹿四肢和腰部肌肉僵硬，全身肌肉紧张，脊背弯曲。头颈向前伸直或下垂，站立困难。起立时四肢叉开，挣扎数次才能站起。行走时后躯摇摆，步态强拘，跛行。有的卧地不起。顽固性腹泻，幼畜排便稀软酸臭。消瘦，贫血，停止发育。成年鹿繁殖机能障碍，生产性能降低。公鹿精液品质不良，母鹿流产、不孕，受胎率降低，有的甚至出现肌红蛋白尿。心跳加快达140～150/min，节律不齐。

治疗：肌肉注射0.1%亚硒酸钠维生素E注射液，仔鹿2～3mL，成年鹿5mL。

预防：仔鹿生后3d1次，10～15d再注射1次，以后4～6周注射1次。缺硒地区的妊娠母鹿在分娩前1～2个月，每隔3～4周注射1次，可以起到良好的预防作用。预防本病应从饲料的源头抓起，对土壤、农作物、牧草喷洒硒肥，可以提高含硒量（尤其是籽实）。亚硒酸钠为剧毒药品，故其溶液喷洒农作物或牧草后不能马上饲喂，以免中毒。

三、仔鹿脐带炎

仔鹿脐带炎是细菌感染仔鹿脐根部而导致的一种炎症，可发生化脓以至湿性坏疽，若治疗不及时，常引起死亡。1月龄内仔鹿易患本病。

病因：鹿舍环境卫生不清洁，仔鹿垫草潮湿，仔鹿出生后脐部未完全闭合或断脐过短而受污染，助产时消毒不严，仔鹿互相吸吮脐带等都可造成病原微生物（如各种化脓菌、坏死杆菌）的侵入而发生本病。

症状：病鹿脐部肿胀，脐根部有液体渗出，渗出物初为浆液性，后转为纤维素性与血性。脐周围硬实，有时形成脓肿。病情严重时，脐带周围组织坏死而形成缺损，脐部周围皮下出现互相贯通的腔洞，洞内有污绿色恶臭坏死组织碎片，夏季时易滋生蝇蛆。仔鹿精神沉郁，弓背不喜走动，体温升至41℃左右，吮乳很少，被毛松乱。

治疗：首先要消毒、清洗患部，用3%双氧水溶液清洗脐带根部，然后用生理盐水或蒸馏水冲洗干净，再用0.1%高锰酸钾液冲洗，冲洗干净后，再涂以1%龙胆紫。在脐孔周围分点注射青霉素100IU。发生组织坏死时应清除坏死组织，冲洗干净再涂以碘仿硼酸（碘仿9份、硼酸1份）合剂，或鱼石脂软膏，或磺胺软膏，或0.5%～1%雷夫奴尔溶液。有蝇蛆时可用0.5%敌百虫溶液将其杀死后再做处理。将患部用绷带包扎，2～3d换药1次。有全身症状时按体重用青霉素40万IU和链霉素0.5g，每日2次肌肉注射。

中药疗法：先用3%双氧水清洗，然后用无菌蒸馏水或生理盐水冲洗干净。①蜂房烧灰，适量。把药灰抹在病鹿脐孔内，包扎。有消肿、攻毒作用，主治脐炎肿胀和化脓。②黄柏粉、黄芩粉、枯白矾粉各等量，把3味药粉混合均匀涂布于病鹿脐孔内，能消炎、解毒、吸湿。

四、新生仔鹿假死／窒息

原因：母鹿分娩和难产、助产时间过长，胎盘血液循环发生障碍；胎儿倒生时脐带遭受压迫，供血发生障碍；母鹿患病，血中氧气减少而二氧化碳增多，刺激胎儿呼吸中枢过早地出现呼吸，将羊水吸入呼吸道；助产时给母鹿用了麻醉剂，胎儿也相应被麻醉；脐带缠绕在胎儿躯体的某部，影响血液循环，都可发生胎儿假死或窒息。

症状：初生仔鹿舌垂于口外，口鼻内充满黏液，可视黏膜发绀（蓝紫色），脉快而弱，呼吸停止，四肢活力很弱，全身软瘫。重者反射消失而死亡。

治疗：最快速度排除口腔及鼻腔的黏液和羊水，疏通呼吸道；诱导呼吸出现和强心。

首先用纱布清除口腔及呼吸道内的黏液、羊水。提起双后腿，使仔鹿倒悬，双手有节奏地轻轻拍打胸部（不可用力过猛）使黏液、羊水流出。还可用吸球把呼吸道、鼻腔内的羊水、黏液吸出，使呼吸畅通；在鼻腔插管氧气袋补氧抢救；活动前肢、拍打胸部，做人工呼吸；严重者按体重注射呼吸兴奋剂尼可刹米；强心剂樟脑磺酸钠等。

五、仔鹿肺炎

仔鹿肺炎是一种小叶性肺炎，主要发生于初生和哺乳期的仔鹿。多见于气候多变，温差变化较大的秋、冬季节。

本病在多数情况下继发于上呼吸道炎（感冒、气管炎与支气管炎）及出生仔鹿体质弱或未吃到初乳等。平时寄生于呼吸道的各种微生物，当动物抵抗力降低时，可使仔鹿发病。

鹿舍内粪尿堆积，通风不好，刺激呼吸道；饲养环境差，饲养密度过高，仔鹿运动和光照不足，均可发病。

症状：仔鹿精神不振，离群呆立或躺卧，鼻镜干燥，被毛污乱，食欲锐减。体温升至41℃左右（多呈弛张热）。两侧鼻孔流浆液性鼻漏，咳嗽，呼吸急速，鼻翼扇动，肺部听诊初期呈湿性啰音，后期则为干性啰音。

肺炎病灶仅限于肺小叶，且主要是两侧肺的尖叶和心叶，膈叶少炎灶呈弥漫性分布并融合成片时，外观似大叶性肺炎症状。肺炎病灶呈淡红、暗红不一，切面有稍混浊、无色、带泡沫的浆液性—脓性渗出物。有些病例可见地图样松脆、灰黄色的坏死灶，喉头、气管及支气管黏膜充血，气管内也有上述渗出物充门淋巴结轻度水肿，肺膜一般无明显变化。

诊断：本病根据临床症状可作出诊断。

治疗：隔离饲养病鹿，未断乳仔鹿进行人工哺乳，注意保温。青霉素60万IU与链霉素0.5g，每日2次，肌肉注射，连用至体温恢复正常或3~5d。或10%的磺胺嘧啶钠10~20mL，肌肉注射。5%葡萄糖液200mL，维生素C5mL，每日1次，静脉注射。循环和呼吸障碍出现黏膜发绀时，肌肉注射樟脑磺酸钠、樟脑油或尼可刹米等。

内服中药：大青叶、金银花、野菊花各45g，桔梗50g，射干40g，马勃、蒲公英各30g，生甘草50g，煎服每日2次，每剂100~200mL。

六、佝偻病

仔鹿佝偻病是一种矿物质与维生素代谢障碍，使骨骼钙化不全，骨质发软、变形的一种代谢性疾病，妊娠母鹿、哺乳期和仔鹿育成期，饲料中钙磷不足或比例失调（一般是2∶1），如精料（含磷多）多于粗料（含钙多）；母仔患消化系统疾病，对钙磷吸收不足，饲料中维生素D不足；母仔长期缺少光照和运动不足；甲状旁腺机能亢进等，都是发生本病的直接原因。

钙、磷以及维生素D，是形成骨骼的重要物质。钙不足或比例失调使形成的骨组织钙化不全，骨骼变形、变软；维生素D可刺激骨组织其聚集钙质，且可调节已经失调的钙磷比例。若维生素D不足，即使钙磷充足，成骨很困难；阳光可使机体内维生素D元转化为维生素D，参与骨的形成；当饲料中磷过多时甲状旁腺素分泌增多，促进骨中钙盐脱出，也会导致本病的发生。

症状：本病的早期症状是消化紊乱和运动失灵，减食，异嗜（啃木桩、吃泥土），喜卧，驱赶运动时骨节发生噼啪声响。粪球干小，表面附有黏膜。有的则发生下痢。重者拒食，经常卧地，起立和运步艰难，肌肉痉挛。

本病的典型症状是四肢骨骼弯曲呈O状或X状，有的后肢向内拐，两后肢交叉（呈X状）拖拉运步。球关节、系关节肿大，呈球形；腕关节、跗关节呈双重关节；头骨明显肿大，尤以上颌骨、下颌骨最为明显；脊柱向一侧弯曲，下凹或凸起；肋软骨关节特征性变化是发生肿胀而突出于皮肤表面，呈串珠样。

骨骼变形，骨端膨大（呈大头针帽样），肋软骨关节呈串珠样膨大；骨膜肥厚、充血，尤以腱和肌肉附着处为甚。

诊断：根据消化不良、异嗜、骨骼变形可作出判断。还可检测血液中的钙磷含量，或用兽用X线机检查骨的变化以确诊。

本病重在预防（因变形的骨骼无法复原）。首先应加强母鹿饲养管理，对早产仔鹿尽量提前补饲，促进发育。饲料应多样化，给予青绿多汁饲料，供给充足的钙、磷和维生素D。饲料中含0.25%～0.27%的磷和0.40%的钙，可作为梅花鹿仔鹿饲养的参考。

每日多驱赶仔鹿运动，接受日光照晒。每年10—11月，给育成鹿肌肉注射一次维生素D（每头鹿3mL，即180万IU），或维丁胶性钙，是预防本病有效的办法。此外，对佝偻病鹿，补充钙质和维生素D，每日喂给鱼肝油1～2食匙。

中药方：①益智、白术、陈皮、甘草各0.75g，焦三仙、枳壳、牡蛎、砂仁各5g，水煎服。②牡蛎粉60g、骨粉60g、炒神曲120g、含碘食盐30g，每鹿每日10g，加入饲料喂服。③鸡蛋壳。把蛋壳炒黄研末，仔鹿50g，拌在饲料内，每日分2次喂。能补钙。④苍术。把药研成粉末，仔鹿30g。拌入饲料喂。苍术含维生素A、D较多，可促进钙的吸收。⑤苍术、熟地、山药各10g。先把药研末熬水，连药末同服，仔鹿拌饲料内服，每日1次，连喂10d。苍术可补充维生素A、D，熟地、山药可补血、强筋骨。

七、公鹿尿道结石

尤其是种公鹿，在发情期，由于饮水少，进食少，处于高度兴奋状态，加之平时饲料营养或酸碱不平衡、缺乏运动或缺少微量元素等原因，使尿中的盐类形成结晶，以脱落的上皮细胞为核心，凝结成矿物质凝结物——尿石，刺激尿路黏膜出血，发炎，甚至堵塞尿路，发生尿道结石。症状为，少尿、血尿或尿滴沥，弓腰，体温升高，食欲减退，鸣叫声异于平时，触摸尿道口有细沙感，后肢踢踏等，平时须仔细观察，严重者易造成尿潴留甚至死亡。此病虽不多见，一旦发生损失巨大。治疗：①中药优克龙（柳栎浸膏胶囊）200g掺入饲料中，每日2次。同时大量饮水，减少精料饲喂量，可促进结石排出体外。②也可喂饲新鲜的或阴干的肾精草（又称石苇草、化石草），也能够促进结石的排出，有一定的治疗效果。③西药消炎止痛为辅。按体重肌肉注射青霉素50万～100万IU、静脉注射40%乌洛托品5mL、5%葡萄糖注射液50～200mL、0.9%生理盐水50～200mL或复方氯化钠50～200mL、安乃近5mL。平时除了饲喂青贮外，经常饲喂山上的柞树叶和青绿饲草可预防本病的发生。

八、风湿症

风湿症是鹿常发的全身性疾病，但以四肢、腰肌和关节变化最为突出，以肌肉疼痛运动障碍等为特征的一种疾病。其发病原因尚待进一步研究。西医认为风湿病的主要病原体为溶血性链球菌。中兽医认为在饲养管理不良，机体衰弱，贼风侵袭，汗出当风，夜受风寒，阴雨浇淋，冬季圈舍寒冷潮湿，垫草不足，鹿只受凉，风邪侵入，而发生本病。本病多在早春季节、育成鹿群及老弱鹿中易发生。

症状：

（1）全身症状。鹿突然发病，同时伴有体温升高、精神不振、食欲减退等症状。血小板数量下降。

（2）受侵部位。不局限于一处一肢，呈游走性。本病多侵害后肢，出现腰硬症状。受侵肌肉触捏呈现疼痛、增温、感觉过敏、紧张和坚实感；若关节患病则肿大。

（3）跛行。病鹿运动障碍，运动呈僵硬步样，步幅缩短。特别是久卧起后以蹄尖着地，行动迟缓，如加以驱赶则缩腹弓腰，跳跃式前进。其疼痛及运动障碍随运动而减轻。

与其他类似疾病的鉴别诊断：

（1）骨软病类似处是运步不灵活，跛行，常卧地，不愿走动。不同处是病畜表现消化紊乱，异嗜明显。患畜腿颤抖，伸展后肢，做拉弓姿势。由于骨组织脱钙使骨变形，至倒数第一、第二尾椎骨逐渐变小、变软，以致消失。肋骨与肋软骨结合部肿胀，易折断。

（2）关节炎是关节肿大，触诊疼痛。关节热痛较重，运动中跛行反而加重。

（3）破伤风是运动强拘，肢腿僵硬，行动不便。破伤风有眼睑、腰脊僵硬、牙关紧闭、流涎及四肢强直呈"木马样"姿态等症状。

（4）肌炎是运动中有跛行，按压肌肉有疼痛。运动中跛行不减反而加重。

治疗：

（1）内服水杨酸钠5~15g，或静脉注射水杨酸钠溶液50mL，每日1次。

（2）肌肉注射康母郎20mL，每日2次。

（3）青霉素100万IU，注射用水10mL，5%普鲁卡因50mL，百会穴注射。

（4）百会穴深部注射氢化可的松100mL，每日1次。

（5）针刺穴位或穴位注射药剂，大跨、小跨、抢风、百会为主穴，隔2~3d1次。

中药疗法：①秦艽15g，独活、威灵仙、防风各20g，防己、苍术、当归、川芎、牛膝、党参各25g，黄芪、续断和甘草各20g。水煎服。②苍术或白术60g，薏苡仁120g。煎服。除湿祛风，主治背腰硬板慢性风湿性肌炎的湿痹。③连翘40g，知母30g，桔梗30g，紫苏30g，当归40g，山药25g，白芷25g，杏仁25g，花粉30g，马兜铃25g，平贝25g，甜瓜子30g，蜂蜜100g为引。水煎2次，内服。说明：本方是《元亨疗马集》中的连翘散，治疗项脊风湿，低头难，效果确实。还可采用中兽医"火烧战船"疗法治疗。

预防：避免冬、春季节受风寒及贼风，注意保暖，可减少本病的发生。

九、鹿瘤胃乳酸中毒

鹿急性碳水化合物过食症又称瘤胃乳酸中毒、中毒性消化不良，是因鹿进食过多易发酵、富含碳水化合物的饲料，在瘤胃内发酵产生大量乳酸而引起的前胃机能障碍、瘤胃微生物群落活性降低的一种疾病。临床以毒血症，脱水，瘤胃蠕动停止，精神沉郁，食欲下降，瘤胃pH下降和血浆二氧化碳结合力降低，乳酸增多，虚弱，卧地不起，神志不清，高死亡率等为特征。

病因：

（1）过食富含碳水化合物的饲料导致乳酸过多，过食富含碳水化合物的谷物饲料，大麦、小麦、玉米、水稻、高粱；过食含糖高的块根、块茎类饲料，如甜菜、萝卜、马铃薯及其副产品。上述饲料加工成粉状后，淀粉颗粒充分暴露出来，被反刍兽食后在瘤胃生物的作用下，发酵产生大量乳酸而发病。饲喂酸度过高的青贮玉米或质量低劣的青贮料、糖渣，也是常见病因。

（2）突然改变饲料种类，突然改喂含较多碳水化合物的谷类饲料。常见的原因是在母鹿生产前后，畜主突然添加大量谷类精料，尤其是玉米粉等而引起该病。

（3）气候骤变、动物处于应激状态、消化机能紊乱时任其采食草料，也易引起本病。本病多呈急性经过。通常在24h（甚者3~5h）内发病。大量食入玉米、大米、小麦和大麦发病快；食料比整粒料发病快。本病呈急性瘤胃酸中毒综合征。

（4）乳酸增多和pH下降。反刍兽过食易发酵的、富含碳水化合物的饲料后不久，瘤胃微生物中的革兰氏阳性链球菌数量增加，其利用丰富的碳水化合物产生大量乳酸，致使瘤胃pH降至5.0以下，低的pH很适合乳酸杆菌的迅速繁殖，而消化纤维素的细菌和原虫则被破坏（严重影响食物消化）。乳酸杆菌利用瘤胃中的碳水化合物，产生更多的乳酸。

乳酸可使瘤胃蠕动减弱或停止，不能把内容物向后推送，致使酸性内容物长期停滞在胃内，瘤胃上皮受损，发炎、出血、绒毛脱落，引起化学性瘤胃炎；乳酸又可提高瘤胃内环境的渗透压，因此全身体液通过血液循环由细胞外液间隙进入瘤胃，造成瘤胃积液、血液浓缩、机体脱水、少尿、后期无尿，甚或发生尿毒症；血液浓缩，血压下降，使外周组织灌注压和供氧减少，致使细胞呼吸产生的乳酸进一步增加；瘤胃液酸度过高，使有益微生物死亡，消化紊乱，有毒的组胺和酪胺增加。组胺可使毛细血管的通透性增加和小动脉扩张，引起蹄叶炎，患畜出现跛行。

当瘤胃内pH降低到5左右时，唾液分泌和瘤胃蠕动被抑制，中和酸的唾液减少，pH继续降低。pH降低后，毛霉、根霉和犁头霉等真菌大量增殖，它们侵袭瘤胃血管，引起血栓；引起细菌性瘤胃炎，给坏死杆菌和化脓性棒状杆菌等进入血液创造侵入途径，并可直接扩散到肝脏。这些细菌进入血液后可引起肝脓肿、腹膜炎等。

瘤胃内产生大量乳酸的同时，也产生大量的游离内毒素。在正常情况下，少量内毒素可通过网状内皮系统解毒，但在病态下，由于乳酸剧增和pH下降，而引起氧化不全血症，网状内皮系统受损，影响解毒功能，并因机体防御结构遭到破坏，因而导致内毒素性休克。毒素进入中枢神经系统，引发神经症状。

总之，鹿过食易发酵的谷物饲料，在瘤胃内产生大量乳酸，使酸碱平衡失调、微生物群的共生关系改变；产生内毒素并被吸收，各组织器官受到损害；神经体液调节功能紊乱，从而酿成本病。

症状：

（1）全身症状。

①神经症状。兴奋与抑制交替出现。兴奋时狂暴不安；沉郁时目光呆滞、神志不清、反应迟钝、眼睑反射减弱或消失。运步强拘，步态不稳，后肢麻痹、瘫痪，卧地不起。昏睡，眼球震颤。体温正常或偏低，有时升高。呼吸、心跳加快。

②脱水。皮肤干燥和弹性减低，眼窝下陷，血液黏稠，少尿，无尿。

③蹄叶炎。患鹿跛行，蹄壁增温，叩击敏感。

（2）生化指标。异常血液碱贮降低（正常时血液碳酸氢根离子为22～27mmol/L）；血液pH由正常的7.35～7.45降至6.9以下；尿pH下降至5.0以下；血钙降低，由正常的2.3～3.25mmol/L降低至1.5～2.0mmol/L，二氧化碳结合力降低至55.7%～47.5%以下。瘤胃液检查无纤毛虫，正常瘤胃中的革兰氏阴性菌丛被革兰氏阳性菌丛所取代。

（3）厌食，停食，流涎，磨牙，空嚼，腹泻，反刍减少或停止，瘤胃蠕动减弱或消失。粪便稀软呈淡灰色，有酸奶气味。

根据有过食碳水化合物的病史及临床症状和病理变化，可作出初步诊断。但须与瘤胃积食、皱胃阻塞和变位、急性弥漫性腹膜炎等进行鉴别。

治疗：

（1）中和乳酸，解除酸中毒，阻止瘤胃内乳酸继续产生，维持体内酸碱平衡。静脉注射5％的碳酸氢钠溶液300～500mL，或用其洗胃；也可用饱和石灰水反复洗胃，直至胃液的pH呈碱性为止。给予维生素B$_1$和酵母，可增强丙酮酸氧化脱羧，从而增强乳酸的代谢。

（2）补液强心，解除脱水，维持电解质平衡。可静脉注射复方生理盐水或葡萄糖生理盐水，用量根据体重和脱水程度而定。同时加入强心剂。

（3）促进前胃蠕动。可给予新斯的明注射液、10％氯化钠注射液等前胃兴奋剂。

（4）重建瘤胃微生物群。

（5）对症治疗蹄叶炎；用皮质类固醇激素治疗休克；患鹿兴奋时，可肌肉注射溴化钠加以镇静。

预防：科学饲喂高碳水化合物精料。在给孕鹿和产茸期鹿加精料时应有过渡阶段，不能突然增加碳水化合物类精料的用量。加料应逐渐增加，同时适当加一些干草，使其逐渐适应。同时补充矿物质（钙、磷、钾、钠等）、必需的微量元素以及维生素等。

十、梅花鹿肠套叠

症状：食欲不振甚至废绝，塌腰，四肢叉立，鼻镜干，呆立不动。不排便，不反刍。听诊肠音消失，体温升高。

治疗：早发现确诊病例可在保定架保定，采取头低后驱高的站立体姿，0.9％生理盐水或温水500mL直肠灌肠，轻揉腹部套叠部位，并按体重肌肉注射抗生素，防止套叠部位发生炎性并发症。解除保定后，鹿自行散步，约0.5h或1h后排便，排出宿粪，慢慢恢复正常。如果灌肠无效，需进行外科手术，但由于梅花鹿的肠管较细，肠壁较薄，极少数早期发现病例可治愈，大多数病例均无法治愈。大多数由于偷吃精料过多或体弱的老年梅花鹿，以及突发的惊吓等原因引起。所以平时需要多注意观察。

十一、阿维菌素类药物中毒

阿维菌素类药物是一类新型广谱抗寄生虫药物，具有广谱、高效和低毒等优点。主要有阿维菌素和伊维菌素。本类药物对动物体内的线虫、体外的节肢动物均有高效驱虫作用。病畜用药过量当天出现吞咽困难、倦怠无力、精神沉郁、头低耳聋、步态蹒跚、共济失调、嗜睡、轻瘫、卧地不起，最后死亡。一定要按照说明书和体重使用。

未断奶仔鹿对阿维菌素类敏感，禁用。发现不良反应时，立即停药。可用5%~10%葡萄糖或0.9%的生理盐水静脉注射250~500mL，并采取对应治疗，以兴奋中枢神经功能、恢复动物肌张力为主。

十二、黄曲霉毒素中毒

黄曲霉毒素中毒（aflatoxicosis poisoning）是鹿长期、大量食用含黄曲霉毒素（AFT）的霉变饲料而引发的中毒性疾病。AFT是由黄曲霉菌和寄生曲霉菌等产生的有毒代谢产物。AFT及其衍生物有18种，如B_1、B_2、G_1、G_2、M_1、M_2等，其中以B_1的毒性及致癌性最强，检验饲料时以B_1为主。在紫外线照射下，B族毒素发出蓝紫色荧光，G族毒素发出黄绿色荧光。玉米、花生、豆类、饼粕、谷子最易感染霉菌。

症状：仔鹿敏感，死亡率高。患鹿表现厌食，磨牙，前胃迟缓，瘤胃臌胀，间歇性腹泻，早产或流产，皮下血肿，腹水，神经症状等。

病理变化肝脏具特征性病变。

（1）急性型肝脏黄染、肿大、质地变脆；全身黏膜、浆膜、皮下和肌肉出血，皮下脂肪有不同程度的黄染；肾、胃及心内、外膜弥漫性出血；出血性肠炎；脾脏出血性梗死；胸、腹腔内积聚混有红细胞的液体。

（2）慢性型肝细胞增生，纤维化，硬变，体积缩小，呈土黄色或苍白。

诊断：依据有饲喂霉变饲料的病史、临床表现（黄疸、出血、水肿、消化障碍及神经症状）、病理变化（肝细胞变性、坏死，肝细胞增生）等，可做出初诊。确诊须对可疑饲料进行产毒霉菌的分离培养和饲料中黄曲霉毒素含量测定。检验方法如下。

（1）荧光反应法。用荧光仪检测，AFT在365nm紫外光下发出荧光。

（2）化学测定方法。用于定量测定。用薄层层析法和高压液相色谱法，检测饲料中B_1的含量。

（3）免疫学方法。免疫方法是一项微量检测AFT的先进技术。

（4）其他方法。目前已制备出抗B_1、M_1等的抗体以及抗B_1的单克隆抗体，研制出测定B_1的酶联免疫吸附试验的试剂盒，用来测定饲料中的B_1含量。

本病尚无特效疗法，重在预防。防止饲料霉变是预防本病的根本措施。

治疗措施：

（1）中毒时，立即停喂霉败饲料，改喂富含碳水化合物的青绿饲料和高蛋白饲料（高蛋白饲料可降低动物对黄曲霉毒素的敏感性），减少或不喂含脂肪过多的饲料。一般轻症病例可自然康复。

（2）排出体内毒物投服泻剂，硫酸钠、人工盐等，加速胃肠道毒物的排出。

（3）保肝止血静脉滴注20%～50%葡萄糖溶液、肝泰乐、维生素C、葡萄糖酸钙或10%氯化钙溶液，也可给予葡萄糖酸钙和40%的乌洛托品。心衰时，皮下或肌注强心剂。

防治措施：

（1）管好草料。饲草和谷物收获后，在1周内进行干燥处理，使其水分降到15%以下，并贮存于干燥处。为防止在贮存过程中发霉，可用福尔马林、高锰酸钾和水熏蒸（每立方米空间，用福尔马林25mL、高锰酸钾25g、水12.5mL）；也可用防霉剂丙酸盐熏蒸防霉；定期监测饲草、饲料中AFT含量。

（2）脱毒处理。对重度发霉饲料应废弃，尚可利用的饲料可进行脱毒处理。物理吸附法脱毒，常用吸附剂为活性炭、白陶土、黏土、高岭土等脱毒素用量为，一般饲料按每吨1.5～2kg，明显发霉的饲料按每吨2.5～3kg添加。

本病是人兽共患的中毒性疾病。各种动物（包括鹿）均可发病，一般幼龄动物比成年动物敏感，雄性动物比雌性动物（孕期除外）敏感。进入动物体内的$AFTM_1$（简称M_1），随乳汁排出，由此可能使哺乳幼畜发生本病，人也可因饮用牛奶而发病。

动物摄入$AFTB_1$（简称B_1）后，在肝、肾、肌肉、血、乳汁及鸡蛋中，均可检出B$_1$及其代谢产物，说明AFT对动物性食品可构成严重污染。长期小剂量摄入被AFT污染的食物还可致癌。随着人们对动物性食品需求量的增加，AFT的污染已列为国家关注的公共卫生安全之一。

十三、其他中毒

（1）棉籽饼中毒。可引起慢性蓄积性中毒，主要有害物质是棉酚与游离棉酚。引起胃肠炎，损害中枢神经系统，危害生殖系统，导致生殖障碍。

（2）菜籽饼中毒。含硫葡萄糖苷及其水解产物硫氰酸酯、噁唑烷硫酮、腈等有害物质，过食或饲用不当会使鹿中毒。腈还是生长抑制因子，可影响鹿的生长发育。

（3）马铃薯中毒。当马铃薯储存不当，茎叶发芽、变绿、腐烂时喂鹿引起鹿以胃肠炎和神经症状为特征的中毒，有毒物质是龙葵素。

参考文献

[1] Baby TE, Bartlewski PM. Circulating concentrations of ovarian steroids and follicle-stimulating hormone (FSH) in ewes with 3 or 4 waves of antral follicle emergence per estrous cycle[J]. *Reprod Biol*, 2011, 11(1):19-36.

[2] 赵世臻，宋健华，李春义，等. 东北梅花鹿发情期血浆中LH、雌二醇含量变化[J]. 畜牧兽医学报，1991(01):1-3.

[3] 田长永，庄岩，宋连喜，等. 东北梅花鹿配种后主要生殖激素变化[J]. 黑龙江动物繁殖，2007(06):1-4.

[4] 姜晓东. 东北梅花鹿妊娠早期血清生殖激素含量的研究[D]. 哈尔滨：东北林业大学，2004.

[5] 马泽芳. 东北梅花鹿性周期内卵巢活动规律的研究[D]. 哈尔滨：东北农业大学，2007.

[6] 马泽芳，田长勇，姜晓东，等. 发情前后雌性东北梅花鹿生殖激素变化规律[J]. 特产研究，2006(03):1-4.

[7] 田长永. 繁殖季节雌性梅花鹿主要生殖激素变化规律的研究[D]. 哈尔滨：东北林业大学，2004.

[8] 陈秀敏. 吉林梅花鹿发情周期卵泡发育波和生殖激素变化关系的研究[D]. 北京：中国农业科学院，2011.

[9] 余溢，田长勇，姜晓东，等. 梅花鹿妊娠早期血清生殖激素含量变化研究[J]. 经济动物学报，2006(01):7-11.

[10] 王敏. 梅花鹿同期发情人工输精生殖激素动态变化及技术优化[D]. 大庆：黑龙江八一农垦大学，2022.

[11] McCorkell R，Woodbury M，Adams GP. Ovarian follicular and luteal dynamics in wapiti during the estrous cycle[J]. *Theriogenology*, 2006, 65(3):540-556.

[12] McCorkell R，Woodbury MR，Adams GP. Ovarian follicular and luteal dynamics in wapiti during seasonal transitions[J]. *Theriogenology,* 2007, 67(7):1224–1232.

[13] McCorkell RB，MacDougall L，Adams GP. Ovarian follicle development in wapiti (Cervus elaphus) during the anovulatory season[J]. *Theriogenology,* 2004, 61(2–3):473–483.

[14] 田成武，于耀波.鹿的同期发情和排卵控制[J]. 黑龙江动物繁殖，2016, 24(03):39–40.

[15] 赫俊峰，刘应竹，朱世兵，等. 东北马鹿、东北梅花鹿再生茸增质增量的研究[J]. 哈尔滨师范大学自然科学学报，2004(04):91–94.

[16] 薛建华，宣柏华，赵鹏，等. Cue–mate在马鹿胚胎移植应用的效果[J]. 黑龙江动物繁殖，2008(02):34.

[17] 叶伟庆，杜炳旺. 马鹿同期发情技术研究进展[C]//中国畜牧业协会，第六届（2015）中国鹿业发展大会论文汇编，2015:140–144.

[18] 魏海军，赵蒙，赵伟刚，等. 梅花鹿超数排卵方法及影响因素的初步研究[J]. 特产研究，2008(01):1–5.

[19] 王梁，史文清，史建民，等. 梅花鹿新鲜和冷冻胚胎移植技术的研究[J]. 中国畜牧杂志，2010, 46(15):25–28.

[20] 任航行，王德忠，张居农，等. 塔里木马鹿、天山马鹿和梅花鹿同期发情调控技术研究[J]. 西北农业学报，2004(04):27–31+40.

[21] 张春礼，张居农，孟宪章，等. 诱导梅花鹿双胎处理的效果[J]. 黑龙江动物繁殖，2008(02):36–37.

[22] Douglas MJW. Occurrence of accessory corpora lutea in red deer *Cervus elaphus*[J]. *J Mammal,* 1966, 47: 152–153.

[23] Kelly RW，Challies CN. Incidence of ovulation before the onset of the rut and during pregnancy in red deer hinds[J]. *NZ J Zool,* 1978, 5: 817–819.

[24] Guinness F，Lincoln GA，Short RV. The reproductive cycle of the female red deer，Cervus elaphus L[J]. J Reprod Fertil, 1971, 27: 427–438.

[25] Kelly RW，McNatty KP，Moore GH. Hormonal changes about oestrus in female red deer. In: Fennessy PF，Drew KR (eds.), Biology of Deer Production [M]. Wellington: The Royal Society, 1985: 181–184.

[26] Yanagawa Y, Matsuura Y, Suzuki M, et al. Accessory corpora lutea formation in pregnant Hokkaido sika deer (Cervus nippon yesoensis) investigated by examination of ovarian dynamics and steroid hormone concentrations [J]. *J Reprod Dev,* 2015, 61(1):61–66.

[27] 周虚. 动物繁殖学[M]. 北京：科学出版社，2015.

[28] 韩欢胜. 提高梅花鹿人工输精受胎率技术研究[D]. 哈尔滨：东北农业大学，2017.

[29] 李和平. 中国茸鹿品种（品系）的遗传繁殖性能[J]. 东北林业大学学报，2002(03):35-37.

[30] 赵裕方，李武. 东北马鹿母鹿的发情鉴定[J]. 野生动物，1992(04):27-31.

[31] 韩欢胜，赵列平，柴孟龙，等. 梅花鹿发情期阴道细胞形态变化与最适输精期[J]. 中国兽医杂志，2016, 52(05):28-31.

[32] 韩欢胜，赵列平，高利. 黑龙江富裕地区梅花鹿发情季节规律研究[J]. 特产研究，2015,37(01):6-8.

[33] 王凯英，杨学宏. 高效养鹿[M]. 北京：机械工业出版社，2019.

[34] 田长永，庄岩，宋连喜，等. 东北梅花鹿配种后主要生殖激素变化[J]. 黑龙江动物繁殖，2007(06):1-4.

[35] 赵裕方，李武. 马鹿的妊娠诊断[J]. 中国畜牧杂志，1984, (06):33.

[36] 姜晓东. 东北梅花鹿妊娠早期血清生殖激素含量的研究[D]. 哈尔滨：东北林业大学，2004.

[37] 田长永. 繁殖季节雌性梅花鹿主要生殖激素变化规律的研究[D]. 哈尔滨：东北林业大学，2004.

[38] 王梁，史文清，史建民，等. 梅花鹿新鲜和冷冻胚胎移植技术的研究[J]. 中国畜牧杂志，2010,46(15):25-28.

[39] 杨中强，朱士恩，周光斌，等. 不同冷冻和解冻方法对小鼠桑葚胚发育的影响[J]. 中国畜牧杂志，2006(01):5-7.

[40] 王鸿周. 绵羊卵母细胞体外成熟、孤雌激活及核移植胚胎发育的研究[D]. 郑州：河南农业大学，2015.

[41] 殷玉鹏. 梅花鹿体细胞克隆胚胎构建及Ercc6l基因表达的研究[D]. 长春：吉林大学，2012.

[42] Uccheddu S, Pintus E, Garde JJ, et al. Post-mortem recovery, in vitro maturation and fertilization of fallow deer (Dama dama, Linnaeus 1758) oocytes collected during reproductive and no reproductive season[J].*Reprod Domest Anim,* 2020, 55(10):1294-1302.

[43] Berg DK, Asher GW. New developments reproductive technologies in deer [J]. Theriogenology, 2003, 1,59(1):189-205.

[44] Locatelli Y, Vallet JC, Huyghe FP, et al.Laparoscopic ovum pick-up and in vitro production of sika deer embryos: effect of season and culture conditions[J]. *Theriogenology,* 2006, 9, 15, 66(5):1334-42.

[45] 李宁，黄承俊. 梅花鹿体外胚胎生产关键技术研究进展[J]. 现代畜牧兽医，2021,

No.394(09):70-72.

[46] 刘国世，王梁，卓志勇，等. 鹿繁殖生物技术研究进展[C]//2012中国鹿业进展，2012:114-117.

[47] 韩欢胜，赵列平，高利. 黑龙江富裕地区梅花鹿发情季节规律研究[J]. 特产研究，2015，37(01):6-8.

[48] 徐静，王梁，田秀芝，等. 梅花鹿体细胞核移植[C]//2010中国鹿业进展，2010:291-296.

[49] Yin Y, Tang L, Zhang P, et al. Optimizing the conditions for in vitro maturation and artificial activation of sika deer (Cervus nippon hortulorum) oocytes[J]. Reprod Domest Anim, 2013, 48(1):27-32.

[50] Locatelli Y, Hendriks A, Vallet JC, et al. Assessment LOPU-IVF in Japanese sika deer (Cervus nippon nippon) and application to Vietnamese sika deer (Cervus nippon pseudaxis) a related subspecies threatened with extinction[J]. Theriogenology, 2012, 78(9):2039-2049.

[51] Tulake K, Yanagawa Y, Takahashi Y, et al. Effects of ovarian storage condition on in vitro maturation of Hokkaido sika deer (Cervus nippon yesoensis) oocytes[J]. Jpn J Vet Res, 2014, 62(4):187-192.

[52] 魏海军，赵蒙，赵伟刚，等. 梅花鹿超数排卵方法及影响因素的初步研究[J]. 特产研究，2008,No.119(01):1-5.

[53] 李秋玲，李和平. 马鹿精子体外获能前后超微结构变化的研究[C]//中国畜牧业协会.2011中国鹿业进展，2011:178-184.

[54] 库尔班·吐拉克，李和平. 鹿类精子体外获能及体外受精技术研究进展[C]//中国畜牧业协会.2012中国鹿业进展. 2012:134-138..

[55] Comizzoli P, Mermillod P, Cognié Y, et al. Successful in vitro production of embryos in the red deer (Cervus elaphus) and the sika deer (Cervus nippon) [J]. *Theriogenology,* 2001, 55(2):649-659.

[56] 齐艳萍，李和平，崔凯. 鹿卵母细胞体外培养与体外受精的超微结构研究[C]//中国畜牧业协会，2010中国鹿业进展，2010:311-317.

[57] BAINBRIDGE DR, CATT SL, EVANS G, et al. Successful in vitro fertilization of in vivo matured oocytes aspirated laparoscopically from red deer hinds (Cervus elaphus)[J]. Theriogenology, 1999, 51(5):891-898.

[58] Comizzoli P, Mermillod P, Cognié Y,et al.Successful in vitro production of embryos in the red deer (Cervus elaphus) and the sika deer (Cervus nippon) [J]. *Theriogenology,* 2001, 55(2):649-659.

[59] 史文清，王梁，史建民，等. 梅花鹿腹腔内窥镜人工授精试验[C]//2010中国鹿业进展，2010:302–304.

[60] 宋百军，马丽娟，魏海军，等. 应用腹腔镜输精技术对梅花鹿与马鹿杂交的试验研究[J]. 黑龙江畜牧兽医，2015, No.475(07):90–93.

[61] 韩欢胜. 提高梅花鹿人工输精受胎率技术研究[D]. 哈尔滨：东北农业大学，2017.

[62] 崔凯. 马鹿精子体外获能与评价体系及其体外受精的研究[D]. 哈尔滨：东北林业大学，2007.

[63] Berg DK, Thompson JG, Pugh PA, et al. Successful in vitro culture of early cleavage stage embryos recovered from superovulated red deer (Cervus elaphus)[J]. Theriogenology, 1995, 44(2):247–254.

[64] Locatelli Y, Cognié Y, Vallet JC, et al. Successful use of oviduct epithelial cell coculture for in vitro production of viable red deer (Cervus elaphus). embryos[J]. *Theriogenology*, 2005, 64(8):1729–1739.

[65] 赵列平，蒋晓明，孙晓玉，等. 马鹿胚胎移植技术的试验研究[J]. 经济动物学报，2003(02):38–40.

[66] 高庆华，韩春梅，何良军.天山马鹿胚胎移植技术的研究[J]. 经济动物学报，2005(02):71–73+83.

[67] Berg DK, Pugh PA, Thompson JG, et al. Development of in vitro embryo production systems for red deer (Cervus elaphus). Part 3. In vitro fertilisation using sheep serum as a capacitating agent and the subsequent birth of calves [J]. *Anim Reprod Sci,* 2002, 70(1–2):85–98.

[68] 赵列平，韩欢胜，赵广华. 不同方式马鹿胚胎移植效果[C]//2011中国鹿业进展. 2011, 185–187.

[69] Fukui Y, Mcgowan LT, James RW, et al. Effects of culture duration and time of gonadotropin addition on in vitro maturation and fertilization of red deer (Cervus elaphus) oocytes [J]. *Theriogenology,* 1991, 35(3):499–512.

[70] 库尔班·吐拉克，高桥芳幸，片桐成二，等. 卵巢运输保存温度和时间对野生梅花鹿卵母细胞体外成熟的影响[J]. 新疆农业大学学报，2008, 31(06):63–66.

[71] Mccorkll R, Woodbury M, Adams GP. Ovarian follicular and luteal dynamics in wapiti during the estrous cycle[J]. *Theriogenology,* 2006, 65(3):540–556.

[72] Mccorkll R, Woodbury M, Adams GP. Ovarian follicular and luteal dynamics in wapiti during seasonal transitions[J]. *Theriogenology,* 2007;67(7):1224–1232.

[73] 陈秀敏. 吉林梅花鹿发情周期卵泡发育波和生殖激素变化关系的研究[D]. 哈尔滨：中国农业科学院，2011.

[74] García-alvarez O, Maroto-morales A, Berlinguer F, et al. Effect of storage temperature during transport of ovaries on in vitro embryo production in Iberian red deer (Cervus elaphus hispanicus) [J]. *Theriogenology*, 2011, 75(1):65-72.

[75] Zomborszky Z, Szabarim, Kangyalic É, et al. Gene preservation in deer species [J]. Acta Agriculturae Slovenica, 2004(1): 169－171.

[76] Macías-garcía B, González-fernández L, Matillz E, et al. Oocyte holding in the Iberian red deer (Cervus elaphus hispanicus): Effect of initial oocyte quality and epidermal growth factor addition on in vitro maturation [J].Reprod Domest Anim, 2018, 53(1):243-248.

[77] Siriaroonrat B, Comizzoli P, Songsasen N, et al. Oocyte quality and estradiol supplementation affect in vitro maturation success in the white-tailed deer (Odocoileus virginianus) [J]. *Theriogenology*., 2010, 73(1):112-119.

[78] McCorkell RB, Woodbury MR, Adams GP. Superovulation in waptiti (Cervus elaphus) during the anovulatory season [J]. *Theriogenology*, 2013, 79(1):24-27.

[79] 黄承俊，赵刚，李宁，等. 基础成熟液和卵巢保存温度对牛体外胚胎发育的影响[J]. 现代畜牧兽医，2022(08):16-18.